先进电池高质量制造

标准化·大规模·智能化

阳如坤　主编　　　　黄永衡　副主编

High quality manufacturing of advanced batteries
Standardization, Large Scale, and Intelligence

化学工业出版社
·北京·

内容简介

先进电池在未来制造能源体系中将发挥基础产品的作用，成为通用目的产品，成为新能源、制造能源产业的重要核心支柱产品。本书站在制造工程化的视角，分析总结了先进电池标准化、大规模、智能化制造相关技术，创造性地提出电池大规模制造三大流（物料流、信息流、能量流）连续的原则以及解决先进电池高质量、大规模、低成本制造问题的一些想法，阐述先进电池大规模制造的技术基础，标准化制造应该遵循的原则、方法和实施内容，以及提升电池制造质量的智能化闭环手段。

本书旨在助力于解决先进电池高质量制造的难题，可为储能、动力电池产业、制造能源体系等领域的工程技术人员在电池设计、制造规划、制造管理、电芯制造设备开发、制造安全与品质控制等方面提供参考，也可为相关专业的高校本科生、研究生以及对储能及动力电池产业感兴趣的人士提供参考。

图书在版编目（CIP）数据

先进电池高质量制造：标准化·大规模·智能化 / 阳如坤主编；黄永衡副主编. -- 北京：化学工业出版社，2025. 1. -- ISBN 978-7-122-46542-9

Ⅰ. TM911

中国国家版本馆 CIP 数据核字第 20241ZY857 号

责任编辑：卢萌萌　　装帧设计：史利平
责任校对：李露洁

出版发行：化学工业出版社
(北京市东城区青年湖南街 13 号　邮政编码 100011)
印　　装：北京机工印刷厂有限公司
787mm×1092mm　1/16　印张 14¾　彩插 2　字数 321 千字
2025 年 5 月北京第 1 版第 1 次印刷

购书咨询：010-64518888　　售后服务：010-64518899
网　　址：http://www.cip.com.cn
凡购买本书，如有缺损质量问题，本社销售中心负责调换。

定　　价：98.00 元

序一

从能源结构看，我国是个富煤、少气、缺油的国家。 2022 年，我国的原油进口量就已经达到了 5.08 亿吨，对外依存度达到了 71.2%，已经远远高于 2006 年我们咨询报告建议的 50%。在国际形势日益严峻和竞争日趋强烈的大环境中，我国的能源安全已经受到了极大的威胁。我国是参加了《巴黎协定》的负责任大国，已在联合国大会上提出分别在 2030 年和 2060 年前实现碳达峰和碳中和的目标。这是一个十分艰难的任务，需要我们大力推动电动中国，构建能源互联网。这个目标一旦达成，将把我国绿色能源发展的道路提到一个全新的高度。

电动中国包括交通电气化（电动汽车、电动船舶和电动航空）、设备智能化（智慧城市、智慧乡村和智慧矿山）和能源低碳化（大力发展风、光、水、核能）。当前要特别强调发展低空经济，既包括城市也包括乡村。低空经济既是城市的黄金产业，也是乡村振兴的重要支点。彻底解决城乡二元结构的矛盾，低空经济将起至关重要的作用。

未来电动汽车的保有量将逐渐超过燃油汽车，同样电动船舶和电动飞机等也会成为常用的交通工具。电池技术的发展和大规模制造也将要接受巨大的考验。电能也在逐步地向着光电、风电和水电等可再生能源的方向发展，在用能变得更清洁的同时也需要关注可再生能源的不稳定性和弃光、弃风、弃水的现象。在这样的时代发展背景下，我们将会通过制造能源装备解决电能生产和储存的问题，这也是本书提出的观点之一：在制造能源时代通过制造手段解决能源安全问题。

《先进电池高质量制造：标准化 · 大规模 · 智能化》由深圳吉阳智能科技有限公司董事长阳如坤主编，该书讲述了从基础工程理论到实现先进电池标准化、规模化和高质量制造的策略和方法，提供了现代大规模制造的技术特征以及向着大规模定制方向发展的要点，也为实现先进电池大规模制造和制造降本提供了思路。回顾我国锂电池企业刚起步的阶段，是以手工为主向着半自动化的方向过渡，生产效率低下，电芯质量也比较差，电池产品在性能与成本方面都无法和国外产品抗衡。这是我国电池制造技术的起步，可以说这个起步非常重要，其特征在于我们没有完全照抄、照搬国外的经验，走模仿发展的道路，而是从电池制造的原理出发，走自主创新发展的道路。在 2008 年德意志银行列举的一份世界锂电池十大供应商的调查报告中，我国锂电池企业无一上榜；2009 年韩国首尔的锂电池国际讨论会上，一位德国学者为锂离子动力电池生产技术水平的排序情况为：韩国、日本、中国。这足以说明当年我国的制造技术还落后于韩国和日本。但这也是因为国外锂电池制造设备行业起步早，日本皆藤公司在 1990 年就成功研发出了第一台方形锂离子全自动卷绕机；韩国 Koem 公司在 1999 年开发出了锂一次电池卷绕机和装配机，并在后续的锂电池设备发展进程中一直保持暂时的领先地位。

反观我国最早在 2003 年左右才有一些简单的自制锂电设备，到 2006 年才出现一批专门做锂电设备的制造企业，且制造水平较低，大部分电池企业依然以半自动生产为主，电芯制造合格率仅能达到 85% 左右；直到 2008～2013 年期间，随着国家新能源汽车计划的实施，大批的电池制造企业的崛起，带动锂电装备产业迅猛发展。我国的锂电装备也逐渐由半自动转向全自动，主要企业的电芯合格率也达到了 90% 以上，逐步摆脱对进口设备的依赖。 2014 年，我国锂离子动力电池的世界市场占有率已经超过韩国，成为世界第一，并持续领先至今。这主要也归功于我们对电池技术的深入研究、制造技术的创新，坚持做中国自己的设备。目前我国锂电设备国产化率已经超过 90%，锂电池的装车量也接近 300GW · h，这也意味着我国锂电的产能将向太瓦时（TW · h）迈进。如今这样的形势，给我国先进电池标准化、规模化、智能化和高质量制造打下了良好的基础，也带来了不小的挑战。我相信在未来锂电产业不断高质量发展的进程中，续航里程问题和安全问题将会被解决，并被广泛运用在飞机、船舶等交通领域。近期将促进低空经济的快速发展。

我和阳如坤研究员已相识多年，见证了二十余年来他为锂电制造产业做出的贡献。从 2003 年自主研发的第一台半自动电芯卷绕机，到 2008 年的第一套全自动电芯制造设备，再到第一台激光膜切、圆形卷绕设备，以及如今 600PPM 高速复合叠片机的发明。他为我国锂电产业的突围做出了重要的贡献，深圳吉阳智能科技有限公司也在培养着一代又一代优秀的锂电制造行业的专家。如今依然坚持学术深耕，承担先进电池制造工程领域的重大课题，对先进电池高质量制造的现状与发展趋势进行深度的梳理和总结，进一步推动先进电池标准化、规模化、智能化和高质量发展。

《先进电池高质量制造：标准化 · 大规模 · 智能化》一书从能源革命、工程理论、电池制造现状、大规模制造技术、智能制造和标准化等方面全面阐述了未来先进电池高质量制造的发展脉络。该书具体、深刻地分析了当前电池制造所面临的痛点和亟待解决的问题，并从中探索出了先进电池标准化、规模化、智能化和高质量制造的发展方向，可为动力电池和储能电池产业的工程技术人员提供参考；对电池制造原理的分析和工程理论的描述，亦可供高校学生学习参考。关于本书对电池高质量发展的系统梳理，将会得到电池产业的广泛关注并引领电池产业高质量发展，也将为未来全固态电池、锂硫电池、锂空气电池的高质量发展打造良好的基础，最终制造出电动中国所需要的高能量密度、高安全性能的“终极电池”。

陈立泉

中国工程院院士

中国科学院物理研究所研究员

2024 年 1 月

序二

2012 年 6 月，以《节能与新能源汽车产业发展规划（2012—2020 年）》的发布为标志，我国新能源汽车产业技术迅速进入发展的快车道。2015 年以来，我国新能源汽车的产销量连续多年居世界首位，奠定了我国新能源汽车产业技术的优势地位。随着新能源智能化电动汽车的发展和成熟，动力电池作为“心脏”已成为节能与新能源汽车产业的基础产品，也是新能源产业能否持续健康发展的关键。结合新能源汽车市场产量预测结果，预计 2030 年全球动力电池需求将达到 4000GW · h, 市场需求强劲。

大规模新能源车的普及带来能源产业链的转型阵痛，电池产业面临着锂价波动、行业内卷、竞争加剧等挑战。这些挑战造成电池产业投资回报率下降，急需降本增效，主要途径是推行智能化转型，其中智能制造将发挥重要作用。目前，我国在先进电池大规模智能制造技术方面取得了一定的进展，包括电池制造装备基本实现国产化并且一些设备处于国际领先水平，这有力地支撑了中国电池制造产业的全球领先地位。但仍存在一些问题需要解决，未来需要加强标准体系的建设、电池与制造装备结合的深度开发、制造安全性提升、电池制造的合格率和效率进一步提升等方面的工作，以推动先进电池技术的进一步发展。未来先进电池的发展趋势是以发展高质量为主，通过改进制造技术降低成本，不断提升电池的制造安全、制造效率及可靠性。

我与阳如坤研究员结识于 2014 年，当时正值中国电动汽车百人会初创后的技术论坛与调研之际，我们有多次共同探讨电池制造技术和电池产业规划发展的经历。阳如坤带领吉阳公司经过多年的不懈努力，将我国的锂电制造设备从半自动化一步一步更新迭代到全自动化、智能化，走出了中国锂电制造技术、锂电制造核心装备的发展之路。如今，中国锂电制造产业产能之所以能达到全球最高占比（达 60%以上），国产化装备起到了至关重要的作用。此外，阳如坤在过去十多年的制造技术研究中，非常重视电池制造安全、电池大规模制造设备能力建设以及电池尺寸规格标准化等系统性、工程化问题的研究；在中国《节能与新能源汽车技术路线图》 1.0 版和 2.0 版编写过程中，他负责制定电池制造路线图，尤其是带领电池制造工作组完成了 2.0 版动力电池制造路线图的制定与发布，对我国动力电池产业发展起到了积极的推动作用。

《先进电池高质量制造：标准化 · 大规模 · 智能化》一书着重介绍了先进电池大规模制造的原理、智能制造标准化、制造高质量发展等方面的基本概念和方法论，为读者提供关于先进电池高质量制造的全面知识和实践经验。这些内容对于读者了解电池制造领域标准化、大规模和智能化的未来发展方向具有重要意义，对提升电池制造效率、制造质量也具有非常重要的作用。这是一本以电池制造技术和原理升级为核心，适应先进电池产业发展的未来需求，实现大规模、高质量制造，把电池产业推向从“有”到“好”的重要参考书。我相信认真研读《先进电池高质量制造：标准化 · 大规模 · 智能化》这本书的读者将受益匪浅，而此书也将为我国实现“双碳”目标做出贡献。

中国科学院院士

清华大学教授

2024 年 1 月

前言

2003年7月16日，陈立泉院士在深圳高新技术成果交易会院士论坛上做题为《新能源体系将化解能源危机》的报告，指出：锂离子电池作为一种清洁、高效的能源，具有高能量、长循环寿命、高电压等优点，通过使用锂离子电池、太阳能电池等新型能源，建立分散的能源体系，是有效解决能源问题的办法；新能源机组的发展、开发和使用新的清洁能源以及建立分散的能源体系将成为当代动力工业的新追求。这是我听到的最早的解决能源问题的新思路，正是受到这一思路的启发，我开始把自己工作的重点从机器人自动化技术转向用机器人自动化技术解决电池制造及装备问题。开始注重于使用装备解决动力电池制造问题，通过电池驱动汽车以解决交通污染问题，直到今天迎来更大的制造能源产业机遇。

自《先进储能电池智能制造技术与装备》由化学工业出版社于2022年7月出版以来，引起不少业界朋友的关注和讨论，我和撰写团队深表感谢！为我们的努力能给电池制造产业带来一点有价值的知识感到由衷欣慰！然而，通观全球制造业的发展，我们认识到电池制造产业还有许多需要改善、提升的地方，这正是本书希望探讨的内容。

自2015年以来，虽然我国电池产业输出产能一直保持全球第一，近几年占比还超过了60%，但我们并不完美，我们的材料利用率较低，电池安全事故时有发生，这些都是我们面临的巨大挑战。随着我国“双碳”目标的推进和人类对清洁环境追求的提升，清洁能源的需求也越来越紧迫，能源存储的需求不断增长。有数据显示到2025年电池的需求量将达到2TW·h，到2030年将达到5TW·h，到中国实现碳中和时这个需求会更大。2023年4月埃隆·马斯克在提出“5步还世界一个清洁的地球”的观点时表示，未来全部使用清洁能源，全球能源存储需求量将达到240TW·h，当然这里不仅仅是使用电池储能，还会有其他的能源存储方式，但是至少现在我们知道电池是最灵活、快捷的方式。随着技术的进一步成熟，安全性、宽泛的性能和能量密度将得到进一步提升，意味着电池还会有更大的发展空间。这就给我们现在的电池制造技术提出了更大的挑战，这种挑战包括电池安全性、制造合格率、制造规模等方面的大幅度提升。

今天，我们规模生产的电池其制造模式依然处于实验室阶段，也就是说电池的制造模式基本上是电池研发的模式，多数是中试线的放大，而真正要满足大规模、高质量制造要求，必须基于电池原理的分析研究，在保证电池基本性能的前提下，从电池材料的选择、电池设计、电池制造工艺、电池制造装备、电池的使用和回收等电池全生命周期的角度来考虑电池制造的质量、效率和成本，从而实现最佳的产业收益和可持续发展。正是基于这个出发点，我们要遵从规模制造业所依托的材料、标准、装备、数据等核心工程基础，使用标准化方法、应用大规模制造理论和智能制造技术手段，最终用制造装备来实现先进电池制造目标落地，这是本书的核心思想。

在科学、技术和工程活动中，科学活动是以发现规律为核心的活动，技术活动是以发明创新为核心的活动，工程活动是以建造为核心的活动，而标准化则是介于技术创新和工程应用之间的活动。电池制造的本质是基于电池的科学原理，找到解决制造问题的方法，再通过工程实施建造的方式解决问题，所以本书用一定篇幅阐述制造工程问题及工程实施的方法和原则。

标准化是制造业的根本和基础，更是大规模制造的基础。标准规范使得产品和制造获得统一、规范、积累，从而实现产品质量的不断优化和提升。我们生活的方方面面都离不开标准，标准化也给我们的生活和工作带来巨大价值，记得 20 世纪 80 年代初在中国一台普通的轿车汽油发动机需要 40000～50000 元，而到现在已经降到了 3000～5000 元，这就是标准化和大规模制造带来的价值，现在的电池制造业也是如此，也正面临这样的机遇。电池材料、产品设计、产品规格、制造规范、制造装备、使用规范和产品回收等都必须遵从标准化的规律，实现产品和制造过程规范，这是制造的结晶。本书从产业标准的概念、智能制造与标准化、电池产业的超前标准模式以及先进电池智能制造综合标准化实施等方面阐述电池产业推行标准化的相关内容，希望为电池产业大规模制造带来有价值的参考。

大规模生产模式开始于 20 世纪初，以泰勒的科学管理方法为基础，以生产过程的分解、流水线组装、标准化零部件、大批量生产和机械式重复劳动等为主要特征。大规模制造和标准化使很多产品成为老百姓人人拥有的产品，当初美国的福特老先生也正是凭着“让造车的人自己也买得起汽车，让汽车成为大众的代步工具”的理念，将 T 型车实现了大规模制造，创造了很高的价值。电池产业也正面临这样的机遇，市场需求巨大，成本偏高，大规模制造正好可以满足制造能源时代对先进电池的需求。目前的电池制造依然是使用实验室研发电池时的工艺方法，产能的扩大仅仅靠装备和厂房数量的比例增加，这是难以提升质量和降低成本的，必须在电池设计、制造工艺、制造规模和制造装备等方面全面提升。本书在阐述规模制造业的科学、技术、工程相互辩证关系的基础上，从认知先进电池制造业本质出发，提出电池大规模制造需要实现物料流、信息流和能量流的连续，来满足先进电池大规模制造的要求。

智能制造解决制造问题的基本思想是用数据化解制造过程中的不确定性，达到控制电池制造的质量、效率、成本和生产周期的目的，实现制造的最佳效益。为达到此目的，本书在总结《先进储能电池智能制造技术与装备》关于智能制造基础原理内容的基础上，进一步提出先进电池制造质量提升的纵向、横向及其组合的多层次闭环方法，并结合这些方法综合考虑未来基于电池行业制造大模型，实现制造质量的自主优化、制造安全的自主管控。

先进电池产品必将成为通用目的产品，在未来新能源构成和制造能源体系中将发挥基础支撑作用，然而面对日新月异的电池技术的进步和电池需求的不断扩大，电池制造技术也面临巨大的挑战，我认为应该面向未来的需求进一步提升电池制造的质量、效率，真正向大规模、智能化的路径迈进。本书由阳如坤拟定总体框架和各章节的核心内容，并完成主要章节的编写，其中第 3 章由国际标准化专家黄永衡教授编写，柯奥对全书的内容及图表进行核对和修正。本书的核心内容总结了笔者 30 多年来从事汽车制造技术、低压电器制造技术、电池制造技术及其装备，特别是吉阳智能公司在电池制造技术研发、装备研发及制造方面的宝贵经验，在此要感谢吉阳智能公司的全体员工，这是我们多年研究制造、坚持创新、矢志不渝努力的结晶。电池制造产业方兴未艾，要达到“成为新能源行业 ASML”的目标还有较远的距离，然而认知清楚、锚定目标、知难而为，方可不辱使命，才能为制造能源时代贡献更多力量。

本书引用前人在标准化、大规模制造、工程科学等方面的研究成果和观点，在电池前工序制造连续化思想方面借鉴了深圳尚水智能张旺博士的想法；在电池智能制造质量数据优化方面引用韩友军博士的论文研究成果，在此深表感谢；还要感谢电池产业界的同仁，是他们的不懈努力带来今天电池产业的蓬勃发展，使我们能够更清楚地看到电池产业的未来！还要感谢科大讯飞星火军团提供的人工智能（AI）文字校对工具，纠正了书稿中不少的文字错误。最后感谢化学工业出版社相关编辑的辛勤努力，使得本书前期的策划组织和后期的出版顺利进行。

虽然我国电池产业取得骄人突破，成为中国产品出口的“新三样”，但正如宁德时代董事长曾毓群博士所言，电池行业已经迈入了从“有没有”到“好不好”的新阶段。新阶段是质量和效率的提升，一方面电池材料、电池结构还在不断演化，电池安全性能、电池制造质量需要进一步提升；另一方面，电池制造规模不断扩大，总体成本需要进一步降低，这正是电池发展新阶段的挑战。诚然，电池制造也不是一个简单的大规模生产的机电产品，它涉及电化学、电子电气、机械结构等方面的内容，在制造尺度上是从纳米、微米到毫米、米级的极致管控，实现制造的控形、控性，需要更多的制造技术和制造方法的创新。由于时间仓促以及知识水平所限，本书一些观点和提及内容难免有偏颇和疏漏，不足之处在所难免，敬请各位读者批评指正。我们更期待本书能够起到一盏明灯的作用，引起更多电池制造技术与装备产业的仁人志士的关注，把更多的技术、技巧和知识奉献给产业和读者。

在整个中国制造业不断内卷的今天，我认为落实到电池产品的高质量、差异化制造才是电池制造业的未来，随着“双碳”目标的推进，将把我国从化石能源对外高度依存的时代，逐步转向能源自主的制造能源时代，在这一伟大的转变过程中，不仅仅是能源、低碳、清洁、青山绿水的转变，更重要的是由于能源革命带来的产业革命、智能化生活的改变。伴随而来的是制造业向资源节约、高产品制造质量、高经济效益的方向转型发展，同时，在制造业带动和引领下，创造全社会财富增长，向成为高质量、高效率、高度发达的国家迈进，最终实现强国梦。

编著

2024 年 7 月

目录

第1章 制造能源时代与电池发展

1.1 能源与能源革命

1.1.1 能源的概念与特点

能源（energy source）是指能够提供能量的资源。通常包括热能、电能、光能、机械能、化学能等，是可以为人类提供动能、机械能和热能等的物质。能源是人类活动的物质基础，是构成自然社会的基本要素之一。

能源亦称能量资源或能源资源，是人类赖以生存和发展的基础，也是一个国家国民经济的重要物质基础，一个国家的命运很大程度上取决于对能源的掌控。能源的开发和有效利用程度以及人均消费量是生产技术和生活水平的重要标志，也是文明的原动力，能源的利用跟随着人类文明的进步而不断发展，而每一种新能源的发现和利用，又强有力地推动了人类文明的发展，因此能源的变迁史也就是文明的发展史。我国的《能源百科全书》说：能源是可以直接或经转换提供人类所需的光、热、动力等任一形式能量的载能体资源。可见，能源是一种呈多种形式的，且可以相互转换的能量的源泉。确切而简单地说，能源是自然界中能为人类提供某种形式能量的物质资源。能源转换与流动见图 1-1。

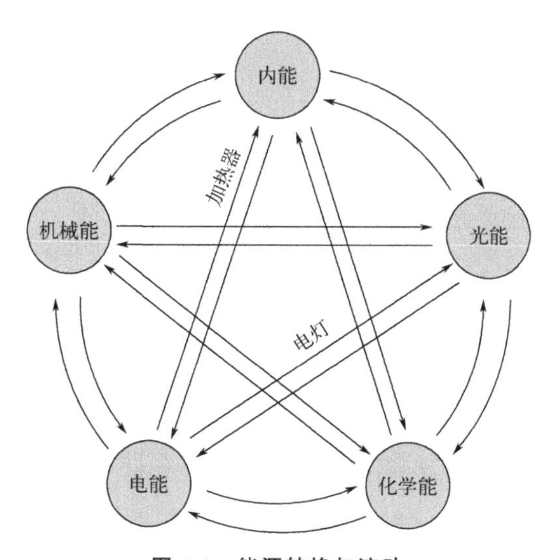

图 1-1 能源转换与流动

能源主要分为一次能源和二次能源。一次能源又可以分为可再生能源（太阳能、水能、风能、生物质能、地热能、海洋能等）和非再生能源［化石燃料（煤、石油、天然气等）、核燃料等］；二次能源则是由一次能源经过转化或加工制造而产生的能源，例如焦炭、蒸汽、液化气、酒精、汽油、电能等。此外，清洁能源是指在开发利用、使用过程中环境污染物和二氧化碳等温室气体零排放或者低排放的能源，主要包括非化石能源（水能、核能、风能、太阳能等）和天然气。

能源是指可产生各种能量（如热能、电能、光能和机械能等）或可做功的物质的统称，也可指能够直接取得或者通过加工、转换而取得有用能的各种资源，包括煤炭、原油、天然气、煤层气、水能、核能、风能、太阳能、地热能、生物质能等一次能源和电力、热力、成品油等二次能源，以及其他新能源和可再生能源。在《中华人民共和国节约能源法》中所称能源，是指煤炭、石油、天然气、太阳能、风能、生物质能和电力、热力以及其他直接或者通过加工、转换而取得有用能量的各种资源。

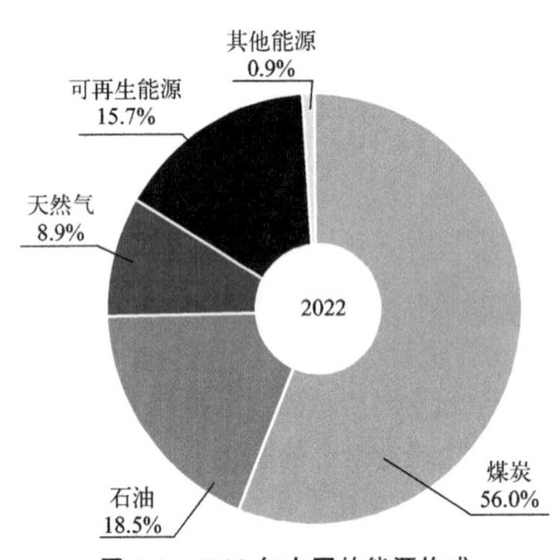

图 1-2　2022 年中国的能源构成

2022 年中国的能源构成如图 1-2 所示，其中煤炭、石油、天然气占比 83.4%，可再生能源占比 15.7%，其他能源占比 0.9%。其中自产原油 2.05×10^8t，原油进口 5.08×10^8t，对外依存度 71.2%（汽车保有量 4.17 亿辆）。

我国能源的特点：一是我国经济社会发展仍处于工业化阶段，能源消费仍将保持增长；二是我国当前面临巨大的生态环境压力，能源消费带来的负面影响比较大；三是我国缺油、少气、相对富煤，保持能源安全必须立足国情、依托煤炭；四是我国人均化石能源的消耗量较低，必须走出一条新型能源自主的道路来弥补这一需要。

1.1.2　三次能源革命的历程

能源革命是指推动人类文明进步的根本性能源变革，具体表现为资源形态、技术手段、管理体制、人类认知等方面出现一系列显著的变化。

1.1.2.1　能源革命的历史轨迹与特征

纵观人类的发展史，共经历了三次能源领域的重大变革。

第一次能源利用质的变化大约是在 40 万年前，这个变化以人工火代替自然火的利用为标志，木材、秸秆等柴薪能源成为人类社会生产和生活的主要能源，人类进入植物能源时代。植物能源时代主要是利用地表上的生物质能，包括农作物秸秆、有机残留物、林木、藻类、水生植物等。植物能源的利用促进了农业的发展，推动了农业文明的进程。但由于植物能源密度较低、运输不便，主要用于人类取暖、照明和炊事等活动。

生产过程中仍主要使用人力和畜力，对生产效率的改进作用有限，植物能源时代经济长期处于极慢增长状态。

第二次能源利用的变革开始于 18 世纪的英国，以蒸汽机的发明和 19 世纪煤炭的大规模使用为主要标志。19 世纪初期，英国煤矿、法国的加来海峡地区和德国鲁尔地区煤矿的发现与开发，使得 1850 年到 1869 年间，法国的煤炭产量由 440 万吨上升到 1330 万吨，德国煤炭产量由 420 万吨迅速上升到 2370 万吨。整个世界从 1830 年煤炭消耗量占整个能源消耗量的不到 30%，在 1888 年迅速达到 48%，随后迅速超过木材使用量，成为主要能源。而这一过程中，煤炭的大规模应用使得蒸汽机从实验室成功地走进现实，使人类摆脱以人力（或畜力）和手工工具为主的生产方式，极大提升了社会劳动生产率，人类社会进入了利用机械力的工业文明时代。这一时代也被称为化石能源时代的第一阶段——煤炭时代，即固体能源时代。人类可利用的能源由地表转向地下。

化石能源的第二阶段始于 19 世纪下半叶，一是电力的发明，使人类对化石能源进行延伸利用，生产出二次能源，人类用上了清洁、便利的电力。电的发明改变了人类用能方式，也为各种电器生产制造和使用提供了便捷的动力。二是石油资源的开发，尤其是汽车的生产与使用，对液体能源的依赖进一步加强，液体能源逐步接替固体煤炭，成为世界经济发展的主要动力。

第三次能源利用的重大变革是正发生于当下的新能源革命。持续使用了 200 多年的化石能源不仅给地球的生态环境造成极大的破坏，而且面临战略性资源枯竭问题。把埋藏在地下的化石能源挖出来用作燃料，向大气释放了大量的二氧化碳和其他有害物质，使人类的生存环境面临着威胁。而新能源革命是利用自然能，如风能、太阳能等可再生能源满足人类不断增长的能源需求，并逐步替代化石能源。与此同时，能效问题受到极大的重视，被视为第五种能源（煤、油、气、可再生能源、能效）。需指出的是，第三次能源利用的重大变革仍以开发不同电源的方式体现出来，例如风力发电、光伏与光热发电等。从能源终端消费来看，电力将成为主导能源。尤其是随着电动汽车的发展，其他化石能源在终端消费中的占比会进一步下降。

1.1.2.2　能源革命的价值与作用

历史上工业革命与能源革命几乎是同时发生的。能源革命促进了工业革命，促进了社会生产力的极大提高，也促进了人类文明的进步。总的来看，能源的历次重大变革所产生的作用具有以下几个特征。

(1) 能源利用方式的变革带动新的产业发展

由于植物能源只能提供有限的能量，第一次工业革命通过化石能源的使用把人类社会带入了以机器为动力的社会化生产时期。煤炭的大规模应用解决了社会发展的动力瓶颈，促进了纺织行业、钢铁行业、冶金矿产等重工业和城市建设的快速发展。石油与天然气的开发利用，为飞机、汽车及化工产业的发展提供了高效燃料和原料，促进了相关产业的发展，同时也使石油和天然气成为主要能源。而在第三次能源变革中，风能、太阳能等可再生能源的开发利用，带动了新型装备制造、输配电产业、储能产业、新型原材料产业等的快速发展。

按照1t秸秆的热值约为0.7t普通煤炭或者相当于0.5t标准煤的效果测算，煤炭对秸秆的替代意味着单位能量成本下降30%～50%。与煤炭相比，石油是一种物理性能更加优越的化石能源。按照传统的算法，2t煤炭等同于1t石油的热值，而石油的燃烧效率又高于煤炭30%～50%。如果考虑运输、设备的投资，石油的能量效果更高，其总体效果是1t石油的实际作用等同于3～5t煤炭。此外，石油极易汽化，因而，传统能源使用方式发生一个重大革命，即可以实现连续性燃烧。同时，汽化燃烧比煤炭的表面性的固体燃烧优越，可实现能量效率的大幅度提高。柴薪—煤炭—石油的演变过程，是单位能源能量不断提高的过程，也是单位能源成本不断下降的过程。从运营成本来看，风能、太阳能接近于零，因此，新能源的开发利用形成相当规模后会极大地降低生产过程中的能源投入成本，推动新能源相关产业的快速发展。

（2）能源利用方式的变革促进经济效率的改进

经济效率主要体现在能源使用效率上，也就是单位能源投入所取得的产出。在农耕时代，经济发展非常缓慢，其原因是柴薪能源的使用效率处于较低的水平。而化石能源时代，是工业革命爆发的时代，也是社会劳动生产率极大提高的时代。从工业化国家的发展过程来看，能源利用效率随着柴薪—煤炭—石油的替代演变过程逐步提高。

资料显示，自19世纪初期的化石能源时代以来，能源消费与经济基本保持同步增长的态势。煤炭时代，发达国家经济增长与能源消费增长（即能源消费弹性系数）大致保持了1∶1的比例关系。1950年以后，石油成为主导能源，平均而言，能源消费弹性系数大致为（1∶0.6）～（1∶0.7）的比例关系，这意味着从煤炭到石油，能源使用效率平均提升了30%～40%。电力对煤炭的替代，提高了煤炭转换电力的比重，也是目前各国提高能源利用效率的优选方法，而且还能够集中控制和治理污染。与化石能源相比，风电、光电的物理转换效率较低，主要在于化石能源的能量是多年累积形成的，可在短期内集中使用。从广泛上讲，新能源的利用意味着人类可以对世界上存在的低密度的能源形式加以利用，这本身就是一种能源使用效率的提高，也是对经济效率的一种促进形式。

（3）能源利用方式的变革指向可持续发展

与柴薪相比，煤炭的热值高，便于运输；与煤炭相比，石油、天然气热值更高，而且可以通过管道运输，更加方便；而电力则更加清洁、便利。可再生能源发电则使整个生产过程实现了清洁化，尤其是可再生能源发电还可实现分布式利用，不依赖大规模能源基础设施投资，因此，第三次能源革命是朝着更加清洁、更加方便使用的可持续发展方向前进的。

第三次工业革命正在悄然发生。这场由信息技术、通信技术、新材料技术、互联网技术等通用技术的突破和大规模应用所驱动的工业革命将促进制造技术向一体化、智能化、微型化、全周期化和人机关系更加友好化的方向快速发展，并最终促使整个工业生产方式呈现出高度柔性化、可重构化和社会化的特征。能源消费方式将面临重大变革：信息技术、互联网技术不断突破，智能化电网、分布式电源得到较快发展，越来越多的家庭成为能源消费者和生产者，由单向接受、模式单一的用电方式向互动、灵活的智能化用电方式转变。人类社会将会进入以高效化、清洁化、低碳化、智能化为主要特征的能源时代。

（4）小结

每次能源革命都是先发明了动力装置和交通工具，然后带动对能源资源的开发利用，并引发工业革命。第二次能源革命的第一阶段，动力装置是蒸汽机，能源是煤炭，交通工具是火车。第二次能源革命的第二阶段，动力装置是内燃机，能源是石油和天然气，能源载体是汽油、柴油，交通工具是汽车。第二次能源革命的第一阶段是英国超过荷兰，第二阶段是美国超过英国。现在正处于第三次能源革命，动力装置是各种电池。能源是可再生能源，能源载体有两个——电和氢，交通工具就是电动化的运载工具。所以，这一次也许是中国赶超的机会。

能源是推动经济和社会持续发展的根本动力，人类每一次寻求新的能源的行为都会引发能源革命，而每一次新的能源革命又必然伴随着能源科学技术的进步。能源不仅是经济资源，更是战略资源和政治资源。能源科技先进与否将影响能源安全，而能源安全又直接影响国家的安全和可持续发展。在能源领域，如果没有自主创新的科学技术，将会在几十年内受制于他人。

能源技术革命是经济社会转型升级的关键。通过能源技术革命，可以加快调整高消耗、高污染、低效益的传统产业结构，形成有利于能源节约利用的绿色、循环、低碳的现代产业体系。然而，能源科学技术发展具有周期长、投资大、惯性强、排他性的特点，不顾需求盲目发展将会导致社会资源和财富的巨大浪费和损失。要推动能源技术革命，必须遵循能源领域的特点和规律，明确时空定位，适应本国国情，聚焦需求目标，实施创新驱动。就我国而言，单位国内生产总值（GDP）能耗是世界平均水平的 1.5 倍，能源利用率水平与欧盟和日本差距更大。因此，首先应该选择一批较成熟的节能和清洁能源技术，比如各种先进的工业节能技术、节能生态智能建筑技术、高效清洁煤利用技术等，重点开展系统集成、优化以及实用化的研发工作，以便尽快推广应用；其次，通过重大工程实施，示范试验一批已有一定积累的先进能源技术，如规模化的可再生能源利用技术、大型电力储能技术、轨道交通和纯电动车技术、页岩气开采与利用技术、特高压输电技术、新型核电技术和核废料处理技术、农林畜禽废物能源化与资源化利用技术等；同时，设置科技重大专项，集中攻关一批核心技术，如太阳能、风能转换新原理与新技术，集收集、储能、发电于一体的光伏材料体系，能源植物的选育与种植技术，海底与冻土天然气水合物开发与利用技术，可控热核聚变示范堆技术等。新能源发电、储能技术和能源互联网统称为能源电子技术，与蒸汽机、内燃机的作用一样，是第三次能源革命的关键技术。

三次能源革命所具有的共性：一是能源革命总是与产业革命相伴而生，形成新的能源产业并且成为经济发展的主导产业；二是能源结构不断优化，主导能源不断更替，并且向着高效、清洁、低碳、可持续的方向发展；三是三次能源革命的影响一次比一次深远，能源革命的影响范围越来越广泛。第三次能源革命需要世界各国的共同努力。中国没有经历前两次能源革命，但是第三次能源革命的特性决定了中国是重要的参与者与推动者，与发达国家相比，中国能源革命所形成的能源结构迭代性改进与经济发展水平决定了中国能源革命需要更强有力的政策推动。

1.1.3 新能源的特点及发展前景

(1) 新能源的定义

1981 年，联合国召开的“联合国新能源和可再生能源会议”对新能源的定义为：以新技术和新材料为基础，使传统的可再生能源得到现代化的开发和利用，用取之不尽、周而复始的可再生能源取代资源有限、对环境有污染的化石能源，重点开发太阳能、风能、生物质能、潮汐能、地热能、氢能和核能（原子能）。

新能源一般是指在新技术基础上加以开发利用的可再生能源，包括太阳能、生物质能、风能、地热能、波浪能、洋流能和潮汐能，以及海洋表面与深层之间的热循环等；此外，还有氢能、沼气、乙醇、甲醇等，而已经广泛利用的煤炭、石油、天然气、水能等能源，称为常规能源。随着常规能源的有限性以及环境问题的日益突出，以环保和可再生为特质的新能源越来越受到各国的重视。

在中国，可以形成产业的新能源主要包括水能（主要指小型水电站）、风能、生物质能、太阳能、地热能等可循环利用的清洁能源。新能源产业的发展既是整个能源供应系统的有效补充手段，也是环境治理和生态保护的重要措施，是满足人类社会可持续发展需要的最终能源选择。

一般来说，常规能源是指技术上比较成熟且已被大规模利用的能源，而新能源通常是指尚未大规模利用、正在积极研究开发的能源。因此，煤、石油、天然气以及大中型水电都被看作常规能源，而把太阳能、风能、现代生物质能、地热能、海洋能以及氢能等看作新能源。随着技术的进步和可持续发展观念的树立，过去一直被视作垃圾的工业与生活有机废弃物被重新认识，作为一种可资源化利用的物质而得到深入的研究和开发利用，因此，废弃物的资源化利用也可看作新能源技术的一种形式。

新近才被人类开发利用、有待于进一步研究发展的能量资源称为新能源，相对于常规能源而言，在不同的历史时期和科技水平情况下，新能源有不同的内容。当今社会，新能源通常指太阳能、风能、地热能、氢能等。按类别可分为太阳能、风能、生物质能、氢能、地热能、海洋能、小水电、化工能（如醚基燃料）、核能等。

(2) 新能源的特点

① 资源丰富，普遍具备可再生特性，可供人类永续利用。

② 能量密度低，开发利用需要较大空间。

③ 不含碳或含碳量很少，对环境影响小。

④ 分布广，有利于小规模分散利用。

⑤ 间断式供应，波动性大，对持续供能不利。

⑥ 除水电外，可再生能源的开发利用成本较化石能源高。

(3) 新能源的发展前景

中国新能源的发展战略分为三个发展阶段：第一阶段到 2010 年，实现部分新能源技术的商业化；第二阶段到 2020 年，大批新能源技术达到商业化水平，新能源占一次能源总量的 18%以上；第三阶段是全面实现新能源的商业化，大规模替代化石能源，到 2050 年在能源消费总量中达到 30%以上。

新能源作为中国加快培育和发展的战略性新兴产业之一，将为新能源大规模开发利用提供坚实的技术支撑和产业基础。

① 太阳能。随着国内光伏产业规模逐步扩大、技术逐步提升，光伏发电成本会逐步下降，并且未来国内光伏容量还将大幅增加。

② 风能。无论是总装机容量还是新增装机容量，风电都保持着较快的发展速度，也将迎来发展高峰。但风电上网电价高于火电，期待价格理顺促进发展。

③ 生物质能。生物质能有望在农业资源丰富的热带和亚热带地区普及，主要问题是如何降低制造成本。生物乙醇、生物柴油以及二甲醚燃料应用值得期待。

④ 汽车新能源应用。环境污染、能源紧张与汽车行业的发展密切相关，国家大力推广电动汽车，汽车新能源战略开始进入加速实施阶段，开源节流齐头并进。

1.1.4　新能源的能耗效率与产品技术路线选择

(1) 能源效率

能源效率也被称为能源利用率，是指一个体系（国家、地区、企业或单项耗能设备等）有效利用的能量与实际消耗的能量的比值。美国著名能源专家丹尼尔·耶金在出版的专著《能源重塑世界》中，强调能源问题不仅仅是国家战略和国家安全问题，对资源利用、节能环保及人类世界的清洁产生重大影响，同时也是非常重要的经济问题。所以全球所有国家无不把能源作为国家最重要的战略资源，进行长期规划、发展和管理。国家统计局发布的《中华人民共和国 2016 年国民经济和社会发展统计公报》显示，经初步核算，中国 2016 年全年能耗总量为 43.6 亿吨标准煤，比 2015 年增长 1.4%。国家统计局公布的资料显示，2006～2016 年，中国以年均 9.4%的能源消费增长支撑了年均 10.3%的 GDP 增长，能源消费增长与经济增长处于脱钩状态。但是，中国的节能降耗形势依然严峻，2011 年中国一次能源消费总量已经超过美国，2012 年中国一次能源消费为 36.2 亿吨标准煤，消耗了世界 20%的能源。中国单位 GDP 能耗是世界平均水平的 2.5 倍，美国的 3.3 倍，日本的 7 倍，同时也高于巴西、墨西哥等发展中国家。中国每消耗 1t 标准煤创造 25000 元的 GDP，美国的平均水平是 1t 标准煤创造 31000 元的 GDP，日本的平均水平是 1t 标准煤创造 50000 元的 GDP。所以，中国节能减排、提高能源效率的任务依然非常艰巨。

《新型电力系统发展蓝皮书》报告，2022 年中国各种发电方式产生电力 8.7×10^{12}kW·h，按照 0.5 元/(kW·h)，相当于 4.35 万亿元，按 1%的效率提升，将会是 435 亿元的增加价值，也可以说是财富增值。而中国 2022 年全国能源消费的总量达到 54.1×10^{8}t 标准煤（相当于 44×10^{12}kW·h），比 2021 年增长 2.9%，可想而知能源效率的提升会带来多大的经济价值。

被称为管理学之父的彼得·德鲁克（Peter F. Drucker），在他的著作《卓有成效的管理者》一书中，认为所有负责行动和决策而且能够提高机构工作效率的人，都应该像管理者一样工作和思考，而且，一位卓有成效的管理者要重视目标和绩效，要做正确的事和最重要的事，在选用高层员工时，一位卓有成效的管理者注重的是出色的绩效和正直的品格。这足以说明效率对个人、对企业、对社会的重要性。我们选择一个企业最看重的是看其是否有执行的效率和结果，我们选择一个产品、一条技术路线首先考虑的也是效率。对于能源产业而言，我们对能源体系的变换和选择，也必须把能源效率、能耗效率放在重要的位置，首先加以研究。

能源消耗水平和利用效果是能源有效利用程度的综合指标。把能源从开采、加工、转换、运输、贮存到最终使用，分为四个过程，分别计算出各个过程的效率，然后相乘求得总的能源利用率，计算出我国能源利用效率低，节能潜力巨大。我国的能源利用效率，包括加工、运输和使用，只有32%左右，比发达国家低10多个百分点，如果再乘以32.1%的能源开采效率，总的能源利用效率只有10.3%左右，不到发达国家的1/2。我国主要用能产品的单位产品能耗也比发达国家高25%～90%，加权平均约高40%。我国在能源效率提升方面的潜力巨大。

(2) 能耗效率

能耗效率，也被称为能源技术效率和能源系统效率，是指使用能源活动（不包括开采）中所取得的有效能源量与实际输入的能源量之比，是一项由总体能源结构、产业用能比重、能源利用技术等多种因素形成的综合指标，一般用百分数来表示。能耗效率指产出的有用能量与投入的总能量之比，这个技术效率的最高限受物理学原理的约束，实际值是随科技和管理水平的提高而不断提高，无限接近物理学的极限。

(3) 能耗效率与产品技术路线选择

能耗效率是评估能源利用效率的重要指标，它与产品技术路线的选择密切相关。在产品研发和生产过程中，技术路线的选择需要同时考虑多个因素，包括产品的性能、可靠性、安全性、成本等，而能耗效率也是其中一个非常重要的因素。

在选择产品技术路线时，需要考虑产品的能耗水平以及如何降低产品的能耗。这可以通过采用更高效的能源转换技术和设备、优化产品设计、采用新型材料等方式实现。同时，也需要考虑如何提高产品的能源回收和再利用效率，以实现能源的可持续利用。

在评估产品能耗效率时，需要考虑产品的整个生命周期的能耗，包括原材料的采集、生产、使用、回收等环节。通过评估不同技术路线的能耗效率，可以优先选择能耗效率更高的技术路线，以实现更环保、更可持续的发展。

时至今日，我们纯电动汽车比燃油车的里程费用要便宜很多，并不是因为油贵，电便宜（从取得能量的含有量上应该是价值对等的），核心是电动车的整体能耗效率高达75%～80%，而燃油车的能耗效率只有15%～20%（汽油靠燃烧放热推动发动机活塞做功，热量也损失大部分），这才是电动汽车的真正价值，真正意义上的节能环保。丰田汽车公司研究和推行氢燃料电池车多年，但一直效果不明显，除了氢燃料电池制造本身的复杂性、氢的存储和运输不便的原因外，更重要的原因是氢作为能耗源载体，在燃料电池车上的整体能耗效率只有28%～30%，氢与氧结合生成水，将化学能转变为电能，同时放热，产热部分在反应过程中损失掉了，这是能耗效率差的根本原因。

我国各级政府部门在不同阶段，从国家发展战略层面高度重视能源效率和能耗效率。《中华人民共和国节约能源法》（以下简称《节约能源法》）从 1998 年 1 月 1 日起施行，节能工作已逐步进入法制化轨道。依据《节约能源法》颁布了《重点用能单位节能管理办法》《中国节能产品认证管理办法》《节约用电管理办法》等一系列配套法规，我国实施了中国节能产品认证制度，逐步引导和规范节能产品市场。

1.2　制造能源时代

1.2.1　制造能源概述

制造能源的定义：通过先进制造技术，利用既有的能量资源实现对能量清洁、高效、便捷使用的手段或方法。人类通过制造技术获取自然界中太阳的能量，产生的电力可直接用于生活照明，也可以通过电池存储电力，改变使用的时机，使能源的使用更加便捷，从而实现太阳能直接服务人类的目的。制造能源主要的方式有太阳能发电、风力发电、潮汐发电、水力发电等，然而受环境和自然条件的影响，清洁能源大多不稳定，因而要获得稳定清洁能源供给，还需要大规模的储能系统，来实现能源的自由流动。这样人类便可以更高效、便捷地使用能源，这就是储能电池的需求。

(1) 太阳能

太阳能发电直接或存储使用是典型的制造能源，包括光伏发电＋存储、光热发电＋存储、光热转换等。太阳能与其他能源相比，具有很多优点：

① 地球上一年接收的太阳能总量远远大于人类对能源的总需求量。

② 分布广泛，不需要开采和运输。

③ 不考虑枯竭问题，可以长期使用。

④ 安全卫生，对环境无污染等。

因此，太阳能必将在未来的能源结构中占有重要的地位，目前其开发利用已经受到人们的高度重视，并取得较大的进展。

(2) 风能

风能是因空气流做功而提供给人类的一种可利用的能量，空气流动具有的动能称风能，流速越高，动能越大。风能设施日趋进步，大量生产降低成本，在适当地点，风力发电成本已低于其他发电方式。风能与其他能源相比，具有明显的优势，它蕴藏量大，是水能的 10 倍，分布广泛，永不枯竭，对交通不便、远离主干电网的岛屿及边远地区的电力供应系统尤为重要。风能最常见的利用形式为风力发电，分为两种思路，水平轴风机和垂直轴风机，其中水平轴风机应用广泛，为风力发电的主流机型。

(3) 海洋能

海洋能指蕴藏于海水中的各种可再生能源，包括潮汐能、波浪能、海流能、海水温差能、海水盐度差能等。这些能源都具有可再生性和不污染环境等优点，是一项亟待开发利用的具有战略意义的新能源。

海洋能具有以下特点：

① 海洋能在海洋总水体中的蕴藏量巨大，而单位体积、单位面积、单位长度所拥有的能量较小。这就是说，要想得到大能量，就得从大量的海水中获得。

② 海洋能具有可再生性。海洋能来源于太阳辐射能与天体间的万有引力，只要太阳、月球等天体与地球共存，这种能源就会再生，就会取之不尽、用之不竭。

③ 海洋能有较稳定与不稳定能源之分。较稳定能源为温度差能、盐度差能和海流能；不稳定能源分为变化有规律与变化无规律两种。属于不稳定但变化有规律的有潮汐能与潮流能。人们可根据潮汐潮流变化规律，编制出各地逐日逐时的潮汐与潮流预报，预测未来各个时间的潮汐大小与潮流强弱。潮汐电站与潮流电站可根据预报表安排发电运行。既不稳定又无规律的是波浪能。

④ 海洋能属于清洁能源，也就是说海洋能一旦开发后，其本身对环境污染影响很小。

波浪发电。据科学家推算，地球上波浪蕴藏的电能高达 90×10^{12}kW · h。海上导航浮标和灯塔已经用上了波浪发电机发出的电来照明。大型波浪发电机组也已问世。中国也在对波浪发电进行研究和试验，并制成了供航标灯使用的发电装置。将来，我国的波浪能发电厂将遍布世界各地。波浪能将会为中国的电业做出很大贡献。

潮汐发电。据海洋学家计算，2022 年，世界上潮汐能发电的资源量在 10×10^{8}kW 以上。我国的海区潮汐资源相当丰富，潮汐类型多种多样，是世界海洋潮汐类型最为丰富的海区之一。

1.2.2 制造能源的价值

当今世界正在经历第三次能源革命，制造能源技术能够让可再生能源高效利用，使取之不尽、用之不竭、清洁环保、随处可得的能源得以最佳利用，人类将借此手段摆脱能源危机，获得能源自由。制造能源技术将为人类生产、生活带来无限价值，成为推动第三次能源革命的核心技术。对我国而言，制造能源技术是新时期推动我国能源革命最直接的体现，成为我国能源绿色低碳发展、能源安全的重要保障。我们应该在能源供应方面，实现能源多元化和快速转化，中国应该逐步从以化石能源（如煤炭、石油、天然气等）供给为主的局面转化为以低碳清洁能源（如太阳能、风能、潮汐能等）供给为主的局面。

能源消费系统方面，大力推进智慧能源，使用清洁高效的电力来解决交通、生产、生活的能源需求；能源发展方式方面，推动能源生产由集中到分布的智慧能源供给方式发展。制造能源技术是带动新一轮科技革命、第四次工业革命的重要载体，为全球能源低碳化、系统智能化、交通电动化的实现提供基础支撑，也是中国摆脱能源进口依赖、达成能源转型的重要抓手。制造能源的发展将促进电力能源替代传统能源，是实现“碳达峰、碳中和”的必由之路。

1.2.3 制造能源时代下的电能替代

电能替代主要是指利用便捷、高效、安全、优质的电能代替煤炭、石油、天然气等化石能源，通过大规模集中转化来提高燃料使用效率，减少污染物排放，实现社会的可持续发展。而制造能源技术主要是将清洁能源（太阳能、风能、潮汐能等）转换为方便使用的电能并存储，需要时可以高效使用，避免能源的浪费。过去在我国空气污染等环境问题严重的情况下，能源替代开始得到人们的高度重视，特别是一些对环境友好的可再生资源日益得到人们的青睐，在使用方式上电能也得到了人们的一致认可。电力能源作为一种高效和清洁的能源，已成为我国经济发展和人民日常生活的必需品，在社会经济发展中起到了重要作用。

在制造能源时代，电能替代已经成为一种趋势。电能作为一种高效、清洁的能源，在制造行业中得到了广泛的应用。通过电能替代传统能源，可以显著提高能源利用效率，降低环境污染，并且提高生产效率。未来，随着新能源技术的不断发展，电能替代的应用领域将会更加广泛。

保护环境、减少能源消耗早已成为人类的共识，而现实中的雾霾、污水、空气污染问题和人类大量消耗化石能源、忽略环境保护是分不开的。电能作为清洁能源，其高效、基本零污染的属性，使其受到越来越多人的关注。它可以广泛替代一次能源，较为方便地转换为其他形式能源，并实现精密控制，也将成为近 20 年消费增长最快的能源品种。

（1）全球能源使用的现状

全球能源发展经历了从薪柴时代到煤炭时代，再到油气时代、电气时代的演变过程。目前，世界能源供应以化石能源为主，有力支撑了经济社会的快速发展。清洁替代、电能替代是此次能源革命的重要方向，是解决全球能源和环境问题的必由之路，也将从根本上解决人类能源供应问题，实现能源可开发利用与生态环境的和谐发展。

化石能源燃烧排放大量的烟尘等污染物，导致灰霾频发，严重危害人类的身体健康。自工业革命以来，以氮氧化物、烃类化合物及二次污染物形成的以细颗粒污染为特征的复合型污染在大多数发达国家和部分发展中国家已经出现，导致大气能见度日趋下降，灰霾天数增加，威胁人类健康。

同时，大量化石能源在开采、运输、使用的各环节也都会对水质、土壤、大气等自然生态环境造成严重的污染和破坏。煤炭开采引发的地面塌陷，使得土地变得贫瘠，植被破坏，矿区生态系统受损严重；同时引发地下水水位下降，使得大量污染物进入水体破坏水资源。

（2）电能替代的优势

电能替代是指在能源消费上，以电能替代煤炭、石油、天然气等化石能源的直接消费，提高电能在终端能源消费中的比重。电能是清洁、高效、便捷的二次能源，使用过程清洁、零排放，和其他能源品种相比，电能的终端利用效率最高，可以达到 90%以上。从能源利用效率来看，电气设备的能源利用效率远远高于直接燃煤和燃油的效率。例如，电锅炉的热效率达到 90%以上，而燃煤锅炉的热效率仅为 60%～70%。

电能替代对能源利用效率的提升是全方位的。从使用上看，电能使用便捷，可精密控制；从能源转换上看，电能可以实现各种形式能源的相互转换，所有一次能源都能转化成电能。中国的数据表明，电能的经济效率是石油的 3.2 倍、煤炭的 17.3 倍，即 1t 标准煤当量电能创造的经济价值与 3.2t 标准煤当量的石油、17.3t 标准煤当量的煤炭创造的经济价值相当。

（3）电能替代的价值

以电代煤，是指在能源消费终端用电能替代直接燃烧的煤炭，可显著减轻环境污染。煤炭燃烧会带来大量的二氧化硫、氮氧化物以及烟尘等污染物排放，形成以煤烟型为主的大气污染。作为全球最大的煤炭消费国，中国以电代煤有很大的发展空间。预计到 2030 年，中国可减少 60%的直接煤燃烧，2040 年前基本取消直接煤消费。

1.2.4 制造能源系统

1.2.4.1 制造能源系统的基本构成

由于电作为能源载体具有灵活性、通用性、高转换效率和便捷使用性等特性，因此制造能源主要以电源为主。制造能源系统主要由发电系统、存储系统、电源变换系统三大部分组成。发电系统一般利用的是可再生的清洁能源，如太阳能、风能、潮汐能、生物能等。存储系统主要的方式有电池储能、抽水蓄能和机械储能等。电源变换系统实现不同来源和使用要求的能源间的高效对接、转换和匹配。

1.2.4.2 发电系统的发展趋势及技术背景

（1）太阳能及风能总量

“双碳”目标背景下，可再生能源市场发展迅速，中国光伏、风力发电装机量逐年上涨，如图 1-3 所示。同时，光伏、风力发电的弃光率、弃风率逐年递减，能源利用效率不断升高。可再生能源市场的发展带来电网侧储能需求的扩大。

根据高盛公司 2022 年 6 月出版的《中国碳中和技术展望报告》，中国到 2060 年实现碳中和时将需求约 25000TW · h 的能源，其中太阳能和风能分别约为 7500TW · h 和 6000TW · h，成为中国主要的能源来源。

（2）太阳能及风能发电技术概况

① 太阳能。

太阳能电池技术及系统设备将沿着高能效、低成本、长寿命、智能化的技术方向发展。国家出台了一系列政策持续支持高效率晶体硅太阳能电池、薄膜电池、钙钛矿太阳能电池、叠层太阳能电池等新型太阳能电池关键技术攻关和产业化研发；支持光伏系统及平衡部件技术创新和水平提升；大力推动面向全行业的公共研究测试平台建设。

② 风能。

风电机组单机容量将持续增大，大型风机柔性叶片技术及机组的核心控制技术亟待发展；双馈异步发电技术仍将占主流地位，直驱式、全功率变流技术在更大规模风电机组上应用的比例越来越大，有望成为未来主流技术；各种增速型全功率变流风力发电机组将得到应用；低风速地区风电设备研发将取得进展；风电厂建设和运营的技术水平将

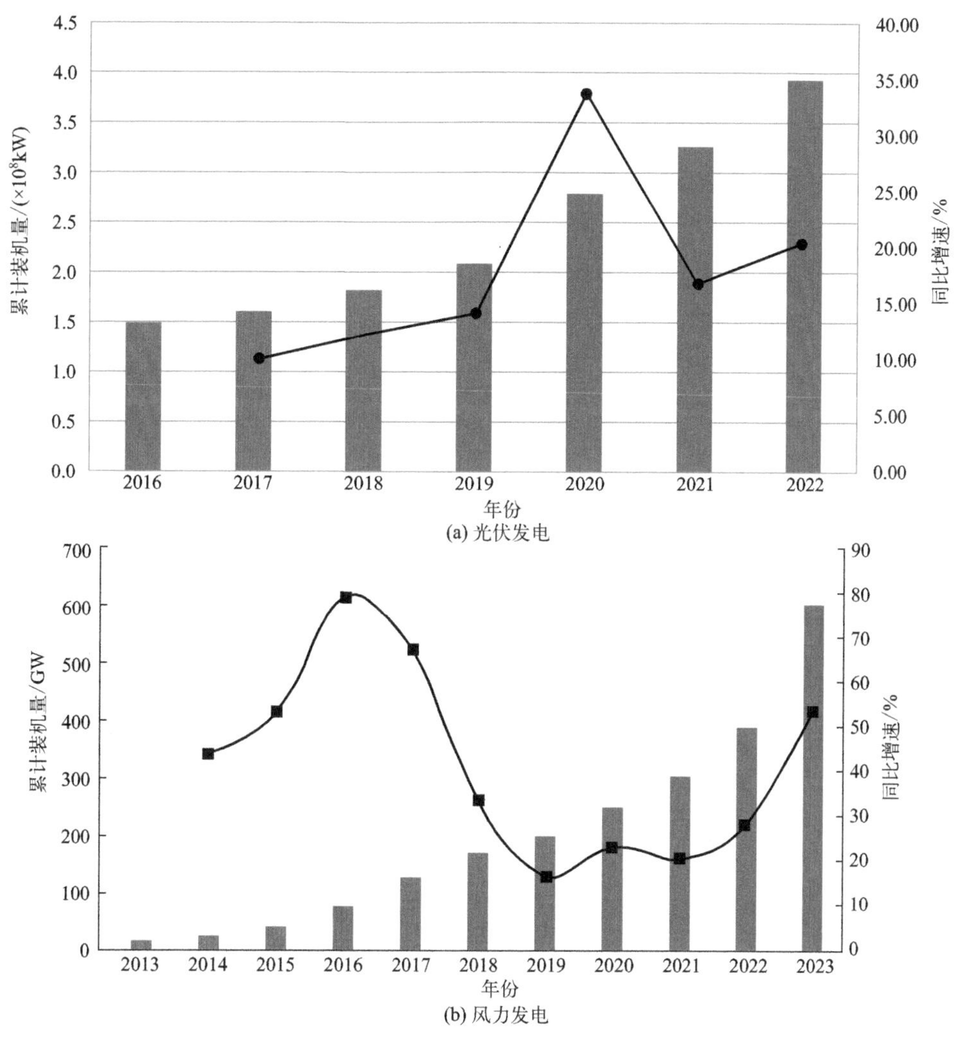

图 1-3　中国光伏、风力发电装机量

资料来源：国家能源局，前瞻产业研究院

日益提高；海上风电技术将成为重要发展方向。

(3) 太阳能及风能技术发电成本

① 光伏发电成本。

目前光伏发电站建设成本约 4 元/W，太阳能发电成本构成见图 1-4，若按照期望投资收益率 8%（此处为低估数值，高估数值在 16%左右）计算，年期望收益 0.32 元/W。光伏年发电峰值时间约 1163h，则 1W 产能年发电 1.163kW·h。假定建设成本短期内不会下降，那么 1kW·h 电成本为 0.275 元（未考虑维护费用）。未来随着太阳能制造技术的进步，太阳能电池转化效率的提升，制造成本的下降，这个成本还有很大的下降空间。

② 风能发电成本。

平准化度电成本（levelized cost of energy，LCOE）是对项目生命周期内的成本和发电量进行平准化后计算得到的发电成本。LCOE 不考虑财务成本、税收等，计算一定

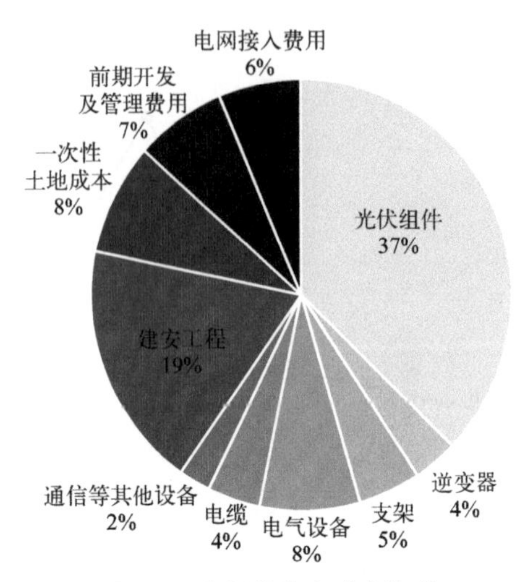

图 1-4　太阳能发电成本构成

折现率下的度电成本。相比于经营期电价计算方法，LCOE 一般低 15%～30%。2020 年我国陆上风电 LCOE 为 0.214～0.342 元/(kW·h)，平均为 0.277 元/(kW·h)。风电成本变化趋势见图 1-5。据彭博新能源财经测算，2020～2030 年我国陆上风电 LCOE 保持平稳下降趋势，2030 年陆上风电 LCOE 为 0.147～0.234 元/(kW·h)，平均为 0.190 元/(kW·h)。

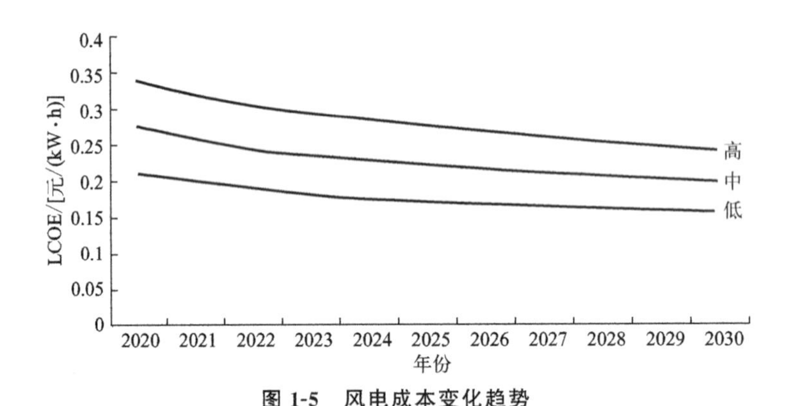

图 1-5　风电成本变化趋势

③ 太阳能及风能发展趋势。

预计从 2030 年开始，风光电将成为电力系统供电主力，在 2060 年碳中和背景下，风光电发电量将占据总发电量 70%以上，其发电波动性、不稳定性给电力系统带来挑战，储能可通过其调节价值、容量价值为电力系统的安全稳定带来保障。调节价值方面，新能源消纳仍是储能的主要应用场景，但在此阶段，储能在新能源出力高峰期存储的电能，将取代退役的火电机组，成为新能源出力低谷期的主力电源；容量价值方面，储能将为电力系统尖峰负荷提供容量保障。

总体来看，中国储能长期发展逻辑与短期现状存在差异，强配政策弥补短期需求，长期发展必要条件渐趋成熟，10 年内储能装机或持续高增。短期内，应关注风光电强配储能装机情况；中长期维度，应关注风光发电占比情况及电力市场建设情况。

1.2.4.3　能源存储：锂离子电池、钠离子电池、氢储能

（1）市场现状

目前电能存储以抽水蓄能为主，增量以电化学储能为主。主要由于抽水蓄能的能量效率偏低（75%左右），受地理条件的限制，运营成本高，建设周期长，规模成本下降空间不大；而化学储能则有最高的储能能量效率（90%左右），不受地域功率大小限制，运营成本低，未来大规模制造还有很大的成本下降空间。锂离子电池是电化学储能主流技术路线。中国各类型储能装机量结构与全球情况相似，均以抽水蓄能为主要装机类型，占据 86%左右的装机容量。中国与全球电化学储能装机占比分别为 9.2%、7.8%。在电化学储能中，锂离子电池占据主导地位，在中国与全球占比均为 90%左右。中国和全球各类储能累计装机占比见图 1-6。

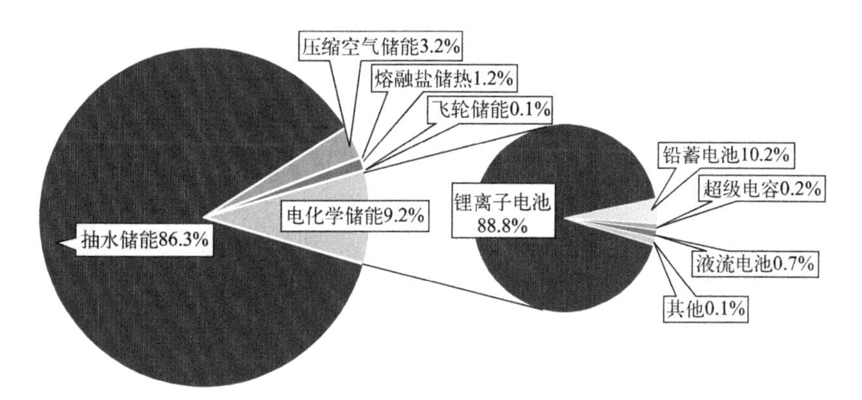

(a) 2021年中国各类型储能累计装机量占比

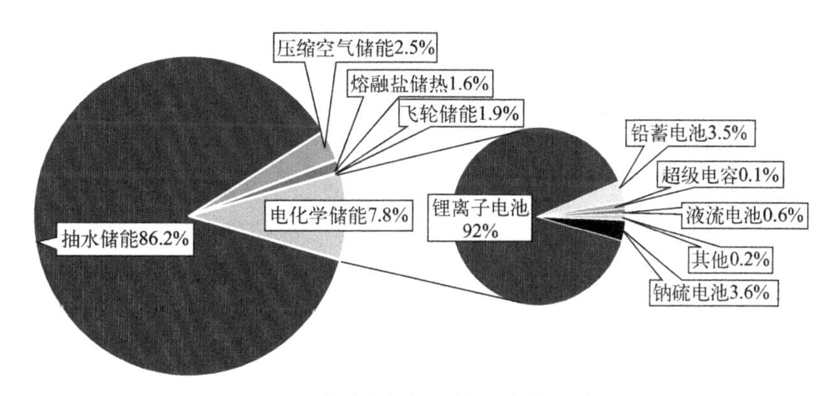

(b) 2021年全球各类型储能累计装机量占比

图 1-6　中国和全球各类储能累计装机占比

资料来源：CNESA，华鑫证券研究

2017～2022 年中国电化学储能累计装机规模增长 45 倍。根据智研咨询提供的数据，2022 年中国储能累计装机规模为 59.4GW，2017～2022 年累计装机量稳步增长。电化学储能 2022 年累计装机量为 14GW，新增 7.8GW，同比增长 126%。2017～2022 年中国储能总体情况及电化学储能装机情况见图 1-7。

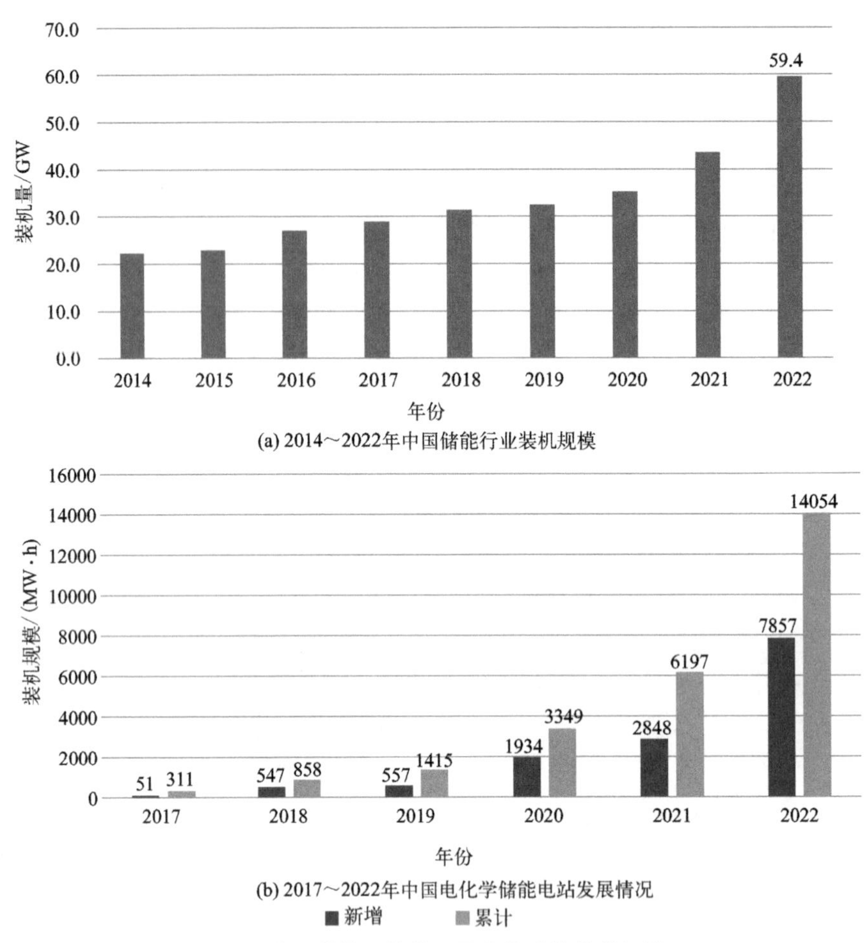

图 1-7　中国储能总体情况及电化学储能装机情况

资料来源：智研咨询（www.chyxx.com）

(2) 锂离子电池

锂离子电池通过锂离子在正负极电极材料中的嵌入和脱嵌实现能量存储。锂离子电池能量密度较高，寿命长，因此正逐渐成为电化学储能的主流路线。根据正极材料的不同，锂离子电池又分为钴酸锂电池、锰酸锂电池、磷酸铁锂电池和三元电池等。

磷酸铁锂电池在储能领域综合优势显著，其能量密度适中，安全性、使用寿命均优于其他电池类型，且成本较低；钴酸锂电池因金属钴的稀缺性，价格远高于其他电池，且循环寿命短、安全性差，因此在储能领域几乎无应用；锰酸锂电池能量密度与磷酸铁锂电池相近，价格虽低于磷酸铁锂电池，但使用寿命短导致其全生命周期度电成本高于磷酸铁锂电池，故应用较少；三元电池能量密度远高于其他电池类型，使用寿命也可以达到 8～10 年，但安全性相对较差，成本远高于磷酸铁锂电池，因此在不需要极高能量密度的储能领域，应用前景弱于磷酸铁锂电池。各类电池性能对比见表 1-1。

表 1-1 各类电池性能对比

项目	钴酸锂电池	锰酸锂电池	磷酸铁锂电池	三元电池
电芯能量密度/(W·h/kg)	180～240	100～150	100～180	180～300
循环寿命/次	500～1000	500～2000	>2000	800～2000
充放电性能	好	较好	一般	好
安全性	差	好	好	较好
低温性能	好	好	差	好
使用寿命/a	1～3	2～6	8～12	8～10
正极材料价格/(万元/t)	32	4.2	5.6	19.8
应用场景	消费电池	小动力、储能电池	动力、储能电池	动力、储能电池

资料来源：《孚能科技招股说明书》，华鑫证券研究。

(3) 钠离子电池

钠离子电池工作原理与锂离子电池类似，利用钠离子在正负极之间的嵌脱过程实现充放电。钠离子电池相对磷酸铁锂电池安全性能、低温性能、快充性能更高，成本更低，且钠资源远比锂资源丰富且遍布全球各地，若钠离子能够广泛应用，我国将在很大程度上摆脱目前锂资源受限的情况。钠离子电池的劣势主要体现在循环次数较少和产业链不成熟。目前钠离子电池循环寿命普遍在 2000～3000 次，产业链不成熟则导致上游价格较高，因此钠离子电池的成本优势无法显现。钠离子电池与磷酸铁锂电池对比见表 1-2。

表 1-2 钠离子电池与磷酸铁锂电池对比

项目	磷酸铁锂电池	钠离子电池
安全性能	较好	好
低温性能	差	好
快充性能	较差	较好
成本	较高	低
上游资源	全球 70%锂资源集中在南美，中国储量较少	钠资源遍布全球
能量密度	较高	低
产业链	非常成熟	不成熟
循环次数	多	较少

资料来源：宁德时代，华鑫证券研究。

(4) 氢储能

基本原理是将水电解得到氢气并储存起来，当需要电能时将储存的氢气通过燃料电池或其他方式转换为电能输送上网。电解水制氢需要大量电能，成本远高于传统制氢方式，但因为可再生能源并网的不稳定性，我国具有严重的弃风、弃光问题，利用风电、光伏产生的富余电能制氢可以有效地解决电解水制氢的成本问题，并解决风光电的消纳问题，因此氢储能正逐渐成为我国能源科技创新的焦点。但目前我国缺少方便有效的储氢材料和技术，且氢储能能量转换效率较低，因此目前应用较少，能否解决这两方面的问题将成为氢储能未来能否获得更多份额的关键。电解水制氢示意见图 1-8。

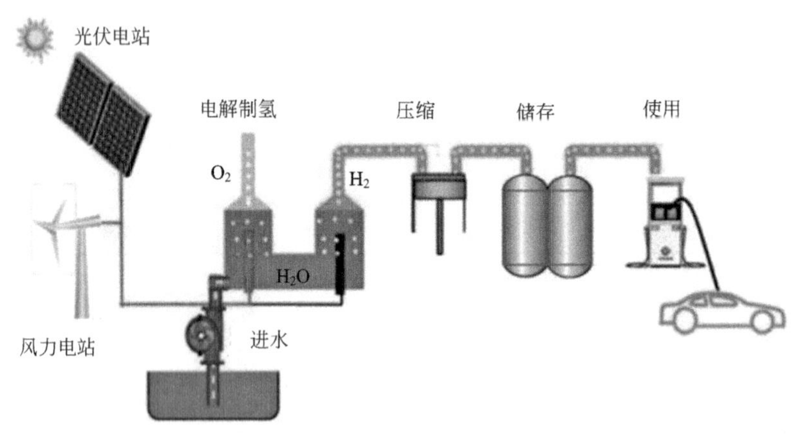

图 1-8 电解水制氢示意图

1.2.4.4 能源变换系统结构

(1) 能源变换系统

能源变换系统（power conversion system，PCS）是电化学储能系统中，连接于电池系统与电网之间实现电能双向转换的装置。既可把蓄电池的直流电逆变成交流电，输送给电网或者给交流负荷使用，也可把电网的交流电整流为直流电，给蓄电池充电。

(2) 储能变流器构成及原理

PCS 由直流/交流（DC/AC）双向变流器、控制单元等构成。PCS 控制器通过通信接收后台控制指令，根据功率指令的符号及大小控制变流器对电池进行充电或使电池放电。PCS 控制器通过控制器局域网络（CAN）接口与电池管理系统（BMS）通信，获取电池组状态信息，可实现对电池的保护性充放电，确保电池运行安全。

能源变换问题是未来制造能源技术能否大规模使用的关键技术，目前 PCS 性能的提升主要在转换效率、运行可靠性方面下功夫。随着锂离子电池、钠离子电池成本不断降低，可靠性不断提升，以及能源流动的自动化、智能化和及时性、便捷性要求的不断提升，能源变换技术在原理上应该有更大的突破，也会迎来更大的发展空间和技术突破。

1.2.5 制造能源技术对第三次能源革命的意义

制造能源技术是新一轮科技革命和产业革命的突破口。随着人类环保意识的增强和世界范围内能源需求的加速，新一轮能源革命将从工业文明的规模效益转向信息时代以效益定规模的绿色低碳能源时代。技术创新在能源革命中起决定性作用，它是能源结构优化及转型升级的不竭动力。只有通过创新掌握制造能源时代的核心技术，建设清洁低碳、安全高效的现代能源体系，才能抓住能源变革的关键，把握能源持续健康发展的主动权。

当前生态环境问题已成为能源发展的最突出制约因素。第三次能源革命基本发展趋势是供给消费清洁、绿色、低碳化，在大力推进煤炭清洁高效利用的同时，着力发展非煤能源，形成煤、油、气、核、可再生能源多轮驱动的多元能源供应体系。从结构上看，煤炭、石油等高碳化石能源将逐渐被天然气和页岩气等低碳能源，以及可再生能源和核能所取代。同时，在能源互联网、大规模储能、先进能源装备及关键材料等重点领域也有新的突破。绿色可再生能源技术、能源高效利用技术、节约能源技术和温室气体减排技术的开发和应用是推动能源革命的主要动力，将极大地优化能源结构和能源时空布局。

能源变革的关键在于科技进步，技术创新对推动能源革命有着至关重要的作用。通过推进技术创新，可以降低新能源、可再生能源的成本，提供更清洁、更价廉的能源产品；通过加强储能和智能电网建设，发展分布式能源，推行节能低碳电力调度，有利于建设清洁低碳、安全高效、绿色智能的现代能源体系。

在可再生领域，重点发展更高效率、更低成本、更灵活的风能、太阳能利用技术，因地制宜发展生物质能、地热能、海洋能利用技术；发展以可再生能源及先进核能制氢技术、氢气纯化技术，开发氢气储运的关键材料及技术设备，实现大规模、低成本氢气的制取、存储、运输、应用一体化，这些都是制造能源技术的重要体现。

在能源输送与储备领域，创新面向电网调峰提效、区域供能应用的储能技术，增强储能调峰的灵活性和经济性，掌握储能技术各环节的关键核心技术，推进能源技术与信息技术的深度融合，加强整个能源系统的优化集成，构建一体化、智能化的能源技术体系，实现各种能源资源的优化配置。

从能源发展的历程来看，通过技术创新降低可再生能源和其他新能源的成本，有助于市场化价格机制的形成，进而为构建有效竞争的市场机制和市场体系创造有利环境。同时，充分发挥技术创新的动力源泉作用，是需要制度、政策、市场相互作用、协同演进的。要把握好能源技术创新和绿色低碳化方向，加快推进以价格市场化为核心的能源体制改革，分类推动产业创新、商业模式创新和制度创新。建立由市场决定资源配置、供需决定价格的现代能源市场体系，形成有效竞争的市场机制，建立气候与环境友好型的能源体制，为推动能源技术创新持续健康发展提供必要条件。

以制造能源为基础的能源革命，将带动电动汽车、电动航空、电动轮船的发展，引领制造业的深刻变革，推动中国制造质量变革、走向富裕国家、引领世界。制造能源战略实施将推动中国制造业整体升级，进一步加强制造业数字化、智能化技术的创新与改进，大大提升制造业产品的质量。中国要想解决对进口能源的依赖，实现国家“双碳”目标，需要大力发展制造能源产业，未来我们生活必需的能源将不再需要进口，城市成为分散的电厂，实现能源的自给自足、自由流动，高质量的制造也催生出优质的产品，国家将实现制造造富，为实现“伟大复兴中国梦”添砖加瓦。

总之，技术创新是能源发展全局的核心，在能源革命中起着决定性作用，是引领能源发展的第一动力。我们必须要把握好能源变革绿色低碳化方向，大力推动科技创新和技术进步，为建设现代能源体系提供有力支撑。

1.3 电池的应用及发展方向

1.3.1 能源存储的方式及特点

储能的核心是实现能量在时间和空间上的移动，储能的本质是让能量更加可控。我们把各种发电方式的本质归一化，可以发现：火电、核电、生物质发电天然就有相应的介质进行能量的存储，并且介质适宜进行储存和运输，即本身就配置了储能功能。而对于水力发电、风力发电、光热发电、光伏发电而言，发电借助的来源是瞬时的、不可储存和转运的。相应地，如果我们想让这些能源更加可控，必须人为地添加储能装置。可以理解为，储能装置的添加，会使得水力发电、风力发电、光伏发电、光热发电成为更理想的发电形式。

长时储能技术形式多样，其中以抽水蓄能、锂离子电池化学储能发展较为领先。长时储能技术可分为机械储能、储热和化学储能三大主线，其中机械储能、化学储能装机规模占比较高。

① 抽水蓄能：当前最成熟、最经济的大规模储能技术，但储能设备选址受限、项目开发周期较长。

② 压缩空气储能：效率进一步提升的情况下，是极具潜力的大规模储能技术。

③ 锂离子电池储能：当前最具代表性、最经济的化学储能技术，但面临着锂资源掣肘。

④ 钠离子电池储能：比锂电理论成本更低的储能方式，循环寿命为当前最大劣势。

⑤ 液流电池储能：容量与功率模块分离，适合长时储能，但处于产业化降本初期。

⑥ 熔盐储能：适合大规模储能，但无法作为独立储能电站使用。

各种储能方式的比较见表 1-3。

表 1-3 储能技术路线对比

方式	适用条件	响应时间	循环次数	效率	储能介质	单位成本
抽水储能	长时储能	分钟级	50 年	76%	水	6～8 元/W，1.2～1.6 元/(W·h)
压缩空气储能	长时储能	分钟级	30 年	50%～70%	空气	6～8 元/W，1.2～1.6 元/(W·h)
熔盐储能	长时储能	—	20～30 年	70%	熔融盐（300～600℃）	3 元/(W·h)

续表

方式	适用条件	响应时间	循环次数	效率	储能介质	单位成本
锂离子电池储能	最好在1～4h，长时亦可	百毫秒级	8000 次（当前最高）	88%	锂离子电池	1.8 元/(W·h)(碳酸锂价格在 50 万元/t)，1.2 元/(W·h)(锂价回归到 2020 年初的情况下)
钠离子电池储能	最好在1～4h，长时亦可	百毫秒级	3500 次（当前最高）	80%	钠离子电池	2 元/(W·h)，理想条件下可降低到 1 元/W·h
全钒液流电池储能	长时储能	百毫秒级	20000 次以上	70%～80%	钒电解液（常温）	3 元/(W·h)，若钒价在 15 万元/t，电解液中钒材料成本为 1.2 元/(W·h)
铁铬液流电池储能	长时储能	百毫秒级	20000 次以上	70%～80%	铁铬电解液（60℃）	2.5 元/(W·h)
氢储能	长时储能	秒级	10～15 年	电解水：65%～75%；燃料电池：55%～60%	氢	3.75 元/(W·h)

资料来源：国际能源网，中国科学院工程热物理研究所，CNESA，光大证券研究所；成本统计日期为 2022 年 6 月。

1.3.2　电池作为能源存储载体的优势

电池作为未来储能发展的主要方向，主要优势表现在以下几个方面：

① 能量效率高，达到 88%以上，在所用储能技术中是最高的。

② 电池储能最灵活，存储能量的多少、地域、环境不受限制。

③ 储能的经济性好，成本低，未来成本还有更大的下降空间。

基于电池储能的以上特点，电池储能将是储能技术未来发展的主要方向。

1.3.3　电池成为通用目的产品

（1）通用目的产品

通用目的产品（general purpose product，GPP）是指那些设计和制造过程中考虑到广泛应用、易于使用和维护的产品。这些产品通常具有高度的灵活性和适应性，能够满足不同用户和环境的需求。通用目的产品的特点可以从多个方面进行分析：

① 设计原则。通用目的产品遵循一些基本的设计原则，以确保其普遍适用性和多样性。例如，常用的干电池，分为多种型号规格，强调"使用方便""便于安装""便于设计集成""浅显易懂"，可以广泛被电气产品使用、更换或替代。

② 标准化。通用目的产品往往需要通过标准化来实现其广泛的适用性。标准化可

以帮助产品在品质控制、可用性、兼容性、互换性等方面达到最优状态。

③ 技术应用。通用目的产品以通用目的技术为基础，在现代社会中扮演着重要角色，其技术规范、使用范围具有多种特征。例如，动力电池技术、人工智能、5G/6G和物联网被认为是新一代的通用目的技术，它们在促进产品和生产环节的技术创新、生产方式的转变以及组织管理方式的优化方面发挥了重要作用。

④ 经济学视角。从经济学的角度来看，通用目的技术（GPT）被定义为那些能够广泛应用于不同的行业和领域的技术。这种技术不仅促进了生产方式和组织管理方式的提升，还推动了技术创新。

⑤ 实际案例。在实际应用中，通用目的产品的设计和开发过程中应该考虑到如何使产品面对更广泛的用户群。例如，动力电池产品描述中会详细说明产品的每项性能，以解释为什么应用者应用该产品可以解决驱动性能、寿命、安全等问题。

电池作为通用目的产品已经深入人类生活和工作的方方面面，它不仅是移动产品的心脏，也同样为固定产品提供能源中继供应，成为产品生命力的重要保障。对于移动产品，如汽车、轮船、飞机等移动工具，本身不能用电缆供电，电池就是最佳的能源供应方式；对于3C数码产品，如手机、手表、耳机、笔记本电脑等更需要高能量密度的电池；对于储能，电池由于具备最高能源存储转换效率，成为固定储能最好的方式；对于我们日常电器消耗的能源，随着使用便捷化要求的不断提高和电力能源交换的高效便捷，这些产品使用电池的趋势正在加速扩大。

（2）通用目的技术

通用目的技术（general purpose technology，GPT），由斯坦福大学Bresnahan和特拉维夫大学Trajtenberg在合著的开创性文章中提出。目前对于通用目的技术也没有形成一个统一、权威的定义。而学术界一般认为是对人类经济社会产生巨大、深远而广泛影响的革命性技术，如蒸汽机技术、内燃机技术、电动机技术、芯片技术、机器人技术、信息技术等。

通用目的技术（GPT）的基本特征，一般认为主要有以下几个方面：

① 能够被广泛地应用于各个领域。通用目的技术的一个显著特征是能够从初期的一个应用领域实现向后期多个领域的广泛应用。

② 持续促进生产率提高，降低使用者的成本。随着新技术的发展和应用，技术应用成本不断下降，技术应用范围不断拓展。

③ 促进新技术创新和新产品生产。与其他技术之间存在着强烈互补性，具有强烈的外部性，其自身在不断演进与创新的同时，能够促进其他新技术的创新和应用。

④ 技术应用会不断促进生产、流通和组织管理方式的调整和优化。通用目的技术的应用不仅促进了产品和生产环节的技术创新和生产方式的转变，而且促进了组织管理方式的优化，实现了产品技术、过程技术、组织技术的提升。

⑤ 快速的市场响应。GPP通常可以快速响应市场需求的变化，因为它们的设计和开发是相对通用的。

从以上这几个方面来考量，电池技术的应用已深入人类生产生活的能源领域，成为未来能源存储和高效利用的基本工具，电池技术完全具备以上基本特征，所以称电池技术是一种通用目的技术。

（3）电池产品的通用化

通用产品就是产品通用化和广泛化，是指同一类型不同规格或不同类型的产品和装备中用途相同、结构相近似的零部件，经过统一以后可以彼此互换的标准化形式。显然，通用化要以互换性为前提，互换性有两层含义，即尺寸互换性和功能互换性。功能互换性问题在设计中非常重要，例如设计制造同样的电芯，既可用于汽车又可用于飞机、轮船、推土机和挖掘机等。通用性越强，产品的销路就越广，生产的机动性越大，对市场的适应性就越强。

电池产品通用化就是尽量使同类产品不同规格或者不同类产品的部分零部件的尺寸、功能相同，可以互换代替，使通用零部件的设计以及工艺设计、工装设计与制造的工作量都得到节约，还能简化管理、缩短设计试制周期。同时还包括一些通用的功能或驱动性能。

电池产品通用化是提高社会生产效率的重要方向之一。它能够减少生产重复现象，消除产品及其元件种类以及工艺型式中不适当的多样化。在通用化基础上增加批量，是建立专业化生产的有效条件，对采用先进设备、提高产品质量的更新速率、缩短掌握新技术的时间和增强市场竞争能力都起着积极作用。由于产品结构中尽量采用通用件，可以简化产品设计，减少工艺准备的工作量，从而使生产组织和生产计划工作进一步完善。

电池产品通用化的主要发展方向一般是：

a. 在基础产品的基础上，使各种用途的机器系列通用化；

b. 在各种不同的机器中，最大限度地采用同一类型的零部件；

c. 设计含有一般元件的典型方案，即工艺过程典型化。

电池成为通用目的产品，对其大规模、高质量制造具有十分重要的意义。电池制造与半导体制造有不少类似的地方，半导体是管控电子的移动，实现信息流动，而电池是管控电子和离子的移动，是物质和能量的移动，属于能源电子学。半导体和电池的制造都需要利用微纳制造技术对材料进行加工，实现最佳制造收益。对于电池制造而言，首先应该考虑的是把电池的电芯做到极致的质量和高度安全，从电芯设计、制造、应用和回收等全生命周期的角度考虑电池的性能、结构选择和可制造性，应该遵循标准化、规格化和系列化，满足大规模制造要求，电芯尽可能不要定制化（针对特殊市场和特殊应用的产品）；其次，是通过电芯的不同组合满足不同应用场景功率、电量和运行时长要求；最后，就是用极致化措施，将通用目的产品的质量、效率做到极致，从而为其应用产品带来最大价值。这才是通用目的产品实现大规模制造的基本思想。我们过去在电芯起步阶段就实行定制化，结果导致规格品种过多，制造成本居高不下，难以提升制造质量。现在电池制造产业也是应该全面推行标准化，走标准化发展道路，建立大规模制造产业的重要阶段。

参 考 文 献

[1] 史丹．论三次能源革命的共性与特性 [J]. 价格理论与实践，2016 (1)：30-34.

[2] 艾明晔．中国制造业能源效率与回弹效应研究 [M]. 北京：科学出版社，2019.

[3] 任泽平．中国经济的新趋势和新机遇 [N]. 新浪财经，2021-12-01.

[4] 国家能源局．实施电能替代，推动能源消费革命，促进能源清洁化发展——《关于推进电能替代的指导意见》解读 [EB/OL]. 中国经贸导刊，2016-05-26.

[5] Zhou Z H，Feng L，Zhang S Z，et al. The operational performance of "net zero energy building"：A study in China [J]. Applied Energy，2016，177：716-728.

第2章 工程理论与先进电池大规模制造

工程哲学是一种改变世界的哲学，以作为改造世界的具体构建过程的工程活动为整体研究对象。它关注工程决策和战略的哲学问题，工程科学、工程技术和工程项目的关系和转化问题，以及工程建设和产业发展的关系问题等。工程哲学的研究和普及对于中国正在实施的现代化建设意义重大。

工程哲学的意义在于为工程和哲学之间架起一座桥梁，把工程和哲学贯通起来。它以人类工程活动作为直接的研究对象，从哲学的高度探讨其本性、过程及后果，其灵魂是理论联系实际，促进天、地、人的和谐。工程哲学有助于我们理解和解决工程中的问题，同时也为我们提供了一个全新的视角来审视工程活动的本质和意义。

通过工程哲学的思考和研究，我们可以更好地理解工程活动的本质和规律，从而更好地指导未来的工程实践。同时，工程哲学也可以帮助我们更好地认识和理解工程技术人员在工程活动中的作用和价值，从而更好地发挥其作用。

先进电池制造属于工程科学，本章一开始就《工程哲学》一书中涉及的内容进行摘述，以便对工程科学的概念及其应用进行讨论和学习，是希望从事先进电池产业的工程师，尤其是刚刚进入电池行业的工程师，一开始就懂得先进电池制造工程科学的思考方法。

先进电池制造工程科学思考方法的特点如下。

（1）系统性思考

电池制造工程是一个复杂的系统，需要考虑各个方面的因素。从材料选择、设计、制造到测试和回收，每个环节都需要进行细致的考虑和协调。因此，在解决电池制造工程的问题时，需要从系统性的角度出发，全面地考虑各个方面的因素。

（2）科学性思考

电池制造工程需要基于科学原理和理论进行。因此，在研究和解决问题时，需要充分理解和应用科学原理和方法，注重实验研究和数据分析，以科学的方法指导电池制造工程的实践。

（3）交叉性思考

电池制造工程涉及多个学科领域，包括化学、物理、材料科学、机械工程等。因此，在研究和解决问题时需要具备跨学科的知识和思维，综合运用不同学科的理论和方法，以实现创新性的解决方案。

（4）前瞻性思考

随着技术的不断进步和市场需求的变化，电池制造工程需要不断进行创新和升级。因此，在研究和解决问题时需要具备前瞻性的视野，关注未来的发展趋势和市场需求，以实现持续的创新和发展。

（5）实践性思考

电池制造工程是一门实践性很强的学科，需要将理论和实践相结合。因此，在研究和解决问题时需要注重实践验证和实践效果的评价，以实现理论与实践的有机结合。

先进电池制造工程科学的思考方法是通过选择、整合、集成、建构、运行、管理等过程，以工程美学、整体思维、工程观、工程理念、工程思维方法构建先进电池制造理论。通过知识、技能、经验等渐进性积累、综合集成、逐步改进和加以完善等过程来实现先进电池制造工程创新和大规模制造。笔者认为，工程科学不仅仅是让工程师懂得如何集成、建造，更重要的是在一些科学规律还没有弄清楚的时候，学会如何利用工程科学思维方法，去实现目标并解决问题，给企业、产业带来有用的价值，而先进电池制造创新也正面临着这些问题。

2.1 工程科学论及其在大规模制造中的应用

2.1.1 科学-技术-工程三元论

进入现代社会后，科学和技术已经成了两个被人们普遍使用的概念，在汉语语境下，人们甚至经常将二者连在一起简称为“科技”，似乎二者又是一回事。关于科学和技术的本质及其相互关系问题，国内外有些学者认为在现代社会中科学和技术已经不可分地一体化了，西方学者甚至构造了“techno-science”的概念来表明今天科学和技术之间的难解难分，然而还有另外一些学者坚持科学与技术二者存在着本质区别，不能且不应把科学和技术混为一谈。如果把前一种观点称为科学和技术的“一元论”观点，那么后一种观点就可以被称为科学和技术的“二元论”观点了。

需要指出，“二元论”观点不但揭示了“一元论”的缺陷，而且这种观点在20世纪60年代还成为“技术哲学”在美国“重新兴起”的重要理论根据和理论前提：正是由于技术是不同于科学的另外一类社会活动和对象，这才需要把技术哲学作为一个不同于科学哲学的哲学分支学科进行研究。

然而，“二元论”虽然将“科学”和“技术”之间的关系进行了区分，却又将“工程”与“技术”混为一谈，甚至将“工程”作为了“技术”或者“科学”的附庸，这显然也不恰当。

在现代，工程化的生存方式已经成为人类基本的生存方式之一，甚至“今日之人类境遇，从根本上说乃是一种工程境遇”，因此我们还需要把这种关于科学与技术的“二元论”观点再进一步发展成为一种关于科学、技术、工程的“三元论”观点。

科学-技术-工程三元论认为，科学、技术、工程是三种不同类型的人类活动，绝不能忽视三者的区别并将它们混为一谈；另外，也不能忽视它们的密切联系，必须重视三者的对立统一和相互转化关系。

科学是一种知识体系，它通过观察、实验和推理来揭示自然现象的本质和规律。科学是一种系统性的理论知识，其目的是探索和解释世界的本质和规律。科学不是一种实践行为，而是一种理论活动。

技术是在科学的指导下，直接指导和服务生产的一种知识。它是一种实践性的应用，旨在解决实际生产中的问题，提高生产效率和质量。技术是一种工具性的知识，其目的是实现特定的目标，如制造产品、解决问题或提高效率等。

工程是一种实践活动，它运用科学和技术知识来解决实际生产中的问题，实现特定的目标。工程是一种创造性的过程，它需要考虑到各种因素，如技术、经济、社会和环境等。工程是将科学和技术知识应用于实践的过程，其目的是创造满足人类需求的产品、系统和过程。

因此，科学、技术和工程之间存在明显的区别，如图 2-1 所示。科学是一种理论性的知识体系，技术是一种工具性的知识，而工程则是一种实践性的创造过程。然而，它们之间也存在密切的联系。科学为技术和工程提供了理论基础，技术为工程提供了工具和方法，而工程则将科学和技术应用于实践，创造出满足人类需求的产品、系统和过程。

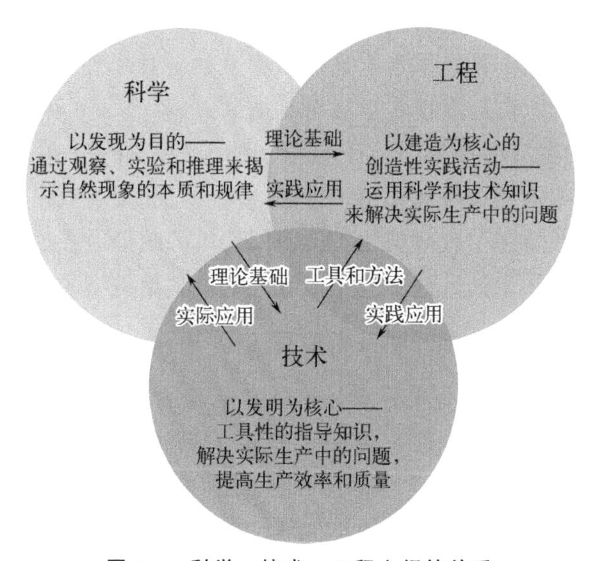

图 2-1　科学、技术、工程之间的关系

(1) 科学、技术、工程的区别

科学、技术、工程是三种本性不同的人类活动，三者的区别主要表现在以下几个方面。

① 活动的内容和性质不同。科学活动是以发现为核心的活动，技术活动是以发明为核心的活动，工程活动是以建造为核心的活动。

②“成果”的性质和类型不同。科学活动成果的主要形式是科学理论，它是全人类的共同财富，是“公有的知识”；技术活动成果的主要形式是发明、专利、技术诀窍（当然也可能是技术文献和论文），它往往在一定时间内是“私有的知识”，是有“知识产权”的专利知识；工程活动“成果”的主要形式是物质产品、物质设施，一般来说，它就是直接的物质财富本身。

③“活动角色”和“活动主体”不同。“科学活动的角色”（社会学意义的“角色”）是科学家；“技术活动的角色”包括发明家、工程师、技师、工人；“工程活动的角色”包括企业家、工程师、投资者、工人、其他利益相关者。“科学共同体”“技术共同体”“工程共同体”是三类不同的“共同体”。

④ 不同的对象和思维方式。科学的对象是带有普遍性的“普遍规律”；技术的对象是带有一定普遍性和可重复性的“技术方法”。科学规律和技术方法都必须具有“可重复性”，而工程项目（请注意，这里说的是“工程项目”，而不是“工程科学”和“工程技术”）却以一次性、个体性为基本特征。科学思维、技术思维和工程思维是三种不同的思维类型与思维方式。

⑤ 制度安排和评价标准不同。从制度方面来看，科学制度、技术制度和工程制度是三种不同的“制度”，它们有不同的制度安排、制度环境、制度运行方式和活动规范，有不同的评价标准和演化路径，有不同的管理原则、发展模式和目标取向。

⑥ 从文化学和传播学的角度来看，科学文化、技术文化和工程文化也各有不同的内涵和特点；“公众理解科学”“公众理解技术”“公众理解工程”三者也各有自己特殊的内容、意义和社会作用。科学基本上是价值中立的，技术在可能性上是价值引导的，而工程则是价值导向的，然而在现实生活中是把双刃剑。

⑦ 有关政策和发展战略问题。由于科学、技术和工程是三大类不同的人类活动，它们在社会生活中有不同的地位和作用，于是，从政策和发展战略的制定与研究方面来看，科学政策、技术政策和工程政策是三类不同性质的政策。在这三类政策中，其中的任何一类政策都是不可缺少的，是不能笼而统之地被其他类型的政策所代替的。

（2）科学、技术、工程的相互联系和相互转化

强调科学、技术、工程有本质区别，绝不意味着否认它们之间存在密切联系，相反，正是由于三者各有独特的本性，各有特殊的、不能被其他活动所取代的社会地位和作用，于是它们的“定位”“地位”“联系”的问题，特别是从科学向技术的“转化”和从技术向工程的“转化”的问题，也便都从理论上、实践上和政策上被突出出来了。

中国工程院院士、导弹控制技术和航天工程管理专家栾恩杰在2014年撰文分析和研究科学、技术、工程的相互关系，指出在现代社会中，科学、技术和工程密切联系、相互依赖、相互推动，形成了“无首尾逻辑”，在这个循环中，工程联系着技术的应用和科学的基础，发挥着“扳机”和载体作用，进一步深化了对科学、技术、工程相互关系的认识。

（3）三个不同的哲学分支

由于科学、技术、工程是三类不同的人类活动，分别以三者为哲学研究对象，就可能形成科学哲学、技术哲学和工程哲学三个不同的哲学分支学科。

科学哲学研究和讨论的主要哲学范畴包括感性、理性、经验、理论、归纳、演绎、规律、真理、科学实验、科学方法、科学知识等。

技术哲学研究和讨论的主要哲学范畴包括可能性、现实性、发明、规则、方法、工具（机器）、目的、技术方法、技术能力、技术知识等。

工程哲学研究和讨论的主要哲学范畴包括工程的约束条件、工程目的、工程设计、工程决策、工程的全生命周期、程序、管理、职责、标准、意志、工程方法、工程知识、工程思维、工具合理性、价值合理性、异化、生活、自由、天地合一等。

2.1.2 工程科学的内涵

(1) 工程科学的内涵和要素集成

在大多数的西方技术哲学文献中，对“工程”和“技术”并不做特殊的区分，而是经常将“工程”纳入“技术”的探讨之中，以至于经常会出现这样的情况——学者们虽然分析的是“技术”，但举的例子却通常都是工程项目。西方混用“工程”和“技术”概念的做法和语义解释也影响到了我国对于工程和技术的哲学讨论。这样的混用也许对于工业化之前甚至工业化初期——工程造物活动发生频率比较低、规模比较小、复杂度比较低——的哲学分析并不会带来太多的混淆，但是在世界大部分地区已经毫无疑问地进入了“工程与工程师时代”，并且工程的规模和复杂度越来越超出人类的想象与预测的今天，尤其是对于拥有世界上最大工程量的中国，显然会在认识层面产生一些困扰，而这也是中国工程哲学坚持将“工程”从长期以来的对“技术”的大一统式的探讨中剥离出来，主张构建科学-技术-工程三元论的原因之一。

工程与技术在方法使用、知识构成等方面的确具有一定的相似性，然而，严格地说，技术是工程的构成要素之一。某一特定工程是以某一（或某些）专业技术为主体并由该主体与之配套通用、相关技术，按照一定的规则、规律所组成的，为了实现某一（或某些）工程目标的组织、集成活动。

从哲学角度看，工程活动的核心标志往往是构筑一个新的存在物，在工程活动中各类基本要素和各类技术的集成过程是围绕着某一新的存在物——在一定边界条件下优化构成的集成体——而展开的。从根本上说，工程活动是一种以既包括技术要素又包括非技术要素的系统集成为基础的物质实践活动。因此，工程活动过程一般表述应是包括确立正确的工程理念和一系列决策、设计、构建和运行、制造、管理等活动的过程，其结果又往往具体地体现为特定形式的新的存在物及其相关的人工产品或某些服务。

从技术角度看，工程具体表现为相关技术的不同集合；或者说，工程的内涵与技术的内涵有某种程度上的同质性和关联性，技术是工程的基础或单元，工程则是相关技术的集成过程和集成体。在认识技术和工程的关系时，一方面，我们必须注意技术为工程建设提供了“可能”条件与前提（那些不具备现实技术前提的工程必然不可能实现）；另一方面，又要在工程活动中注意根据工程目的和目标要求对各种可能使用的技术进行合理的选择（例如由于经济原因可能“不选择”某种“最高级”“最先进的”的技术）

或权衡。

工程的内涵常常与特定的产品、特定的制造（工艺）流程、特定的企业、特定的设施系统或特定的产业相联系，工程活动与产业活动具有不可分割的内在联系，所以，必须把工程概念与特定产业甚至与经济、环境、人文等因素联系起来加以认识。从具体的工程生产实践来说，工程活动就是通过选择-集成-建构而实现在一定边界条件下要素-结构-功能-效率优化的人工存在物——工程集成体。工程活动的这些过程及其结果，就使工程体现为现实生产力、直接生产力。

工程作为人类的一项物质性社会活动，不但涉及思维、价值、知识方面的因素，而且必然涉及资源、资本、土地、设备、劳动力、市场、环境等要素，而且要通过对这些知识、工具、手段和要素的选择-整合-互动-集成，才能形成有结构、可运行、有功能、有价值的工程实体，体现为直接生产力，如图 2-2 所示。

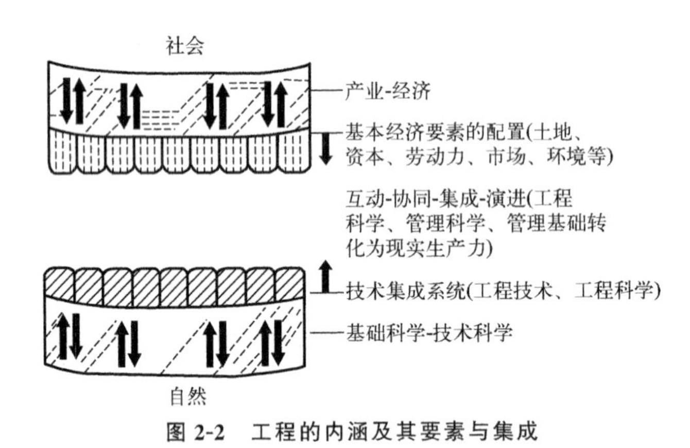

图 2-2　工程的内涵及其要素与集成

总而言之，工程是人类有目的、有计划、有组织地运用知识（技术知识、科学知识、工程知识、产业知识、社会-经济知识等）有效地配置各类资源（自然资源、经济资源、社会资源、知识资源等），通过优化选择和动态、有效的集成，构建并运行一个“人工实在”的物质性实践过程。工程活动是一个实现现实生产力的过程。对工程的诸多要素进行识别和选择，然后经过整合、协同、集成，构建出一种有结构的动态体系，并在一定条件下发挥这一工程体系的效率、效力和功能。工程活动集成、构建的目标是实现要素-结构-功能-效率的协同并转化为现实生产力。但工程活动的实际过程和效果往往是非常复杂的，在认识和评价工程问题时，不但必须重视目的问题，而且必须高度重视对工程活动的过程及其相关影响、后果问题的研究。

近代科学的发展对于工程的创新和进步起到了至关重要的作用，因此有很长一段时间里人们都将工程看作科学的应用，从一定意义上说，工程的实质内涵之一就是某种形式的科学应用（即对基础科学、技术科学的应用）。但如前文所述，工程是特定形式的基本要素集合、技术集成过程和技术集成体，在这种集合、集成的过程中，本身也蕴涵着科学问题，即工程科学。因此，工程不应简单地表述为“科学的应用”，也不是相关技术的简单堆砌、拼凑，工程在其对技术集成的过程中存在着更大时-空尺度上的工程科学性质的学问。

（2）从知识链角度看工程科学

工程活动不是自然过程，而是与有关知识密切融合、其全部进程都离不开知识的活动。从知识角度来看，工程可以看成由一种或几种核心专业技术加上相关配套的专业技术知识和其他相关知识所构成的集成性知识体系。工程不仅需要知识，还特别强调集成、组织和实践性的构建过程，从而实现工程的价值，也就是体现为直接生产力。工程的开发或建设，往往需要比技术开发投入更多的资金；工程都是有很明确的特定经济目的或特定社会服务目标的。工程往往表现为某种工艺流程、某种生产作业线、某种工程设施系统，乃至工业、农业、交通运输业、通信业等方面的基础设施或设施网等。因此，工程有很强的集成的知识属性，特别注重诸多技术要素和非技术要素（基本经济要素等）的有效组合与集成创新，同时具有更强的产业经济属性。工程的特征是集成与构建。

从现代知识意义角度来看，“科学-技术-工程-产业”是一种相关的知识链。应强调指出的是，这里讲的知识链是认识逻辑关系的链接，不是讲历史-时序性的传承关系。同时，也不能把这种知识链理解或解释为一种简单的“线性链”，因为这是很复杂的知识链，是多层次的知识网络，不同环节和层次之间存在着丰富多彩、复杂多变的关系，如图 2-3 所示。

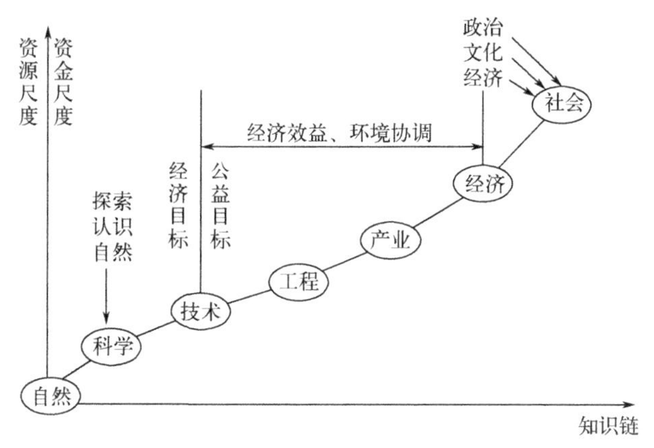

图 2-3　知识链与资源尺度、资金尺度扩展过程的关系

如果从经济角度来看，科学（特别是基础性研究的科学）则应是一种对自然界和社会的构成、本质及其运行规律的探索与发现，并不一定要有直接的、明确的经济目标，基础性的科学研究实际上是一种将资金转化为知识的过程，其主要评价原则是基于对科学发现、新科学理论和学术原创性的承认。而技术、工程、产业则有着明显的经济目标或社会工艺目标，在很大程度上是为了获得经济效益、社会效益（包括环境效益等）并改善人民的物质文化生活水平。技术、工程、产业的研究和开发，必将涉及市场、资源、资金、劳动力、土地、环境、生态等基本要素，并使之有机地组织起来、有效地集成起来，达到特定的目的和目标群。这是将资金通过对技术知识、工程知识、产业知识的集成与构建并转化为现实生产力，以求得更大经济效益、社会效益（包括环境效益等）的过程。因此，不难看出：技术、工程、产业与经济的关联程度远高于基础科学与经济的关联程度；而且，越是在经济快速发展时期，特别是国民经济产业结构调整时期，经济发展对工程（技术）创新的需求越高。

（3）工程科学的真实内涵

工程科学是从工程实践中对所遇到的各类事物和现象的深入观察与思考开始，通过对与一定的工程实践相关的各类事物、各种技术、各种现象、各种事件的分析和研究，进而探索、发现、揭示、归纳工程系统内部隐藏的某种贯穿始终的、带有普遍性的工程共性和工程规律。工程活动不但有经济要求而且有“美”的要求，正如马克思所说的那样，“人也按照美的规律来建造”，所以，工程科学也是关于美感和美的创造的科学。

研究工程科学需要具有坚实而宽泛的学科理论基础和丰富的实践经验、充分的想象力、敏锐的判断力，善于用独特的视野和方法去认识工程系统的本质及其合理构成与运行规律，去追求蕴藏在复杂的、丰富多彩的工程活动过程中的内在的真理和协同的美感。这种美感是体现在工程现象多样性内部隐藏的规律的同一性（例如从简单到复杂，再从复杂到集成简化等），是事物不停地运动演化过程中某些物理量和几何量的对称性和相对不变性，是外部绚丽多彩现象下的内在简单性。包括工程科学在内的科学的美属于理性的美，都是主要通过事物共同遵循的结构（例如开放系统的耗散结构）和运行规律（例如追求动态-有序运行和过程耗散“最小化”）表现出来的美。与艺术对美的认识是通过感性表达出来有所不同，科学（包括工程科学）则以客观世界作为对象，它注重的是客观事物之间的关系和相互作用，是它们运动变化的内在规律。科学对美的感性认识主要通过理性表达出来。

统括起来看，工程科学所追求的真理和美感包括：

① 探求与发现工程实物活动过程中呈现出来的客观事物或现象的本质和运动规律。

② 各种由简单到复杂和由复杂到集成简化的现象的内在规律。

③ 各种不同类型工程的结构演化过程中某些物理量和几何量的对称性及其运动变化的规律。

④ 各种不同类型工程（事物或现象）所呈现的及其演化的多样性和内在简单性。

⑤ 各种不同类型工程（事物或现象）运动的连续性、协调性、节律性和“突变”性等。

对于工程科学的观察、研究方法而言，实际上是有别于基础科学的研究方法的，这是由于在一定领域内两者研究的时-空尺度、质-能量纲及其分维、分形性是有所区别的；而且，多数基础科学范畴内研究过程一般是从识别过程的细节着手，像计算机扫描那样，扫过所有的细节，才能得出整体的图像。然而，工程科学范畴内的研究方法，一般是先从研究工程的整体特征和总体目标（群）开始，然后通过解析-集成、集成-解析等反复优化过程，不断完善和补充细节，进而获得对整体特征的本质及其运动规律的更深入的认识。在这种过程识别的方法上，科学家、工程专家应该向艺术家学习，艺术家早就清楚地认识到，要深入描述整体，必须先识别整体并确定其神态，然后补充细节。画家只要寥寥几笔，就能抓住对象的特征，不仅形似，而且神似。

由于工程不能脱离对诸多知识和要素的“集成”，因此，研究工程科学在方法上往往必须突出“还原论”方法的局限，要通过系统论、控制论、信息论等高度综合性的“横断”学科的知识，要通过解析-集成的方法，要善于识别复杂系统的合理构成和动态运行过程，对工程过程系统中不同单元、不同尺度、不同层次上的行为之间的关联性及其运行机理进行大时-空尺度的研究；从不同单元的行为当中归纳出微观机理与宏观现象、整体结构-功能之间的关系。进而，研究复杂工程系统中结构形成的机理与演变规律；研究复杂工程系统结构与功能的关系；研究系统性质“突变”及其调控等属于工程科学层次上的学问。也可以认为，工程科学是关于构建人工物的学问，是关于构建人工物世界规律性的学问。

2.1.3 工程理念和工程思维

2.1.3.1 工程理念

工程理念是工程活动的首要问题。好的工程理念可以指导兴建造福当代、泽被后世的工程，而工程理念上的缺陷和错误又必然导致出现各种贻害自然和社会的工程。从工程哲学角度看，工程理念也是工程哲学的核心概念之一。从现实方面看，工程理念在工程活动中发挥着最根本性的、指导性的、贯穿始终的、影响全局的作用。我们应该努力准确、全面、完整地理解与把握工程理念的内涵、作用和意义，树立和弘扬新时代的先进的工程理念，这对于搞好各种工程活动、推动建立“自然-工程-社会”的和谐关系具有极其重要的意义。

工程理念的内涵和作用：《辞海》说，“理念”一词“译自希腊语 idea，通常指思想、主意、见解，亦指表象或客观事物在人脑中留下的概括的形象”。可是，最近几十年中，在“中文语境中”人们往往赋予“理念”以“新含义”。与“新理解”“新含义”的“理念”一致，又形成了“工程理念”这个新概念。《工程哲学》指出：工程理念“是人们在长期、丰富的工程实践基础上，经过长期、深入的理性思考而形成的对工程的发展规律、发展方向和有关的思想信念、理想追求的集中概括和高度升华。在工程活动中，工程理念发挥着根本性的作用”。

一般地说，工程理念指的是人类关于应该怎样进行造物活动的理念，它从指导原则和基本方向上而不是具体答案含义上回答关于工程活动“是什么（造物的目标）”“为什么（造物的原因和根据）”“怎么造（造物的方法和计划）”“好不好（对物的评估及其标准）”等几个方面的问题。

任何工程活动都是在一定的工程理念的指导下进行的。在工程活动中，虽然也有“干起来再说”和在工程实践中逐渐明确与升华出工程理念的情况，但更多的情况是理念先于工程的构建和实施，甚至先于工程活动的计划和工程蓝图的设计。如果我们换一个角度看问题，承认不但有明确化的、自觉形态的工程理念，同时也存在着不很明确、不够自觉的工程理念，那么，就完全可以肯定地说：所有的工程活动都是在一定的理念，包括自觉或不自觉的理念的指导下，依据具体的计划和设计进行的。

工程理念贯穿工程活动的始终，是工程活动的出发点和归宿，是工程活动的灵魂。

工程理念必然会影响到工程发展、工程决策、工程规划、工程设计、工程建构、工程运行、工程管理、工程评价等。总而言之，工程理念深刻影响和渗透到了工程活动的各个阶段、各个环节，它贯穿于工程活动的全过程。对于工程活动而言，工程理念具有根本重要性，工程理念从根本上决定着工程的优劣和成败。

2.1.3.2 工程思维

(1) 工程思维的基本性质与特征

对于工程思维这种思维方式，从“理论”方面看，目前学术界许多人对之有所忽视；从“实际”方面看，许多经常具体运用工程思维方式进行思维的“实践者”，包括许多工程师在内，对工程思维方式处于“日用而不知”的不自觉状态，未能把自己天天都在实际进行的工程思维活动提高到自觉的程度和水平。尤其是从“舆论”“传媒”和传播学角度看，现代社会中有许多人常常把工程思维当作科学思维的“衍生思维活动”或“从属于科学思维的思维活动”，只承认科学思维是具有创造性的思维方式而忽视工程思维也是具有创造性的思维方式，这些都是对工程思维的模糊认识。显然，这种状况是亟须改变的，应该承认工程思维是一种与科学思维“并列”和“平行”的“独立类型”的思维方式，必须深入分析、认识和研究工程思维的性质、特征、内容、影响和社会功能。

任何思维活动都是“发自”一定主体的思想活动。在现实社会生活中，存在着多种多样的社会角色和职业，不同职业和社会角色的人们从事不同的社会活动。一般来说，不同职业类型的人有不同的思维方式。于是，也就有可能依据社会活动方式的不同和社会职业类型的不同而划分出不同类型的思维方式。例如，在一定程度上可以认为，科学思维是科学家进行科学研究活动时的思维活动；艺术思维是艺术家（作家、画家等）进行艺术创作和艺术活动时的思维活动；工程思维是工程共同体成员（工程师、设计师、工程管理者、决策者、投资者、工人等）进行工程活动时的思维活动。不同的思维方式反映和体现了不同类型的思维与现实的关系，反映了不同职业和角色的实践特点与思维特点。

工程思维是与工程实践密切联系在一起的思维活动和思维方式。完整的工程活动是精神要素与物质要素相互结合、相互作用的造物活动和过程。一方面，工程实践中渗透着工程思维，工程实践活动以工程思维为灵魂，工程实践离不开工程思维；另一方面，工程思维又以工程实践为缘起、依附、目的、旨归、“化身”和“体现”，以造物为灵魂的工程思维需要在工程实践中实现工程思维的“物化”。完整的工程实践过程就是工程主体通过工程思维、工程器械、工程操作把物质原料改变为新的人工物的过程。

虽然工程思维的理论研究是一个新课题，但这并不意味着工程思维是什么新现象。相反，由于工程思维是依附于工程实践的思维活动和思维现象，而工程活动已经有了极其久远的历史，这就意味工程思维的实际存在也有了极其久远的历史，只是它迟迟没有成为相对独立的学术领域而已。简单地说，工程思维是用工程活动的全过程需要满足的要素思考工程完成后应该具备的特征。

工程活动是社会中极其常见的、基础性的实践活动，因而工程思维在现实中也必然是许多人经常实际运用的思维方式。虽然从实际情况看，工程思维并不是什么陌生的、难得一见的现象，可是，由于多种原因，人们却常常忽视了这种简直可以说是最常见、最基础的思维活动，对其熟视无睹。《易传·系辞》在谈到阴阳之道时说“百姓日用而不知”，可以看出，工程思维也处在类似的状况之中。也就是说，工程思维是“从古至今一直存在”却又往往被人们“日用而不知”的思维方式，由于人们对它“视而不见”，这使得它成为一个当前的“新的研究对象和研究课题”。

我们不但亟须努力提高对工程思维方式的理论认识和研究水平，更需要努力提高“工程实践者”对工程思维的自觉性，从而大力提高工程思维的水平。

(2) 工程思维的基本性

工程哲学的箴言是“我造物故我在”。造物活动和造物过程不同于自然过程，在人工造物活动中必然渗透着造物者的思维活动。

马克思说：“蜘蛛的活动与织工的活动相似，蜜蜂建筑蜂房的本领使人间的许多建筑师感到惭愧。但是，最蹩脚的建筑师从一开始就比最灵巧的蜜蜂高明的地方，是他在用蜂蜡建筑蜂房以前已经在自己的头脑中把它建成了。劳动过程结束时得到的结果，在这个过程开始时就已经在劳动者的想象中存在着，即已经观念地存在着。他不仅使自然物发生形式变化，同时他还在自然物中实现自己的目的，这个目的是他所知道的，是作为规律决定着他的活动的方式和方法的，他必须使他的意志服从这个目的。”马克思在这段话中以动物的本能性造物与人类的物质创造活动相比较，深刻地揭示了工程思维作为“造物思维”与动物本能的大相径庭。根据马克思的这段论述，工程思维在本质上就是与造物实践密切联系在一起的、目的导向的“造物思维”，它与探索自然界因果关系、真理导向的科学思维和以创作“艺术作品”为目的的“艺术想象”性艺术思维都有本质上的区别。

造物活动和造物过程包括许多要素与环节，同样地，工程思维或造物思维也包括许多环节和内容。工程思维渗透到并贯穿于工程活动的全部环节与全部过程。例如，从工程项目立项阶段开始到工程设计、工程施工、工程项目建设完成后的顺利运行乃至完成其使命后退役的全过程中，不同的工程项目在推进工程活动进程中都要运用工程思维。

2.1.4　工程决策思维的特点

工程决策思维是用工程思维的方法进行科学决策。工程决策思维需要决策者既高瞻远瞩又脚踏实地，在错综复杂的环境中进行全面分析和抉择，如图 2-4 所示。

工程决策思维具有以下特点。

(1) 方向性

工程决策是一项战略性活动，战略性活动的核心是做或者不做，如果做，应从哪一个方向着手。可以说，工程决策活动的这种“把关定向”作用在工程活动中起着非常重要的基础性作用，其是否成功决定了一个工程项目的最终结局。20 世纪 80 年代美国王安电脑公司在信息技术工程领域的误判，就是典型的方向性错误。同样地，在现代工程活动中，对于一个工程项目，如何把市场目标、实施路径与各种要素统筹起来，对工程活动的方向做出正确的决策，是工程决策思维的重要内容。

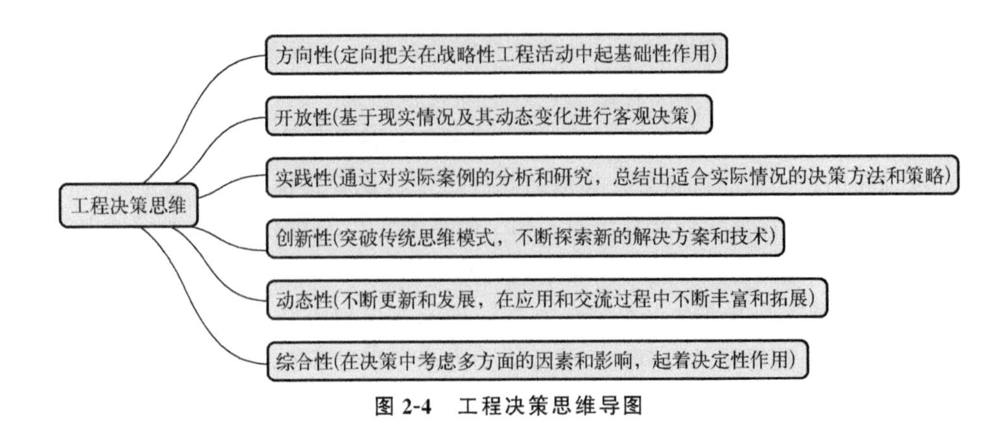

图 2-4 工程决策思维导图

（2）开放性

工程决策者要以有关的勘探、勘察、测试以及其他现实调研资料为基础，按照决策程序进行工程决策。在决策过程中，不可囿于“先入为主”，应基于现实情况及其动态变化进行客观决策，要对不同工程方案进行技术、经济、社会影响等方面的比较判断，这决定了工程决策思维是开放性思维，决策者应在开放性“工程决策空间”中进行开放性工程决策思维科学选择。

（3）实践性

工程决策思维需要基于实践的经验和数据，通过对实际案例的分析和研究，总结出适合实际情况的决策方法和策略；还需要通过对实际案例的实验和分析，了解可能出现的风险和不确定性，并制定相应的应对策略；在多次实践的基础上，验证决策方法的可行性和有效性，并根据实际情况进行调整和改进。

（4）创新性

工程决策思维需要具备创新精神，突破传统的思维方式和框架，不断探索新的解决方案和技术，以提高工程项目的效率和效益；需要对设计方案进行反复推敲和尝试，发现其中的问题和不足，并通过创新的方式对其进行改进和完善。还需要鼓励创新文化，营造一种鼓励创新、包容失败、敢于尝试的工作氛围。通过建立创新文化，激发团队成员的创新热情和创造力，推动工程项目的创新和发展。

（5）动态性

工程决策并非一成不变的思维，而是要随着工程活动、科学技术、社会发展等因素的演变而不断更新和发展，在应用和交流过程中也会不断丰富和拓展。纵向来说，随着时间推移、科技进步、社会发展及工程活动增多，工程决策经验会逐渐积累并丰富，工程价值观也会随着社会观念转变而发生变化。新形势、新技术、新产品的涌现，都会推动工程决策的不断更新和修正。横向来说，越来越多的工程体现出建设规模大、技术集成度高、社会影响广泛等特点，工程决策逐渐由单一决策向群体决策转变，并经历反复论证完善过程。在此过程中，不同的决策思维交融汇集，有效支持着整体工程决策。不同决策者的认知和思维冲突，有利于促进决策者对不同观点的思考和判断，加大知识加工深度，从而做出更好决策。因此，要充分认识工程决策思维的动态性，这是决定工程决策成败的关键之一。

(6) 综合性

工程决策思维对工程全生命周期综合效益和战略方向起着决定性作用。工程决策思维不仅要基于全生命周期考虑工程本身经济效益，还要考虑工程对国家、地区、社会的贡献及环境效益，因而需要在决策中综合考虑多方面的因素和影响，这就使工程决策思维成为具有“综合性”特征的思维过程。

2.1.5 工程决策思维的过程和环节

虽然具体的工程决策思维过程千变万化，但也可以看出其中存在一些共同的基本环节。大体而言，可以把工程决策思维看作一个提出问题、分析问题、解决问题的动态过程，主要包括分析工程问题、明确决策目标，拟定工程方案、评估优选方案，动态跟踪反馈、优化完善方案等环节。

(1) 分析工程问题、明确决策目标

分析工程问题、明确决策目标是工程决策思维过程的首要环节，也是获得工程决策理想结果的重要前提和基础。

① 分析工程问题。

分析工程问题就是要在搜集和调查与工程问题相关数据资料、情境信息的基础上，提出工程决策问题，界定工程决策范围，分析工程决策问题可能导致的后果及其产生原因等。运用大数据、现代预测理论和方法等进行产业发展及行业投资方向的宏观分析，还要进行工程活动（工程项目）路线的微观分析。

② 明确决策目标。

分析梳理工程决策面临的问题后，接下来需要明确决策目标。明确决策目标是工程决策的中心环节。目标一旦确定，就为工程决策指明了方向，为提出工程方案提供了依据，也为有效控制决策进程、提高决策效能建立了基准。如果工程决策目标失误，“差之毫厘，失之千里”，将会对经济社会及环境产生严重影响。为此，工程决策目标应明确、具体，不能抽象空洞、含糊不清，更不能在目标定位和目标方向上出现错误。由于要解决的工程问题复杂多样，目标又有近期、中期、远期之分，因此要考虑与目标相关的各种复杂情况，权衡轻重缓急，分清先后主次，形成合理的决策目标体系。

(2) 拟定工程方案、评估优选方案

工程方案是实现工程决策目标的核心与关键。没有系统、可靠的工程方案，工程决策目标将成为“空中楼阁”；缺乏与工程决策目标协调一致的工程方案，工程决策目标与方案将形成“南辕北辙”的局面。为此，需要结合工程决策目标，拟定多种工程方案进行比较，并通过科学分析评估优选出最佳方案。

① 拟定工程方案。

工程方案拟定要紧紧围绕工程决策目标，并充分考虑工程本体及内外部经济社会环境，对工程全生命期内有决定性影响的重要问题做出基础性、全局性抉择。通常情况下，要拟定多个工程方案。拟定的工程方案要在工程全生命周期内保持其功能的长期适应性，这不仅要求工程方案对经济、社会、生态环境变化具有稳健性，而且要求避免工程方案实施后诱发经济、社会、生态环境新的破坏性问题。由于工程实施的复杂性、不确定性，需要工程决策者以情境预测性、情境鲁棒性等知识为依托拟定工程决策方案。

② 评估优选方案。

评估优选方案是指工程决策者在综合评价备选工程方案的基础上，遵循对比择优原则优选工程方案的过程。要解决多个决策目标之间的矛盾，以及决策目标与工程方案之间的矛盾，这是整个工程决策的核心内容，也是工程决策过程的本质内容。工程决策通常是一个多目标决策问题，要善于抓住主要矛盾，同时处理好次要矛盾，使矛盾得到辩证统一。决策目标与工程方案之间相互作用、相互制约，同时又要相互协调。为此，需要工程决策者科学地掌握和运用切实可行的评估优选方式。根据工程决策类型的不同，备选工程方法评估优选可采用不同方式：可以直接将工程决策目标作为评估优选工程方案的主要标准，凡是符合决策目标要求，科学地设计了实现决策目标的途径、方式、程序和措施，具有最佳时间效益的方案，可认为是最佳方案；也可以设定综合评价指标体系，比较鉴别各备选工程方案，全面权衡各备选工程方案利弊、优劣后做出最后决断；还可以优选利弊不一的几种工程方案，对工程方案进行修改、补充和综合，使之成为推荐的优化方案。

(3) 动态跟踪反馈、优化完善方案

工程决策并非一劳永逸。由于工程决策目标的多元性、决策环境的复杂性、决策信息的不完整性及决策者知识的局限性，还需要动态跟踪优选工程方案的实施过程，反馈实施情况，并根据需要优化完善工程方案，从而实现工程决策闭环管理。

① 动态跟踪反馈。

工程方案实施的动态跟踪反馈，具有监测、纠偏、促进和制约功能，贯穿工程方案实施全过程。工程方案实施的动态跟踪应关注工程方案实施效果与决策目标的符合程度、工程方案实施成本和效率、工程方案实施带来的长远影响和负面因素，以及主要经验、教训和措施建议等。应建立完善的动态跟踪反馈机制，及时将工程方案实施情况反馈和报告给工程决策者，这是工程决策持续改进的重要基础。

② 优化完善方案。

在动态跟踪反馈工程方案实施情况的基础上，优化完善工程方案应是一个持续推进的过程。随着工程方案的逐步实施，工程决策目标达成度日趋清晰，决策信息完整度不断提高，决策者知识的局限性也在降低，使得工程方案进一步优化完善成为可能。因此，要注重工程方案实施中的持续改进，这是不断提高工程决策水平的根本保证。

2.1.6 工程设计实施的原则

工程设计实施的原则主要包括以下几点。

① 实事求是原则：工程设计工作是严肃的科学技术工作，必须尊重科学、尊重事实，按客观规律办事；要坚持实事求是的原则，不能随心所欲、人云亦云、视而不见、

见而不闻。

② 节约原则：在工程设计过程中，应尽量考虑能源的节约使用，减少能源的消耗。

③ 合理布置原则：在工程设计中，应合理考虑室内外空间布局，满足人员及物品流动需要。

④ 安全原则：工程设计必须遵循国家标准，确保建筑物安全可靠。

⑤ 环境保护原则：在工程设计中，应尽量采用可循环使用的材料，减少对自然环境的污染，促进资源的充分利用。

⑥ 维护原则：在工程设计中，应考虑系统的维护保养，以便于维护维修带来的方便及减少费用开支。

（1）工程设计是工程思维的载体

工程设计是设计的重要分支之一，就制造业而言，产品设计主要面向的是消费者用户，而工程设计主要面向的是产品制造的企业用户。工程设计是工程建造的关键环节，是整个工程建造的灵魂，是承载工程思维的重要载体，是对工程建造进行全过程详细策划和实现工程建造理念的过程，是科学、技术、工程转化为现实生产力的关键环节，是涉及技术、工程和经济多重属性协同-集成的过程，更是关系到能否实现工程建造多目标协同优化的决定性环节。因此，工程设计的目的是保证工程系统的整体功能和效率，从而集成地体现为高效率、低成本、功能完善、价值优化的工程系统。

工程设计具有判断、选择、权衡、集成的特性。工程设计是成本、质量/性能、效率、过程排放、过程综合控制、环境、生态、安全等多目标集成优化的过程。在做出选择和判断时要充分考量与权衡各种相互矛盾的各种要素，包括技术、经济、质量、成本和环境生态等诸多要素。在给定的时间边界和空间范围内选择一个兼顾各方面要求的、经过权衡比选的优化方案，这种选择（或决策）往往贯穿于整个工程设计过程之中。

工程设计具有多目标集成优化的特性。现代工程设计并实现非单一目标，而是要实现多目标的集成优化。工程设计的目标一般包括以下内容：

① 符合国民经济和社会发展的需要，并且要符合国家及地方的法律法规要求。

② 生产规模、产品方案、产品质量要符合市场需求，并且应具有市场竞争力。

③ 采用先进、适用、经济、可靠的生产工艺技术和装备。

④ 工程建成以后，资源、能源的供给和相关配套条件必须满足连续稳定生产的需要。

⑤ 工程建成以后，经济效益、社会效益、环境效益等应满足各方面的需要。

⑥ 工程建造的资金投入和各项建设条件应满足项目实施的需求。

⑦ 能识别出工程建造过程中的各类风险并能够采取行之有效的规避措施。

⑧ 工程设计方案必须经过多方案权衡、比选、综合、集成，采用最优化的设计方案。

⑨ 工程设计应达到生产效能高、产品质量优、能源消耗低、过程排放少、生产成本低、环境/生态友好等多目标优化效果。

由于工程设计的独特性和复杂性，可以将其基本特点归纳为 4 个“C”。

① 创造性（creativity）：工程设计需要创造出原来不存在甚至在人们观念中都不存

在的现实。

② 复杂性（complexity）：工程设计中总是涉及具有多变量、多参数、多目标和多重约束条件的复杂问题。

③ 选择性（choice）：在各个层次上，工程设计师都必须在许多不同的解决方案中做出选择。

④ 妥协性（compromise）：工程设计师一般需要在许多相互冲突的目标和约束条件下进行权衡、妥协和取舍。

工程设计是工程建造、工程运行的灵魂，是工程思维的重要载体，是对工程建设进行全过程的详细策划和表述工程建设意图的过程，是科学技术转化为生产力的关键环节，是体现技术和经济双重科学性的关键要素，是实现工程建设目标的决定性环节。没有现代化的工程设计就没有现代化的工程，也不会产生现代化的生产力。科学合理的工程设计，对加快工程建设速度、提高工程建设质量、节约工程建设投资、保证工程顺利投产，以及稳定运行以取得较好的经济效益、社会效益和环境效益具有决定性作用。企业的竞争和创新看似体现在产品和市场，但其根源却来自设计思维、设计过程和制造过程，工程设计正在成为市场竞争的始点。工程设计的竞争和创新，关键在于工程复杂系统的多目标优化，这些目标的优化和集成，直接反映出工程思维。

（2）工程设计的本质

如前所述，工程设计是指设计工程师运用各学科知识、技术和经验，通过统筹规划、制订方案，最终用设计图纸与设计说明书等设计文件来完整表达设计者的思想、设计理念、设计原理、整体特征和内部结构，甚至是设备安装、操作工艺等的过程。换而言之，工程设计就是对工程技术系统进行构思、计划并把设想变成现实的工程实践活动，其根本特征就是创造和创新。

工程设计的实质是将思维和知识转化为现实生产力的先导过程，在某种意义上也可以说工程设计是对工程构建、运行过程进行先期虚拟化的过程。工程设计是工程总体规划与具体实现活动结果之间的一个关键环节，是技术集成和工程综合优化的过程。工程设计不是简单地把已有的设计图纸或文件“复制”或“克隆”，而是必须结合某个具体工程的实际条件，遵循设计规范和标准，有的放矢地进行工程设计的创新。在工程设计过程中，设计工程师既要重视规范性又要重视创新性，并把规范性与创新性统一起来。

由于工程活动是有目的、有组织、有计划的人类行为，现代工程活动中，工程设计工作是一个起始性、定向性、指导性的“物化”先导活动，具有特殊的、不可或缺的重要性。进而言之，工程设计是在工程理念指导下的思维和智力活动，属于工程总体谋划与具体实现之间的一个关键环节，是技术集成和工程综合优化的过程。工程设计体现了工程智慧的创造性和主动性，从思维和知识范畴来看，工程设计过程包含了对各类知识的获取、加工、处理、集成、转化、交流、融合和传递，具体涉及如下方面：

① 对工程活动初始条件、边界条件、环境条件等与工程相关情况的调查。

② 工程设计、工程建造、工程运行相关新知识的获取、收集和处理过程。

③ 各专业、各门类工程设计知识的优化集成。

④ 确定把相关知识转化为工艺、装备并固化到工程中的流程、网络或程序。

⑤ 将各类工艺、装备、运行过程等方面的知识动态化、图像化、可视化的虚拟软件的开发。

⑥ 对未来市场和工程运行状况的评估预测。

⑦ 对其他许多方面的相关知识，特别是设计专家的经验、感悟，甚至无法用语言和文字表达的隐性知识与思维的理解与认识。

2.1.7　工程设计思维在大规模制造中的运用

(1) 工程设计的结构化、集成思维

工程设计需要突出强调其结构化、层次化，工程设计不能是那种片段的、局部的、孤立的、不能有效"嵌入"工程系统的、不能转化为现实生产力的思维。

工程必须通过结构化的集成，体现因果规律、相关关系和目的性。因果规律体现了必然性，相关关系体现了优化可能性。因果规律（功能性因果与效率性因果等）和相关关系不仅影响要素的选择与构成，而且影响要素之间合理配置和运动的结构。因此，需要将相关的异质、异构的工艺技术和装备进行集成，实现结构化，以此作为"因"，才能得到有效的、卓越的功能与效率，这是"因"之"果"。在工程活动中，因果关系和相关关系常常表现得非常复杂，不但同样的"原因"可能会有不同的结果，同样的结果可能来自不同原因，而且还会出现预料之外的结果，在工程中特别是工程设计过程中，由于外界环境条件不同，或由于工程系统内部的关联关系不同，不能把因果关系简单化、线性化；在因果关系和相关关系的共同作用下才会出现"一因多果"或"一果多因"的现象。因此，在工程设计中要高度注意结构化集成。

就信息而论，世间的信息其实可以分为两类：一类是"碎片化"的信息；另一类是"结构化"的信息。在信息化互联网时代，最关键的学习能力应该是建立"关联"的能力，并使不同类型的、相关的知识关联成结构化的知识，进而可以转化为现实可用的生产力。

(2) 碎片化知识的思维与结构化集成的思维

一般地说，人们最初学习和掌握的往往是局部化、碎片化的知识和碎片化知识的思维。局部化、碎片化的知识只能在条件限定的小范围内适应，有时甚至由于其局限性而产生错误导向。局部化的知识要与结构化的集成知识结合才能发挥有效的工程化作用。由结构化集成知识所形成的整体性知识及其思维是本，局部化、碎片化知识是枝叶，是整体性知识的组成件，结构化是碎片化知识整合于整体性知识的桥梁。

整体性结构的功能是多目标的、集成性的、战略性的。工程设计过程，实际上就是将不同学科、不同门类、不同专业的局部化知识进行有序化、结构化的集成过程，这就如同工程本体就是结构化集成的结果一样，工程设计中必须将工艺设计、设备设计、总图设计、土建设计、电气及自动化设计等各门类的知识有效、有机地集成起来，才能完成整体工程的设计。

从工程设计知识的获取、提炼、收集、传播的过程来看，设计工程师起初所获得的通常是一些碎片化的知识，而非结构化的系统知识，然而这些碎片化的知识却是构成集成性工程设计知识的基础，也是设计工程师必须认知、学习和掌握的基本知识，甚至可以说是从事设计工作的“入门知识”。工程设计通常是多学科工程知识的集成，不仅涉及科学知识、技术知识，还涉及工程知识。因此，必须把这些零散的碎片化的各门类、各学科知识进行有序化、结构化集成，在工程设计中熟练掌握和充分运用各种相关知识，从而使工程设计能够满足多目标的集成化要求。

(3) 工程实体结构设计

现代工程设计不应停留在各组成单元（工序/装置、元器件、部件等）的简单堆砌、叠加、拼凑，而应以整体论、层次论、耗散论为基础，通过动力论、协同论等机理研究，构建起合理的、动态-有序的、匹配-协同的结构，来实现特定的功能和卓越的效率。

所谓结构是指工程系统内具有不同特定功能的单元（工序/装置、元器件、部件等）构成的集合和相关单元（工序/装置、元器件、部件等）之间在一定条件下所形成的非线性相互作用关系的集合。工程系统结构的内涵不只是工程系统内各单元（工序/装置、元器件、部件等）的简单的数量堆积和数量比例，更主要的是各组成单元（工序/装置、元器件、部件等）功能集的优化，相关单元（工序/装置、元器件、部件等）之间关系集的相互适应（协调）性、时-空关系的合理性和工程系统整体动态运行程序的协调性。因此，工程系统内各组成单元（工序/装置、元器件、部件等）的功能应在工程系统整体优化的原则指导下进行解析-集成，即以工程系统整体动态运行优化为目标来指导组成单元的功能优化和相关单元之间的关系优化（体现为顶层设计和层次结构设计），并以单元（工序/装置、元器件、部件等）功能优化和相关单元（工序/装置、元器件、部件等）之间关系优化为基础，通过层次间的协调整合，促进工程系统动态运行优化，甚至出现“涌现”效应和工程设计创新。具体包括如下理论和方法。

① 选择、分配、协调好不同单元（工序/装置、元器件、部件等）各自的优化功能（域），这些单元（工序/装置、元器件、部件等）的功能（域）是有序、关联地安排的，进而分别建立起解析-优化的单元功能集合。

② 建立、分配、协调好相关单元（工序/装置、元器件、部件等）之间的相互联结、协同关系，构筑起协同-优化的相关单元之间的关系集合。

③ 在单元（工序/装置、元器件、部件等）功能集的解析-优化和相关单元（工序/装置、元器件、部件等）之间关系集的协调-优化的基础上，集成、进化出新一代工程系统的单元集合，即实现工程系统内单元（工序/装置、元器件、部件等）组成的重构-优化，力争出现工程系统整体运行的“涌现”效应，并推动新一代工程系统结构的涌现和工程设计知识的创新。

(4) 工程设计的内容

在工程活动中，工程设计思维具有特殊的重要性，人们的主观能动性和工程理念通常集中地体现在工程设计之中。从工程哲学的视角看，工程设计中常常出现许多需要认真研究的哲学理论和思维方式问题。工程设计是现代社会工业文明最重要的支柱之一，是工程本质和工程思维的主要载体，是工程创新的核心关键环节之一，更是现代社会生产力发展的始端和源头。

一般地说，工程设计是指根据工程建造、工程运行的总体要求和目标，通过对工程建造、工程运行所需的工艺、装备、资源、能源、环境、经济等各种条件进行综合分析和科学论证，形成和制定出设计文件/图纸的工程活动。进而言之，工程设计是设计工程师在工程理论的指导下，以工程规划为依据，在给定的条件下运用工程设计知识和方法，有目标地创造工程产品的构思和实施的过程，而这一活动几乎涉及人类活动的全部领域。

由此可见，工程设计是为工程建造、工程运行提供具有技术依据的设计文件/图纸的活动过程，是整个工程建造生命周期中的关键环节，是对工程项目进行具体实施、体现工程理念、实现工程多目标优化的重要过程。工程设计是科学技术转化为生产力的纽带和桥梁，是协调处理技术与经济关系的关键环节，是确定与控制工程造价的重要阶段，是将工程理念转化为现实的主要载体。与此同时，工程设计是否经济、合理对工程投资的确定与控制同样具有十分重要的意义。

2.2　大规模制造技术

2.2.1　大规模制造技术基础

大规模制造技术是随着人类社会生产力和科技水平的提高而不断发展演进的。从历史的角度来看，大规模制造技术经历了从手工制造到机械化、电气化、自动化和智能化的发展过程。

在古代，人们主要依靠简单的手工工具和设备进行制造，如石器、陶器和纺织品等。随着蒸汽机和工具的发明，18 世纪后半叶开始了以机械加工和分工原则为中心的工厂生产，这标志着制造业从手工业作坊式生产向大规模制造的转变。

19 世纪，电气技术的融合与发展推动了制造业的电气化，制造技术实现了批量生产、工业化规范生产的新局面。第二次世界大战之后，计算机、微电子、信息和自动化技术得到了迅速发展，推动了生产模式从大中批量生产自动化向多品种小批量柔性生产自动化转变。

进入 21 世纪，随着计算机及其应用技术的迅速发展，制造业中包括设计、制造和管理在内的单元自动化技术逐渐成熟和完善。同时，人工智能、大数据和物联网等先进技术的兴起也进一步推动了制造业的智能化和自动化发展。

大规模制造（mass production）的概念：大规模生产模式是 20 世纪最流行的生产方式。以泰勒的科学管理方法为基础，以生产过程的分解、流水线组装、标准化零部件、大批量生产和机械式重复劳动等为主要特征。制造企业可能需要负责整个产品系列的原料，并且在生产线上跟踪和记录原料的使用情况。大规模制造带来产品质量的提高和成本的降低，其经济效益是显而易见的，大规模生产模式在 20 世纪 20 年代，以当初认为复杂的汽车制造为背景，其刚引入生产时，就给制造业带来了一场深刻的重大变革，大幅度提升了产品的质量和制造效率，极大地推动了工业化进程和经济的高速发展。无可否认，即便在市场瞬息万变的今天，大规模生产仍是一个重要的生产模式，对于规模批量较大、具有相对长期稳定性、对市场变化反应较慢的产品，例如电池材料、电芯生产等，其大批量生产仍然能产生很好的经济效益。

大规模制造的核心技术基础是制造业实现高产品质量的基本保证，这里主要包括制造产品用的材料、标准、装备和数据。制造业的基础架构如图 2-5 所示。

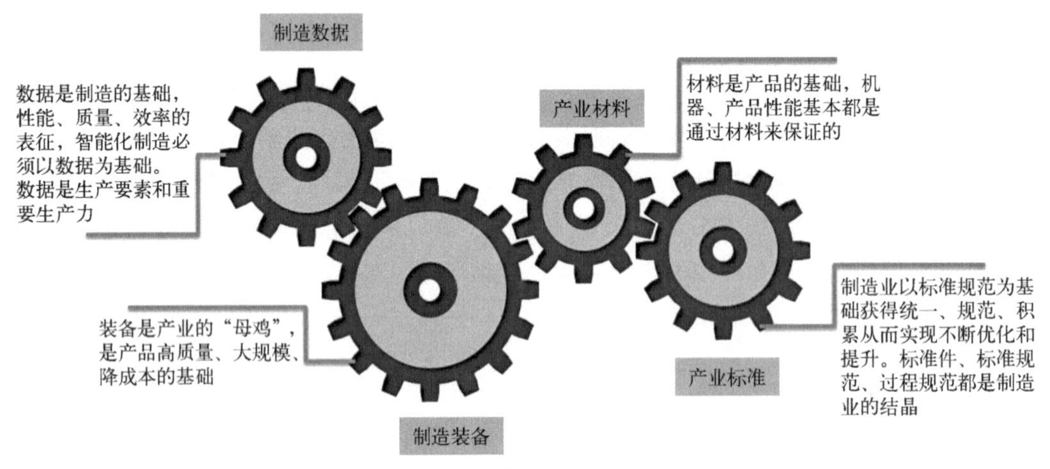

图 2-5　制造业的基础架构

（1）产业材料

产业材料是制造业的物质基础和保障。材料工业是国民经济的基础和支柱产业，是工业的基础性先导产业，具有产业规模大、关联度高、带动作用强、资源能源密集等特点。“一代材料、一代装备”，材料工业的发展水平和质量，直接影响和决定着一个国家工业化与制造业的发展水平和质量。对于电池产业而言，材料决定电池的能量密度、制造成本、制造效率和电池的安全性，可以说对电池产业有根本的决定作用。电池材料产业是电池的基础产业，处于产业链的上游，是电池制造业的物质基础和保障，具有至关重要的先导作用。电池材料不仅面临电池产业自身转型升级的重任，而且肩负着支撑和引领传统制造业全面升级、新兴产业发展的使命。电池产业自 1991 年材料体系确认为由锂离子电池替代锂金属电池以来，正极、负极、隔膜、电解液等电池核心材料发生了巨大变化，其中最核心的是正极材料的进步和发展，可以说电池性能的进步和成本的下降，主要是材料技术的进步和材料产业的成熟。

从世界工业的发展历史和现实来看，材料工业的发展促进了制造业的发展，制造业也带动了材料工业的进步，制造业发达的国家必然是材料研发、生产和应用大国，如美国、日本、德国等。因此，作为国民经济先导产业和战略性新兴产业，电池新材料是高端制造的重要保障，已成为世界各国战略竞争的焦点。

（2）制造装备

电池制造装备是电池产业简单生产和扩大再生产提供的各种设备的总称，是电池产业的核心部分，承担着为电池产业提供工作母机、带动相关产业发展的重任，可以说它是电池产业的生命线，中国电池产业之所以强大，全球领先，主要是因为我国的电池装备自主化率大于95%，这是电池产业综合能力的重要基石。

电池装备应该成为支撑我国制造业发展的重大技术装备，其主要特点是技术难度大、成套性强，随着电池技术的发展不断升级，装备自身的规模也在不断扩大。电池未来必将成为通用目的产品，电池装备也将成为推动电池产业产品质量提升、效率提升、成本下降的基石。因此电池装备的发展具有重大意义，是需要组织全产业链、跨部门、跨行业齐心协力才能完成的重大成套技术装备。

(3) 产业标准

标准化是经济和社会发展的重要技术基础，是目前国际市场竞争的主要形式之一，标准化方法是重要的工程科学方法，是建设创新型国家和社会的重要技术支撑，是增强电池产业自主创新能力的重要内容，是规范电池市场经济秩序的重要技术手段；对整体制造业而言是调整产业结构、转变经济增长方式的中心环节。电池标准化研究是以实现电池技术创新和管理现代化为宗旨，以支撑电池产品高质量持续创新发展为目标，针对技术创新和产业实践中出现的复杂性、综合性、系统性的问题，通过综合运用自然科学、社会科学、工程技术和管理科学等多门多学科知识，运用定性和定量相结合的系统分析、系列化方法和论证手段，进行的一种跨学科、多层次的科研活动。

电池产业中的标准在材料供应体系、电池设计、电池产品、电池制造过程、电池制造装备、电池应用、电池回收等方面都需要全面研究和不断完善，尤其是电池尺寸规格对电池产品的质量、成本、产业链的循环影响重大，需要电池产业界付出更多的努力和智慧完善电池尺寸规格标准。关于标准化给电池制造产业带来的价值、作用及标准化的方法，本书还有专门的章节论述。

(4) 制造数据

制造数据，也被称为工业大数据或制造大数据，其定义是：从制造车间现场到制造企业各个层次运营所生成、交换和集成的数据，包含所有与制造相关的业务数据及其衍生附加的信息，相对于其他行业大数据，制造业大数据大量集中在工业设备的产生、采集和处理过程，并随着制造过程迭代运转，体现了极强的时效性。制造大数据具有3V特征，即大规模（volume）、多样性（variety）和高速度（velocity）。

电池制造过程非常复杂，影响因素众多，依靠传统制造方式很难解决质量提升、制造效率提升和低成本制造问题，这些问题具体表现在：

① 规模化与定制化之间的矛盾。本质上是如何低成本满足不同需求客户提出的功能和服务要求。

② 个性与共性之间的矛盾。一方面要解决大规模生产与定制化生产间巨大成本差异导致的矛盾；另一方面要解决设备和工艺的多样性造成技术的普遍性与适用性难以兼顾的矛盾，其核心是如何建立一套适合不同工艺要求且不断升级的生产、制造和服务平台体系。

③ 宏观与微观之间的矛盾。电池本身是宏观和微观结合的产物，电池材料研究偏

向微观，电芯制造是微观和宏观的结合；宏观世界主要依靠牛顿力学，可以有准确清晰的理论模型，而微观世界的认识主要依靠量子力学，微观世界里的对数模型基于统计原理。如何实现微观和宏观的有机结合，实现电池性能和制造最优，生产最优的产品，只有靠大量的统计数据才能解决。

根据李杰教授所著的《工业大数据：工业 4.0 时代的工业转型与价值创造》一书所阐述的观点，工业大数据能够给工业界带来的价值主要体现在以下几个方面：

① 以低成本满足用户定制化的需求。

② 使制造过程的信息透明化，提升质量、提升效率、降低成本和资源消耗，实现更有效管理。

③ 提供制造设备全生命周期的信息管理和服务，使设备的使用更加高效、节能、持久，减少运维环节中的浪费和成本，提升设备的可用率。

④ 使人的工作更加简单，甚至替代大部分人的工作，在提高生产效率的同时减少工作量。

⑤ 实现全产业链信息的整合，使整个生产系统协同化，让生产系统变得更加动态和灵活，进一步提高生产效率并降低生产成本。

总之，利用制造数据可以化解电池制造过程的不确定性，实现制造过程的受控，实现高质量、高效率、低成本、大规模生产。

2.2.2 大规模制造产业发展历程

2.2.2.1 大规模制造业的兴起

工业革命以后，至 20 世纪初，以机器代替人力成为生产的主要方式，大大促进了生产力的发展，并形成了现代意义上的机器制造生产的制造业，但生产方式仍以作坊式的单件生产为主，由于机器精度不高，产品质量主要靠从业人员的技艺来保证，故称为“技艺”型生产时代。此时的工厂组织结构仍较分散，管理层次仍较简洁，通常由业主或代办直接与顾客、雇员和协作商联系。这种生产方式的生产效率仍旧较低，且生产周期较长，产品价格居高不下。

20 世纪初，美国福特汽车公司首先在底特律建立了世界上第一条自动生产线，标志着大批量生产（mass production）方式的开始。由于机器精度的提高，工件加工质量得到了保证，工人的技艺变得不再那么重要了。加上互换性原理的推行，汽车装配不再使用锉刀或刮刀，工人只需进行一些诸如按钮、拧螺丝、焊接、涂漆等基本操作。装配流水线按确定的节奏运转，每个工人日复一日地重复一种简洁的机械动作，完成一种固定的操作，典型的体现如卓别林的电影《机器时代》。与“技艺”型生产方式相比，在大批量生产方式下，多数从业人员不再需要很高的技术水平，而只需进行简单培训，即可上线工作。这种生产方式大大缩短了生产周期，提高了生产效率，降低了生产成本，并使产品质量得到了保证。大批量生产方式的推行，促进了生产力的巨大进步，使美国一跃成为世界一流经济强国。大批量生产方式也一度成为先进生产力的代表和当代工业化的象征，我国在改革开放初期，在珠三角地区采取的“三来一补”（来料加工、来件装配、来样加工和补偿贸易），是典型的大批量制造，这为中国制造业的快速发展立下了汗马功劳。

大批量生产分为大量生产、成批生产和大批量定制生产三种生产类型。大批量生产与多品种、中小批量生产相比，具有以下特点：

① 生产的产品产量大而品种少，重复生产一种或少数几种相类似的产品，工艺过程和生产条件稳定，大多数工作固定地完成一两道工序，专业化程度高。

② 多采用专用、高效设备和工艺装备，生产过程机械化、自动化程度及设备利用率较高，生产周期较短，零件加工质量易于保证。

③ 工人作业分工细，多数工人长期从事一两种简洁和重复性的操作，对工人的技术水平要求不高。

④ 产品设计通用化、系列化、标准化程度高，零件互换性好，广泛采用互换装配法装配。

⑤ 产品社会需求量大，需求稳定。企业依据用户需求和科技进展水平，进行产品设计和制造。订货程序通常是先设计、生产，再面对用户。

⑥ 按对象组织专业化生产，多采用流水生产、自动生产线等生产组织形式，生产方案细致周密，生产过程易于把握。

⑦ 毛坯制作广泛采用金属模机器造型、压铸、精铸、模锻、精锻等方法，毛坯精度高，加工余量小，材料利用率高。

大规模制造技术发展历程大致分为四代，即：第一代，大批量制造；第二代，大规模定制制造；第三代，大批量规模精益制造；第四代，大规模智能制造。每个阶段的大致时间和技术特征如表 2-1 所列。

表 2-1　大规模制造技术发展历程

阶段	每代的名称	世界上起始发生的年代	所依赖的技术基础	典型制造业代表	对应的工业革命时期
第一代	大批量制造	20 世纪初	标准化，分解，流水线	汽车、日用品	工业 1.0
第二代	大规模定制制造	20 世纪 70 年代	成组技术，面向对象的分析、优化方法	汽车、家电、计算机、飞机、船舶	工业 2.0
第三代	大批量规模精益制造	20 世纪 80 年代	JIT，六西格玛，并行工程，以人为本	汽车、印刷、包装、烟草等	工业 3.0
第四代	大规模智能制造	20 世纪 90 年代	物联网，工业互联网，人工智能	所有规模制造业	工业 4.0

注：JIT—准时制生产方式。

2.2.2.2　典型的大规模制造业

(1) 汽车制造业：福特

大量生产方式的典型如美国的“福特制”，福特汽车创立于 1903 年，当时年产量 1700 多辆。福特建立了汽车业的第一条生产线，大大降低了生产成本。福特汽车从对生产过程分解入手，对生产力过程进行细化分解、标准化，在任何一个细节当中节省成本，实现一分钟生产一辆汽车。老福特正是凭借企业家精神“让造车的人自己也买得起汽车，让汽车成为大众的代步工具”，创造了制造业的历史。大量的汽车被卖出去后，随着产量的增加也让生产的成本继续下降。福特的发展思路是通过规模实现降成本，例如大规模生产，大规模采购，用规模和低成本来增强竞争力。其道理也很简单，市场刚刚起步，人们基本的需求还没有满足，很多家庭还没有汽车，处于短缺的时代，汽车还是属于少数有钱人；消费者的收入水平也使得低价格成为一个很好的卖点；顾客都是基本需求，相同倾向很大。随着生产规模的增大，会进一步加速成本的下降，这就使得有进一步降低价格的空间。随着价格的降低，市场扩大了，在细分市场上的消费者会屈从于低价格，在差别化和低价格之间，选择更低的价格，消费者向统一的市场转变，这就增强了消费市场的一致性。提供品种相对较少的产品，顾客的选择余地虽然减少，但是有助于成本的降低，在相对统一的市场环境下可以卖出更多的产品。

为了实现尽可能低的成本和更大的市场，生产过程应当尽量自动化，由此增加的固定成本会被规模经济所消化，新的工艺技术也就能有力地推动成本的降低。同时，时刻保持生产过程的效率，其中最重要的就是稳定，包括输入、转化、输出过程的稳定，以保障每一个环节的流畅运转。在此种经营模式下，产品的生命周期会被尽量延长，以降低单位产品的生产成本，并减少对技术和工艺的平均投入。产品生命周期的延长，使得有更多的时间进行产品改进，这又推动了更大规模市场的形成。它的 T 型汽车虽然款式单一，颜色也比较少，却占据了很大的市场份额，取得了极大的成功。T 型车外观如图 2-6 所示。

图 2-6　1908 年的福特 T 型车

从 1908 年开始，福特着手在 T 型汽车上实行单一品种大量生产，到 1915 年建成了第一条生产流水线，实现了一分钟生产一辆汽车的愿望，到 1916 年，T 型汽车的累计产量达到 58 万辆。随着产量的增加，汽车的成本也大幅下降，从 1909 年的 950 美元，降到了 1916 年的 360 美元，11 年后，也就是 1927 年，T 型车的累计产量突破了 150 万辆，市场占有率达到 50%。实现了很多美国家庭的汽车梦想。

福特大规模生产的主要特征是生产过程的分解、流水线组装、标准化零部件、大批量生产和机械式重复劳动，从而产生巨大的经济效益。现代汽车制造业经过长期发展取得了惊人的成就，汽车制造已经发展为标准的冲压、焊装、油漆、组装，以及汽车部件制造 5 大制造工艺。汽车的制造成本也发生了天翻地覆的变化。

福特的大规模制造理念，满足了人人都能有车的梦想，放在今天的先进电池制造业依然有许多值得业界借鉴的地方，现在电池成本在移动产品中占有相当大的比例，过程分解、大规模、标准化、全生命周期的制造闭环正是先进电池产业实现移动能源梦想的最好方法和手段。

(2) 半导体芯片制造业：ASML（阿斯麦）的光刻机霸主之路

半导体制造产业中，光刻机是核心设备，对芯片的制程工艺起着决定性作用。光刻是半导体芯片生产流程中最复杂、最关键的工艺步骤，耗时长、成本高。半导体芯片生产的难点和关键点在于将电路图从掩模上转移至硅片上，这一过程通过光刻来实现，光刻的工艺水平直接决定芯片的制程水平和性能水平。按照一般制造流程统计，半导体芯片在整个生产过程中需要 20～30 次的光刻，制程耗时占到了生产环节的 1/2，成本能占到 1/3。光刻不仅影响代工厂的生产效率及成本，更主要的是光刻机的技术水平也决定了芯片的制程工艺、芯片的密度，所以半导体产业中光刻机占据着极为重要的地位。

全球光刻机设备市场占有率高度集中，据研究院的统计，仅 ASML 一家就占据了全球近七成的市场，ASML 的技术水平代表了世界顶尖的技术水平。ASML 仅用 30 年时间就在光刻机领域建立起极高的技术壁垒，据 Bloomberg 数据，在 45nm 以下高端光刻机设备市场 ASML 占据市场份额高达 80%以上，在极紫外光（EUV）领域，ASML 是独家生产者，实现了全球独家垄断。2019 年 7 月 24 日，ASML 的股价创下 234.5 美元每股的历史新高。

创新是 ASML 的生命线，是推动其业务发展的引擎，ASML 的创新不是孤立的创新，而是坚持“开放式创新”理念，ASML 通过资本市场打通了产业上下游的利益链，与供应商和客户建立了密切的合作；在政府协助下与外部技术合作伙伴、研究机构、学院展开密切合作，建立开放研究网络，合理共享技术与成果。

在客户方面，ASML 的三大客户英特尔、三星、台积电均是其股东，每年为 ASML 注入大量资金；ASML 则给予股东优先供货权。客户入股使得 ASML 与客户结成紧密的利益共同体，在共享股东先进科技的同时降低了自身的研发风险。

在供应商方面，ASML 通过战略并购与入股，快速打通上游供应链，快速攫取了光源、镜头等光刻机零件领先的技术，占据技术高地，进一步促进公司核心技术的创新。

在外部技术合作方面，ASML 主导打造了囊括外部技术合作伙伴、研究机构、高等院校的巨大开放式研究网络，并通过建立特有的专利制度管理知识产权和研究成果。

ASML 在半导体芯片制造业的成功对先进电池制造业的启示：未来世界正在走入制造能源时代，先进电池制造正面临巨大的市场机遇，然而先进电池制造技术的突破刚刚开始，ASML 在半导体行业对摩尔定律及技术的坚持，不断创新以及与客户、合作伙伴的联合创新；先进电池制造技术正在从过去的基于牛顿力学、控制速度、张力、精度的时代，进入以量子力学为基础，解决制造安全，控制锂枝晶、SEI 膜和制造精度的时代；而光刻技术用到的激光技术、微加工、精密传感器、高速同步控制、高精度检测、制造数据分析与闭环控制也是解决先进电池制造必不可少的关键技术，值得先进电池行业借鉴。

（3）包装行业：包装机械

包装机械是指完成全部或部分产品包装过程的机器。包装过程包括成形、填充、封口、裹包等主要包装工序以及清洗、干燥、杀菌、贴标、捆扎、集装、拆卸等前后包装过程，还包括传送、选别等其他辅助工序。在国外，包装技术的发展始于20世纪40年代，主要在食品、火柴、卷烟等行业优先使用，在20世纪50～90年代随着商品市场规模的扩大，包装技术取得快速发展，尤其是80年代以来，包装行业把大量高新技术如微电子技术、激光技术、超声波技术、机器人技术等广泛运用在包装机械及包装生产线的供料、输送、检测、管理等方面，包装生产实现了柔性化和“无人化”。进入21世纪，人工智能技术、机器人技术、自动检测识别技术、物联网及工业互联技术的发展和应用，包装技术向着智能化的方向发展。

包装机械的作用：现代工业生产中，所有产品都需要包装，已达到保护和美化产品，方便存储、运输，促进销售的目的；包装机械是实现包装自动化的根本保证，在现代包装工业的生产中起着重要作用。

① 可实现包装生产的专业化和自动化，大幅度提高生产效率，例如易拉罐啤酒灌装的最大生产能力已达到108000瓶/h（30瓶/s），小袋包装的速度达到60～120袋/min，最高达1200袋/min。

② 可降低生产劳动强度，改善劳动条件，保护环境，节约原材料，降低产品成本。

③ 可保证包装产品的卫生和安全，提高产品包装质量，增加市场营销竞争力。

④ 延长产品保质期，方便商品的流通。采用真空、换气、无菌等包装机，可以使产品的流通范围更加广泛，延长产品的保质期。

⑤ 减少包装场地面积，节约基建投资。

包装技术对先进电池大规模制造的借鉴作用：包装行业是典型的规模制造业，与先进电池制造技术有很多相似之处，如高速连续的物料传输、定位、组合等操作，物料的装入、灌注、封口、贴标、打包等工序，先进电池制造都有类似操作和工序，值得先进电池大规模制造的借鉴。

2.2.3 现代大规模制造中的连续制造技术

现代大规模制造系统主要以电驱动为主，主要的理论基础为连续生产技术和同步控制技术，实现的目标是高速、高精度和高稳定性。连续生产的目的是避免物料频繁加减速，从而减少辅助时间，增加制造过程的有效工作时间，节省能源，实现高效生产。

（1）连续生产的概念

连续生产是产品制造的各道工序前后紧密相连，中间过程物料移动的速度连续并实现同步作业的生产方式。即从原材料投入生产到成品制成时止，按照工艺要求，各个工序必须顺次连续进行，过程中物料不停，如冶金、纺织、化工等生产。有些连续生产，在时间上不宜中断，如发电、炼铁、炼钢、玻璃制品生产等，假日、节日一般也不停止生产。在先进电池制造工序中，前段极片制造本身就是连续生产过程，在中后段生产虽然是离散制造，但是也可以用连续生产的方法，提高生产效率和单机制造能力，保证生产过程的稳定性。

(2) 连续生产的特点

连续生产可以实现原料的高效利用，生产快速、质量稳定、成本低廉，是规模制造业取得成功的重要条件之一。

连续生产的本质是将一个产品的整个生产过程的各个工序完整地整合在一起，从开始的原料到最终成品，经过各种设备和工艺流程完成，每一道工序都可以自动协调地进行，以最大限度提高生产效率。

连续生产不仅具有质量稳定、成本低廉的优点，而且可以将生产过程分解，逐步完成，几乎可以立即检测到任何可能出现的工艺、质量问题，并及时采取纠正措施，实现质量的精细化管理。

另外，连续生产可以节约大量的能源，减少污染，改善生产环境，从而避免浪费。能源的节约主要体现在加减速过程，在传统的离散生产方式中，应用的是一种“开始—运行—停止—清理—重新建立”的模式，而连续生产可以实现“持续运行”。同时，它还可以强化生产过程中的数字化、智能化，实现设备全自动化，缩短生产周期，降低操作成本，提高生产效率，提升制造质量，节约能源，是当今现代化生产的必备要素之一。

连续生产的优势也显而易见，但也必须考虑到该工艺的缺点：一是由于许多步骤自动化，技术较新，初期投资较高，成本较大，但只要完成投资过程，后期经营成本就会相应降低；二是连续生产的单元设备价格较贵，对于复杂的产品结构，需要安装更多智能化设备，以便实现各个环节的最大效率；三是连续生产系统的维护和管理比较复杂，即使发生较小的故障，也可能导致整个系统的停止，严重影响生产。

总之，连续生产作为一种现代大规模生产工艺，具有质量稳定、成本低廉、节能环保的优势，是目前先进的生产方式。它能有效地提高企业的竞争能力，帮助企业降低成本，提高生产效率，是先进电池企业不可或缺的新型技术。

2.2.4　现代大规模制造中的同步控制技术

现代制造中的同步控制技术主要指多轴按照既定的规律要求协调动作，实现要求的控制运动规律。多轴同步控制技术是现代大规模制造系统中实现连续、高速、高精度、稳定性生产的技术基础，是多轴驱动、协同作业完成复杂控制任务的核心技术。

2.2.4.1　多轴同步控制的定义

多轴同步控制（multi-axis synchronous control）又称多轴系统同步控制，指在大多数多轴传动系统应用中，各轴之间保持一定的同步运行关系。多轴系统是非线性、强耦合的多输入多输出系统。多轴同步控制的主要性能指标有速度比例同步、位置（或角度）同步和绝对值误差小于某限定幅值的同步。在大多数多轴传动系统应用中，各轴之间通常会保持一定的同步运行关系。

多轴同步控制是一门跨学科的综合性技术，是电力电子技术、电气传动技术、传感技术、控制技术和机械技术的有机结合，它的发展与其他相关技术的发展是密切联系在一起的。

2.2.4.2 同步控制的概念

所谓同步控制，就是一个坐标（控制量）的运动指令能够驱动多个电动机同时运行，通过对这多个电动机移动量的检测，将位移偏差反馈到控制系统获得同步误差补偿。其目的是将多个电动机之间的运动偏差量（位置、速度、加速度）控制在一个允许的范围内。

① 系统中各轴的运动速度或位移量在瞬态或稳态都能够保持同步，这是通常狭义上对于同步的理解，也是最为简单的一类。以常见的双轴系统为例，这种情况下角位移同步误差 $\Delta\theta$ 可由以下式求得：

$$\Delta\theta=\theta_1-\theta_2=\int(\omega_1-\omega_2)\mathrm{d}t=\int\Delta\omega\mathrm{d}t$$

式中，θ_1、θ_2，ω_1、ω_2 分别为运动轴 1 和 2 的角位移和角速度。由上式可知，若在某个阶段 $\Delta\omega$ 始终为零，则 $\Delta\theta$ 也为零。但假设系统因为外界干扰等原因导致 $\Delta\theta$ 发生变化，为消除该同步误差，必然要求两个轴以不同的速度运动，从而使得 $\Delta\omega$ 偏离零点，即产生速度同步误差。由此可见，虽然多数情况下系统的位置同步需要有速度同步作为前提保障，但在某些时刻，为了实现位置同步，就必须牺牲一定的速度同步性能，此时两者呈现出相互制约的关系。

② 多轴系统中的各运动轴以一定的比例关系运行。在实际应用中，并非所有场合都需要每个轴以相同速度运动。更一般的情况是要求各运动轴相互协调运行。假设系统中运动轴 1、2 的输出角速度为 ω_1、ω_2，那么此时它们应当保持如下关系：

$$\omega_1=a\omega_2$$

式中，a 为速度同步系数，通过对该系数的设定与修改，便可实现系统在各种不同场合下的同步运动，这是广义上的同步概念。

③ 还存在一种较为特殊的同步类型，它要求运动轴之间的输出速度保持一个恒定差值。这种同步在机器人控制、数控设备等领域的应用中较为常见。

2.2.4.3 同步控制的分类

（1）机械式同步

机械式同步出现较早，它主要通过在运动轴之间添加物理连接来实现。该方法往往使用一台大功率电机作为动力来源，并通过齿轮、链条、皮带等机械结构实现能量的传递。改变这些机械环节的特性，就可以使整个系统的传动比、转速等参数产生相应变化。在工作时，如果某个从运动轴的负载受到扰动，该扰动将会通过机械环节传递给主运动轴，从而改变主运动轴的输出。由于主运动轴和从运动轴之间均存在机械连接，因此其他从运动轴的输出也会发生相应变化，从而起到同步控制的效果。

从机械式同步控制方法的实现原理可知，该方法具有原理简单、易于实现等优点，但同时也存在以下不足：

① 机械式同步一般只使用单一的动力元件，导致各从运动轴所分配到的功率相对较小，限制了它们带动负载的能力。

② 机械同步系统中的传动环节一般采用接触式连接，工作时所产生的摩擦不仅会造成能量的损耗，还会磨损传动零部件，影响同步性能，缩短系统使用寿命，不利于维护保养。

③ 由于采用机械式连接，这种同步方法的结构比较固定，参数不易调节，如齿轮传动、凸轮传动等，若需要对其做出修改，则必须增加或者移去某些机械零部件，操作较为繁琐。另外机械连接也会受到系统结构尺寸的限制，难以实现远距离同步控制。

（2）电气式同步

随着科技的进步，尤其是伺服数控技术的迅速发展，科研人员提出了电气式同步控制方法，有效解决了机械式同步所存在的问题。电气式同步控制主要由一个核心控制器以及与其相连的若干个子单元组成，每个子单元都有一个独立电机来驱动对应运动轴。设计人员通过编写相应程序，使得各子单元在核心控制器的协调下工作，保证运动轴的同步运行。由于每个轴都由单独的电机驱动，因此这种方法带动负载的能力有了显著提高，且简化了设备机械结构，能够实现精度更高、同步性更好的控制。电气式同步涉及了很多学科的综合知识，具有巨大的发展前景，可以在各个领域内广泛应用。

2.2.4.4　多轴同步控制策略

对于电气式同步中所使用的控制策略，一般可分为非耦合式与耦合式两大类。常见的同步策略主要有以下几种。

（1）主令参考式同步

主令参考式同步又称并行式同步，它是最简单直观的一种同步策略，其结构如图 2-7 所示。在该方案中，所有运动控制器的输入来自同一个信号，即主令参考信号 ω^*。每个运动轴在该信号的控制下并行工作，互不相干。若其中一个轴受到扰动，由此产生的同步误差只能通过该轴自身的调节来减小，其他轴并不会对其做出响应。由此可见，这种同步方式对于运动轴自身的跟随性能有较高要求，且仅适用于受干扰较少的场合。

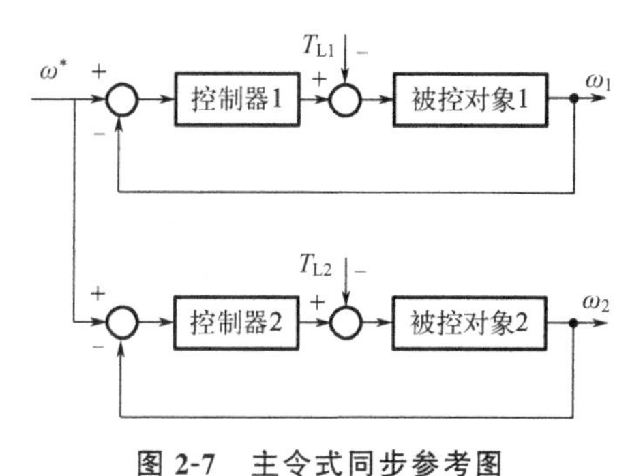

图 2-7　主令式同步参考图

（2）主从式同步

主从式同步方案将运动轴划分成主运动轴和从运动轴，如图 2-8 所示。其中从运动轴的参考输入信号来自主运动轴输出。由此可知，一旦主运动轴因负载扰动而改变速度，从运动轴可以对其做出相应的调节，以此来减小同步误差。但是，当从运动轴受到扰动时，主运动轴却不会对其有任何响应，导致同步误差得不到及时修正。与此同时，这种主从模式也会导致从运动轴的运动在时间上滞后于主运动轴，因此存在一定局限性。

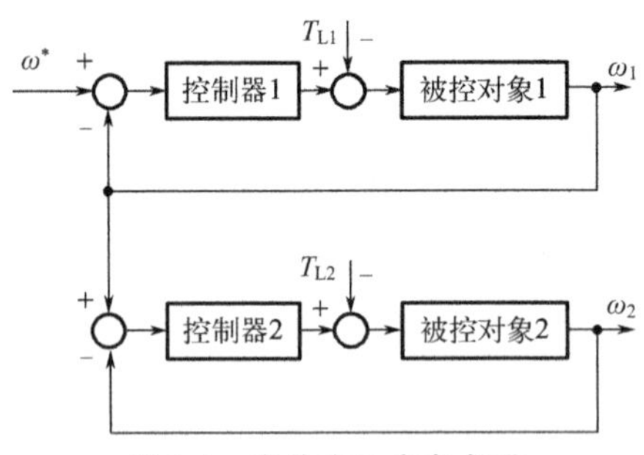

图 2-8 主从式同步参考图

（3）交叉耦合式同步

虽然上述两种同步方案结构简单且容易实现，但在协调控制性能上仍存在缺陷，无法应用于一些同步要求较高的场合。为解决这一问题，Koren 在研究中提出了基于交叉耦合控制的同步方案，并将其应用于双运动轴平台的控制中。其结构如图 2-9 所示。当系统出现同步误差时，该方案可对两轴分别进行补偿，从而对误差起到良好的抑制作用。该方法引入通过误差反馈的思想，在各运动轴之间建立了耦合关系，因此相比非耦合同步方案能够实现更好的同步控制性能。但其缺点在于不适用于运动轴数大于 2 的系统。

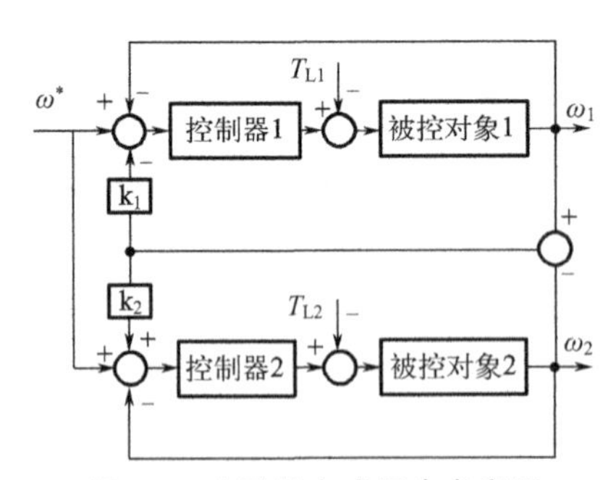

图 2-9 交叉耦合式同步参考图

（4）偏差耦合式同步

偏差耦合式同步方案由 Perez-Pinal 等提出。该方案对交叉耦合控制进行了扩展，能够根据同步情况，动态地分配各轴的速度补偿信号。如图 2-10 所示，该方案主要由信号混合模块、信号分离模块和速度补偿器组成，其中，ω^* 为参考角速度信号，ω_n

（n=1，2，3…）分别为各运动轴输出角速度。在运行时，首先由补偿器求出所控制的运动轴与其他轴的转速差，然后将其经过补偿算法处理后相加，作为该轴的转速补偿信号 ω_{cn}。由于偏差耦合方案把所有运动轴之间的偏差值作为补偿输入量，保证了每个轴都可得到足够的同步误差信息，使得各轴均能够根据自身及其他轴的运动情况进行同步调节，因此具有较好的同步性能。

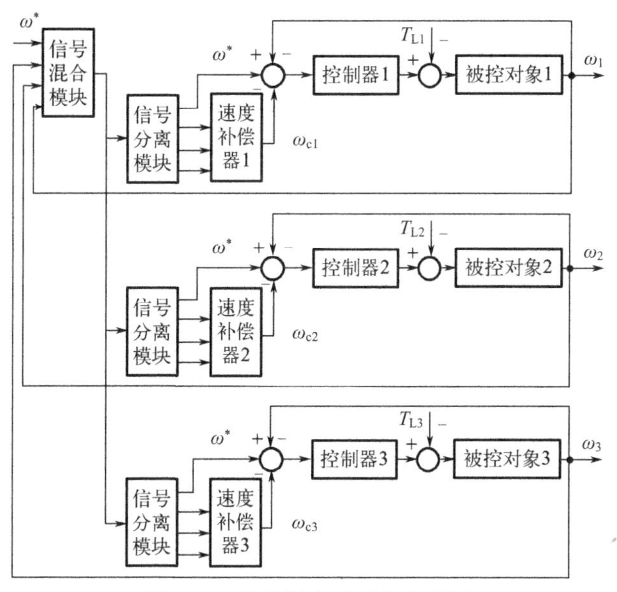

图 2-10　偏差耦合式同步参考图

(5) 虚拟主轴同步

虚拟主轴的控制理念最初由 Robert D. Lorenz 提出，当时的名称为相对刚度运动控制。该方案在主从式同步的基础上，将从轴驱动力矩反馈至主轴控制回路中，实现了主轴与从轴之间控制信号的耦合反馈。随后，Kevin Payette 明确提出了虚拟主轴的概念，通过模拟机械主轴式同步方案的特性，为反馈力矩赋予了物理意义，在各运动轴间建立了联系。不同于参数相对固定的传统机械式同步，虚拟主轴方案中大多数参数均可以在程序中自由设定，因此具有很好的灵活性，可以通过不断调节它们的数值来实现良好的同步控制性能。

2.2.4.5　多轴同步控制算法

很多控制方法已经被应用于多轴同步控制策略中，其中，最为常见的是传统 PID 控制，由于它具有简明的工作原理、意义明确的控制参数，并且在大多数控制应用中能够取得很好的效果，因此得到了广泛应用。对于智能控制方法，如模糊控制、神经网络、滑模变结构控制等，也在同步控制领域内受到越来越多的关注。

常规 PID 控制：按偏差信号的比例、积分、微分（PID）进行控制是历史最久、使用最普遍的控制方式。虽然有越来越多的新型控制方式随着技术进步而被提出，但在实际控制应用中，仍有超过 90%的场合会使用传统 PID 控制。

在 PID 控制器中，比例环节的输出正比于偏差信号，用于消除偏差；积分环节的输出正比于偏差积分值信号，用于消除系统静态误差；微分环节的输出正比于偏差变化率的信号，用于加快调节速度，缩短过渡时间，减少系统超调。如果将这三个环节进行适当组合，就可获得快速、准确、平稳的控制效果。设计 PID 控制器的关键问题在于如何对比例、积分、微分系数进行整定。

PID 控制实际是一种线性控制方式，同时也具有传统控制理论的缺点，因此仅在控制简单的线性单变量系统时有较好效果。对于多变量、非线性、强耦合的复杂系统，由于其运行情况多变，且系统参数具有时变性，如果使用 PID 控制，则难以获得合适的控制参数。因此，对于先进智能控制技术的研究和应用，不断提高改善系统稳态精度、动态响应能力、抗干扰性以及对参数变化的自适应性是一个必然趋势。

2.2.2.6 智能控制技术简介

(1) 模糊控制

模糊控制是一种以模糊集合论、模糊语言变量和模糊逻辑推理为数学基础的控制方法。该方法不需要依靠准确的数学模型，因此在复杂系统的控制中可以得到较好的应用。在模糊控制中，知识表述、模糊规则以及合成推理均是基于操作者经验或专家知识。作为模糊控制的核心，模糊控制器主要通过计算机系统实现，因此它具有计算机控制的特点，对于被控对象所受扰动具有出色的抑制能力。

(2) 神经网络

神经网络是根据大量神经元按照某种拓扑结构学习和调整的控制方法，具有并行计算、分布存储、结构可变、高容错性、自我组织、自学习等特点。虽然该方法不善于显式表达知识，但对于非线性函数却具有很强的逼近能力，适用于对任意复杂对象，特别是单输入多输出以及多输入多输出系统的控制。同时，神经网络还可以与传统 PID 控制组合使用，发挥其自学习的特点，在线对 PID 参数进行整定，以实现更好的控制效果。

(3) 滑模变结构控制

滑模变结构控制作为一种新型控制方法，同样能够在系统准确模型未知的情况下实现良好控制。在工作时，该方法只需要获得系统参数及外界干扰的大致变化范围，具有解耦、降阶控制的能力，使系统同时具备良好的动态和静态特性。该种控制方法的主要缺陷在于系统状态轨迹将不可避免地在滑模开关线两侧来回穿越，导致控制过程出现抖振现象。

2.2.5 现代大规模制造实现的原则和技术

2.2.5.1 大规模制造业实现的原则

实现电池大规模制造的原则是：物料流、信息流和能量流的三大流的连续流动顺畅。流动顺畅的意思是物料流动连续，尽量速度均匀，连接畅通，没有卡顿，没有忽高忽低的现象，拿物理概念来描述，是物料流动加速度连续。电池制造过程三大流顺畅是大规模制造生产节拍、制造质量、制造效率得以保证的基础，也是制造成本控制的关键要素。具体应满足如下要求。

（1）物料流

对于制造系统的物质流动从升速、匀速到减速、停止的过程，实现一气呵成，避免频繁加减速，最后停顿，物料也不能倒流，避免曲折流动。

根据物理学原理，物体之间的动摩擦和静摩擦存在较大差异，静摩擦的数值比动摩擦要大很多，不同材料动摩擦与静摩擦的差值也不同，如图2-11和图2-12所示。而运动中物体间的动摩擦力也随速度变化而变化。从静止到开始运动和运动中速度变化，都会对制造过程的控制精度产生影响。基于这一事实，电池大规模制造中，应尽量考虑物料的连续、匀速稳定，应尽量避免物料频繁的速度改变，这样才能实现更高的控制精度。为实现更好的控制品质，物料传输过程满足加速度连续，这样产生的冲击更小，过程更加平稳。制造过程物料的加速度连续的曲线见图2-13。

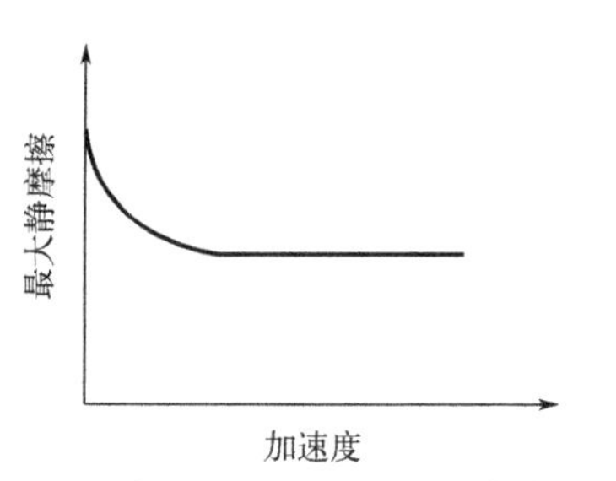

图2-11　物体的加速度与最大静摩擦的关系

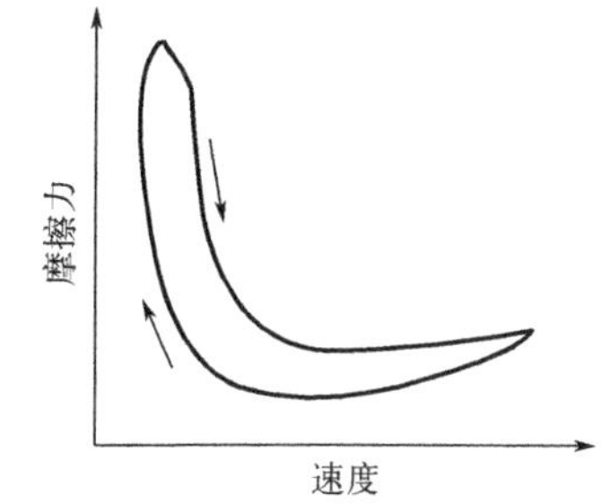

摩擦力
速度

图2-12　运动副的摩擦力与速度的关系

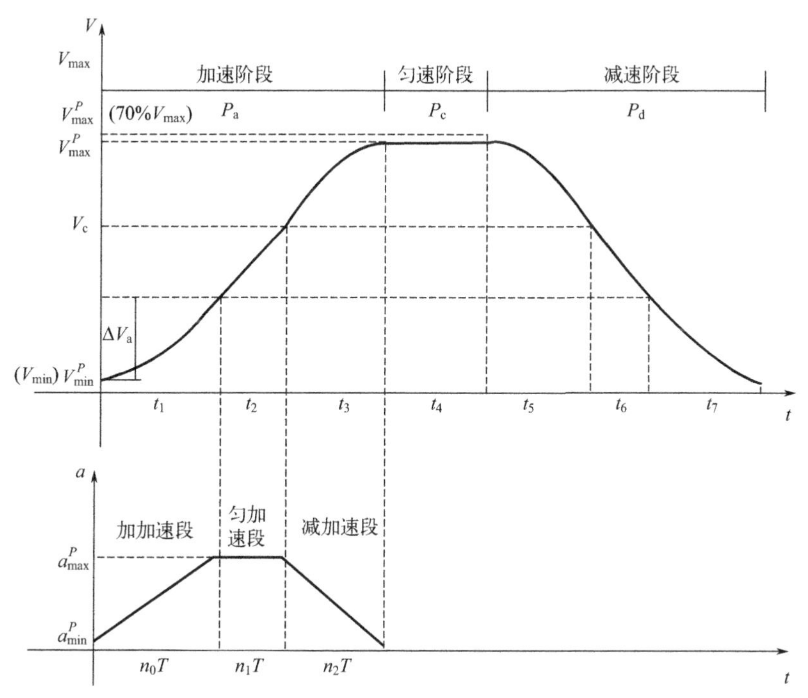

图2-13　制造过程物流的加速度连续

（2）信息流

信息流动顺畅是指制造过程物料特征信息、加工工序过程信息、加工质量信息、机器设备信息统一定义，统一数据管理平台，信息全线透明、拉通；足够的信息流动带宽，保证同类重要度的信息获取时间基本一致。

（3）能量流

能量流动顺畅是电池大规模制造过程的工序能耗、过程能耗平稳，避免一会升温，一会降温，过一会再升温，又再冷却。运动中的物料频繁加速、减速消耗的制造能量也是不可忽视的。例如，涂布加热烘烤极片、冷却，后面的电芯注液前继续烘烤、冷却，都是对能量的浪费。模切卷绕一体机中间缓存、电芯组装线的工序间缓存都会导致制造能量的浪费。

2.2.5.2 先进电池大规模制造的技术

先进电池大规模制造要实现所依赖的三大技术是连续化、同步化、高速化。

先进电池制造的连续化思维的出发点是：物料一旦进入制造流，进行加速，到匀速，直到作业完成，才减速到停止。之所以连续，因为这是效率最高也是最省时间的。我们知道龟兔赛跑的典故，乌龟之所以取胜，是因为它开始了就不停步，一直前行，直到最终取得胜利，而兔子虽然跑起速度快，但是走走停停，停的时间也不知长短，更不知道什么时间可以到达目的地，所以会失败。从控制的角度看，加速需要更大的力驱动，需要克服物质的惯量、静摩擦力和动摩擦力，而匀速运动只需要克服动摩擦力就可以了，从能耗的角度看，匀速也是耗能最小的方式。对于极片和隔膜带料而言，加减速会带来更大的张力变化，使物料被不均匀拉伸，导致材料剥离或者孔隙率的改变，也会导致带料在运动过程中料线的不稳定，给对齐度控制带来困难。

对于电芯制造过程，理想的方式是：颗粒材料连续加料，连续制浆，合格后直接送到连续涂布机，涂布烘烤干燥，直接辊压、分条，隔膜进入连续状态配合连续卷绕（或连续切断叠片）成为芯包，配件加速进入连续状态，进行芯包连续组装，成为电芯，再连续烘烤、注液、封口，直到化成完成。在此过程中，进入生产线的物料，一旦加速到同步的速度就不再停止，直到电芯生产完成。当然这是电芯大规模制造最理想的情况，至少电池制造应该以这个理想为基础，尽可能满足或者是分段满足这样的理想制造模式。举例来说，在锂电产业开始的时候和目前电池企业的试验线中，合浆是单独的工序，电池材料、溶剂、添加剂加入需要停设备，再加速，过程质量检测需要停机检测，然后再启动，浆料合格后停止搅拌，物料运动静止，运送浆料到涂布机涂布头，让浆料运动起来，这个过程需要多次停止和启动，浪费时间和能量，加工的质量也受到影响。而现在具备一定规模的电池制造企业，已经实现了从电池材料投料到涂布完成物料不停止，甚至不降速的情况，这就是连续的制造思想。目前，电池产业要实现大规模制造还有很多制造过程需要突破，如涂布到辊压分条的收卷、放卷，到模切、卷绕的收卷、放卷，电芯的组装本身、注液过程更是走走停停，并且中间还增加很多缓存，以满足不同速度的匹配，从大规模生产的原则看这是不合理的。然而，目前最大的问题是极片、电芯干燥烘烤过程，电芯自放电检测过程，轻则几个十几个小时，严重到需要一周或更长的时间，这是电池制造业的现状，从大规模连续制造的角度看也是不合理的，但从工艺要求，所谓保证质量的角度看可能是合理的。

总体上看，应该从电池原理、材料设计、电池配方、电池结构、制造工艺、制造装备方面等进一步突破，逐步实现电芯制造过程的物料连续。随着电池需求的不断扩大，电池制造的连续大规模制造理想一定会得以实现。目前，实现连续生产的工序方式是卷对卷（roll to roll，RTR），收卷和放卷之间可以是单工序，也可以是多工序，甚至是整个过程，一旦带料加速起来，同步完成多种作业，当然在材料工艺容许的前提下，物料卷的尺寸越大越好。我们看到高速印刷行业、造纸行业、卷烟制造行业、饮料灌装行业、半导体芯片贴装等都是物料连续、卷对卷大规模制造生动的案例，值得电池制造业借鉴。

制造的高速化和同步化是实现大规模连续制造的基础保证。首先，连续制造过程不能像蜗牛，必须具备足够的速度，要实现高速需要高速驱动与控制技术、在线检测传感技术、数据处理技术、实时控制技术等的支持。目前在工业领域的通用控制器可以采用，但对于更高速度的控制需要研发专用控制器和专用操作系统。同步化是实现连续作业的一项基本技术手段，物料进入连续运行的主线前，首先加速，速度达到同步速度后，就可以进行同步作业，如分割、成形、装配、剔废、焊接等。要实现同步作业需要建立准确的控制模型，利用高速检测、控制技术，实现同步控制算法。速度越高，同步周期要求越短，这可以通过理论分析和试验验证方法实现。

2.2.6　大规模制造业的规律

从宏观角度来看，供给端的技术持续进步是科技公司增长潜力的一个重要体现。科技不断发展的过程不是一蹴而就，而是渐进迭代的。许多早期的技术发明存在瑕疵、复杂和浪费等情况，使得单位成本往往较高，在实现真正的应用和大规模生产方面还存在一定的距离，但技术的进步和技术大规模的应用，最终会使得生产成本出现明显下降的趋势。摩尔定律、弗拉特利定律和莱特定律，这三条著名的经验观察描述了大规模制造应用与技术进步的关系，且在制造行业中有较高的准确性。大规模制造业产业循环规律见图 2-14。

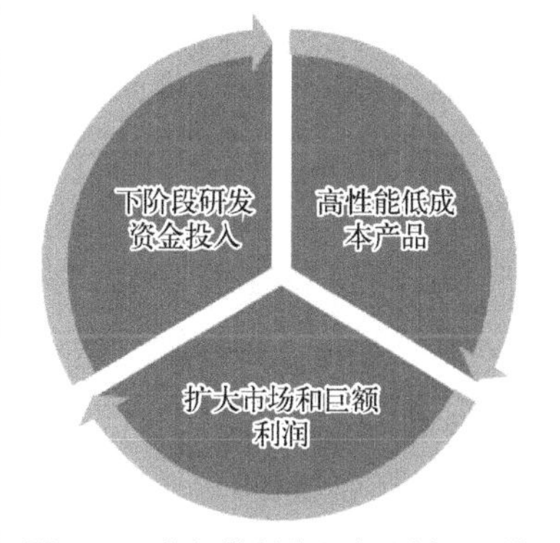

图 2-14　大规模制造业产业循环规律

(1) 摩尔定律

1965 年，戈登·摩尔在半导体行业提出了著名的摩尔定律，多年来已成为行业协调和进步的基石，对计算机技术的发展产生了深远的影响。其核心内容是：集成电路上可容纳的晶体管数量每 18～24 个月会增加 1 倍，即集成电路的密度和处理能力每隔几年都会翻一番，呈指数增长。这个定律对芯片制造产业来说是非常重要的，首先它能够提供预测未来几年芯片性能提升情况的能力，从而更好地规划生产和研发；其次，消费者在摩尔定律的引导下产生了对芯片产业的期望，即每隔几年就会有更高性能的芯片被推向市场，这也促使计算机以及其他电子产品不断更新换代；此外，为了满足摩尔定律中芯片性能提升的要求，迫使产业内不断探索新的制造工艺，促进了芯片产业的发展。然而，产业经济学的发展方式是产生的利润足以维持创新的速度，因此摩尔定律在本质上形成了一种促进产业发展的循环，并在这样的循环下不断实现产业发展的预言。即产品有着高性能和低成本，使得其可以迅速占领和扩大市场，获得巨大的利润，再将投入作为下一步高性能低成本产品的研发资金，从而达到了芯片性能不断提升的目的。半导体行业的摩尔定律见图 2-15。

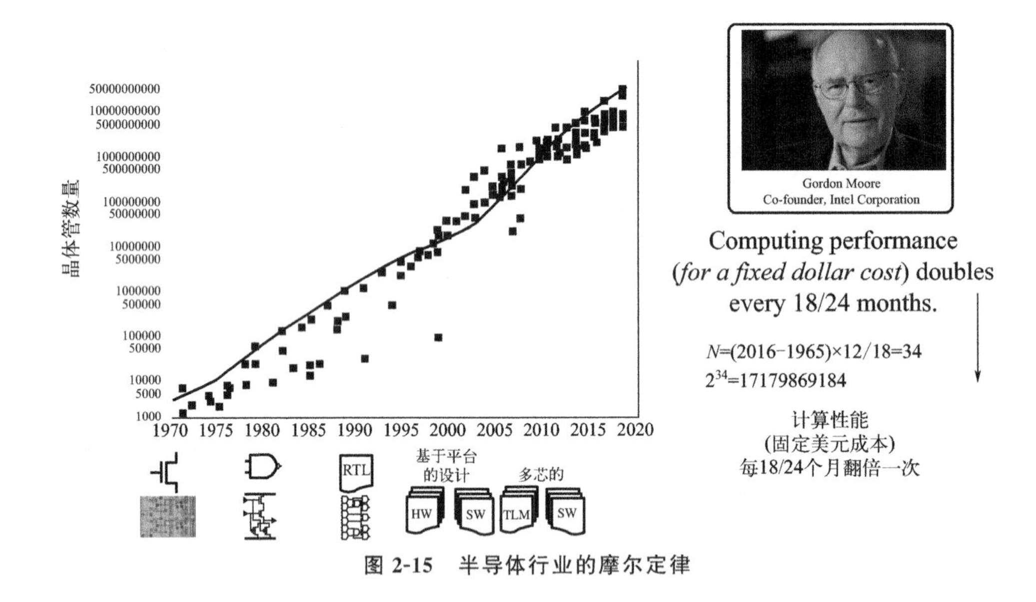

图 2-15　半导体行业的摩尔定律

(2) 弗拉特利定律

与摩尔定律类似，弗拉特利定律由医疗技术公司 Illumina 前董事长杰伊 · 弗拉特利提出，其指出在医疗行业里，人类基因组测序取得了更快的进展，成本也大大降低，基因组测序成本随着其大规模应用呈指数型下降。该定律从侧面也表明指数型的成本下降不局限于半导体产品，因为 DNA 测序技术与半导体本身无直接联系，说明在大规模制造和应用到来之后，产品的成本都存在大幅度降低的可能。而正是因为在医疗行业 DNA 测序成本的大大降低和大规模应用，才让许多癌症治疗的新疗法得以实现，从而改变了治疗的发展方向。

(3) 莱特定律

莱特定律也是和降低生产成本有关的定律。在 20 世纪 30～40 年代，飞机工程师莱特发现飞机生产规模（即该类产品的所有产量总和）翻倍的时候，其成本一般以 10%～20%的特定速度下降，即制造行业的规模效应和工艺进步，实现了成本降低的目的，生产规模与制造生产成本的规律如图 2-16 所示。所以成熟的技术成本下降缓慢的原因是其需要很长一段时间才能实现累积产量的翻番，然而新技术在很短的时间就能实现。因此在飞速发展的新能源产业中，莱特定律就非常典型，在光伏、锂电池行业中就突出地表现为随着产能的增加，行业的各项成本都在大幅度下降。人工熟练度的提升、生产工序的优化和原材料的节约是莱特定律中体现成本下降的基础，它同样可提供一个可量化的框架，用于预测成本下降和产能之间的关系。电动汽车（EVs）通常使用40～60kW的锂离子电池组，约占汽车成本的1/3。当电池成本降到100美元/(kW・h）以下时，电动汽车就会比传统汽车便宜。据彭博社分析，在过去10年里，均价已从每917美元/(kW・h）跌至约137美元/(kW・h)。一些报道称，在中国一些汽车的电池成本已经突破100美元大关，比之前的估计时间早了几年。到2030年，这个数字可能会降至60美元以下。电动汽车制造商最近一直在推出价格更低、性能更好、行驶里程更长的车型。通常，电动汽车电池续航能力为200～400英里（1英里=1609.344m）。

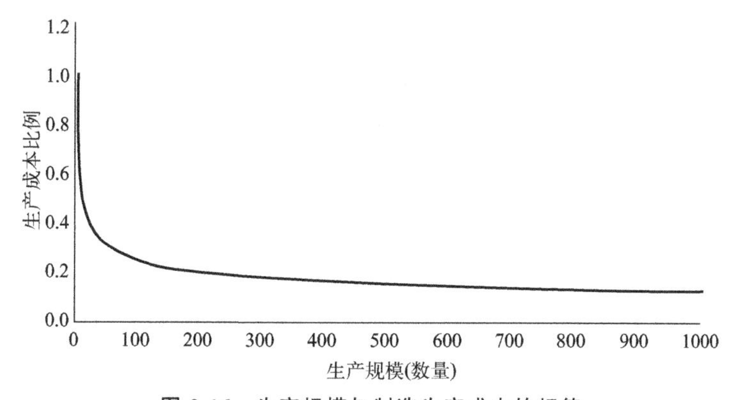

图2-16　生产规模与制造生产成本的规律

总的来说，在制造业行业中生产技术大规模应用会很大幅度地降低生产成本。其中，小部分产品的生产成本呈指数下降，大部分呈线性下降，但并非所有生产技术在大规模应用后都会降低成本。对于强烈依赖自然禀赋的产品，需求增长对技术进步有着更高要求的产品和生产经验不能有效积累的产品都会导致成本无法随产量的增加而下降。所以对这些技术进步的观察和所下的结论并不是一成不变的自然定律，但是它们帮助改善了消费者的生活，为富有洞察力的公司和投资者带来了长期的机会。

2.3　大规模定制制造

2.3.1　大规模定制的概念

1970年，美国未来学家阿尔文・托夫勒在《未来的冲击》一书中提出了一种全新的生产方式设想：以类似于标准化和大规模生产的成本和时间，给客户提供特定需求的产品和服务。1987年，斯坦・戴维斯在《完美的未来》一书中首次将这种生产方式命名为“mass customization”，即大规模定制（MC)。1993年，B.约瑟夫・派恩在《大规模定制：企业竞争的新前沿》一书中给出定义：“大规模定制的核心是产品品种的多样化和定制化急剧增加，而不相应增加成本；范畴是个性化定制产品的大规模生产，其最大的优点是提供战略优势和经济价值。”

我国学者祈国宁认为，大规模定制是一种“在系统思想指导下，用整体优化的观点，充分利用企业已有的各种资源，在标准技术、现代设计方法、信息技术和先进制造技术的支持下，根据客户的个性化需求，以大批量生产的低成本、高质量和高效率提供定制产品和服务的生产方式”。大规模定制的基本思路是：根据产品族零部件和产品结构的相似性及通用性特点，利用标准化、模块化等方法来降低产品的内部多样性，同时增加其外部多样性，被顾客更好地感知。然后，通过重组将产品定制生产全部转化或部分转化为零部件的批量生产，以此迅速向顾客提供质量高、成本低的定制产品。

随着现代市场竞争的加剧，企业之间的竞争开始转向基于时间的和基于客户需求的竞争。为顾客提供定制化的产品，全面提高顾客的满意度，已经成为现代企业追求新竞争优势的一种必然趋势。大规模定制生产模式结合了定制生产和大规模生产两种生产方式的优势，在满足客户个性化需求的同时，保持较低的生产成本和较短的交货周期。对于电池制造业而言，大规模定制以其独特的优势，应当引起电池制造业的关注，对于电池材料，电芯设计、制造，电池模组的设计及应用将产生重要影响。

综上，可以得出大规模定制更全面的定义，即大规模定制是在系统思想的指导下，集企业、客户、供应商、员工和环境于一体，用整体优化的观点，充分利用企业已有的各种资源，在标准技术、现代设计方法、信息技术和先进制造技术的支持下，根据客户的个性化需求，以大批量生产的低成本、高质量和高效率提供定制产品和服务的生产方式。大规模定制的核心意义在于满足消费者的个性化需求。其基本思想在于通过电池产品结构和制造流程的重构，运用现代化的信息技术、新材料技术、柔性制造技术、先进控制技术等一系列高新技术，把电池产品的定制生产问题全部或者部分转化为批量生产，以大规模生产的成本和速度，为单个客户或小批量多品种市场定制任意数量的定制产品。因此，大规模定制既是一种新的生产方式，又是一种新的商业模式和消费模式，具有重要的理论和实践意义。它可以帮助企业更好地满足市场需求，提高竞争力，同时也可以让消费者获得更好的消费体验，满足个性化需求。

2.3.2 大规模定制生产模式的主要内容

同任何一种生产模式一样，大规模定制生产模式也是为了适应复杂、动态且激烈的市场环境，以及以提供产品为核心的目标而演化出来的生产模式，其中引进、吸收和融合了多种先进的技术而进一步形成和发展的生产模式，主要包括支持集成的产品全生命周期管理技术和支持快速协同的网络化制造等技术。

(1) 面向产品全生命周期的集成

为了快速且高质量地提供面向客户个性化需求的定制产品，目前的研究存在主要偏重设计阶段的问题，缺乏从系统或者全局角度出发进行整合优化的研究，而为了保证定制产品的质量和速度，必须是产品生命周期各个阶段的协同与优化，即面向产品全生命周期的集成。

(2) 结合网络化制造的技术实现思路

大规模定制思想有了技术理论核心，面向全生命周期的集成是其方法架构，网络化制造则提供了技术实现的支撑思路，三者结合，形成了面向协同和集成的大规模定制生产模式的理论体系。

大规模定制生产模式的理论、方法、技术及其应用的研究是以产品生命周期的各阶段一体化贯通为核心目标，因此，必须体现面向产品全生命周期的集成。同样，各个阶段的一体化贯通，必须借助信息技术和设计方法学的支持，而贯通的目标则是快速提供定制性产品的快速开发和制造，因此，这与大规模定制生产模式的目标相匹配。为了实现集成贯通和定制产品的快速开发和制造，必须考虑产品全生命周期管理和可重构制造系统的研究，而网络化生产或者网络化制造技术则分别与上述技术契合，提供支持和便利以辅助目标的实现。上述各项技术的综合，即构成了面向协同和集成的大规模定制生产模式。

需要指出的是，大规模定制生产模式具有开放的体系结构，其以提供产品或者服务的大规模定制为核心目标，能够与其他先进的生产哲理兼容，并支持对各种先进技术的吸收，从而使大规模定制生产模式具有动态变化的技术体系结构，但同时也使得该模式能够具有较为长远的理论和技术，因此具有与时俱进和历久弥新的特点。大规模定制生产模式关键技术框架如图2-17所示。

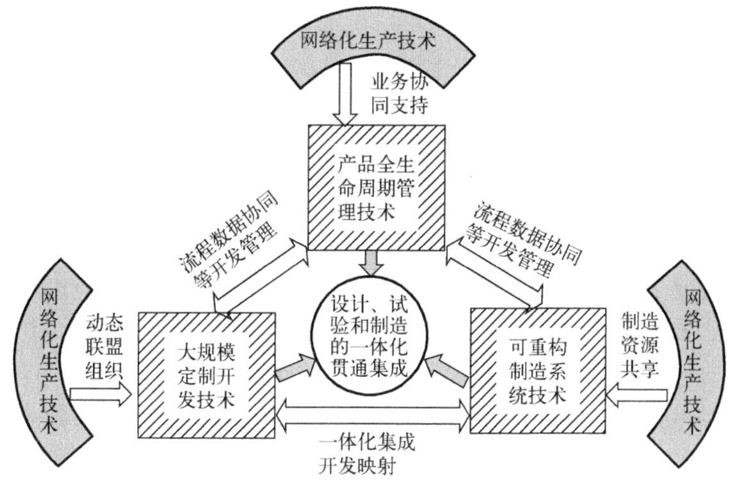

图2-17　大规模定制生产模式关键技术框架

2.3.3　大规模定制生产模式的三个基本策略

大规模定制，顾名思义就是要快速开发出满足用户个性化需求的产品，大规模定制的研究存在三种基本策略。

(1) 模块化技术

其核心就是以最少的零件种类组合出尽可能多的产品，即减少内部多样化和增加外部多样化，并且由于内部多样化的减少，能够促进以接近大规模生产的方式实现产品的制造目标，最终通过组合装配获得个性化的产品。

(2) 设计和定制分离的技术

传统的产品开发是直接面向用户需求的开发，开发和定制是合二为一的。设计和定制分离是基于需求预测而进行系列产品开发的模式，在这个基础上面向具体的用户需求进行个性化配置的一种设计思路。

（3）延迟定制策略

大规模定制的核心就是满足用户的个性化需求，即实现产品的定制。为了能够在接近大规模生产模式所具有的效率和质量等的情况下实现产品的个性化定制，就应该尽可能地延长产品生命周期中采用大规模生产方式所占的比例，即尽可能将满足定制的措施放在生命周期的下游阶段进行。

上述三个基本策略构成了大规模定制开发的核心，相应的开发内容也将因此而展开，而网络化和集成化为上述技术提供了具体的支持，有助于最终促进大规模定制目标的实现。

2.3.4 大规模定制对制造系统的要求

定制产品通常要求制造系统具有一定的专用性，能够满足一定的特殊要求，但是市场需求变化的加快又希望制造系统具有一定的通用性，因此大规模定制对制造系统提出了一定的要求。

首先，企业应加强信息基础设施建设，信息是企业与顾客进行沟通的桥梁，没有畅通的沟通渠道，企业就无法及时了解顾客的需求，顾客也无法确切表达自己需要什么样的产品。目前，多媒体通信设施、互联网、物联网、工业互联、5G 通信应用、智能制造等为这一问题提供了很好的解决途径。

其次，企业必须具有柔性的制造系统。柔性的制造系统才能适应动态的市场需求和敏捷的响应速度要求。柔性包括能力的柔性、产能的柔性、系统适应内部变化的柔性三个方面。其中，系统适应内部变化的柔性是指在设备故障、紧急订单或其他方面扰动的情况下，系统具有能够快速变换适应市场要求的运行能力。

最后，大规模定制的成功实施必须建立在卓越的数字化企业管理系统之上。大规模定制需要扁平的企业结构，使客户的需求变化可以很快地传递到车间层次，保证信息可以快速地在企业内流动。另外，卓越的企业管理是进行数字化成本控制和质量控制的基础。

2.3.5 电池大规模定制制造的实施要点

对电池产品而言，确定好电芯规格尺寸和内部结构（卷、叠和极柱连接方式），电池的其他部分可以根据用途和性能要求选择不同的材料、配方和极片厚度等来适应不同的应用要求，这是实现电池大规模、柔性化、定制化制造的基本方法。首先是尺寸规格的统一、接口参数的统一，其次根据不同的使用要求及制造规模要求选择电池的材料特性、电池配方、内部结构尺寸，实现差异化需求的响应。

（1）先进电池产品大规模制造

大规模定制首先是要能够满足大规模制造的要求，大规模定制的基础是产品的模块化设计、零部件的标准化和通用化。例如，在电池产品中超过 70% 的功能部件存在功能和结构的相似性，可以采用功能模块化、尺寸规格化、产品系列化等措施，建立适应大规模生产的产品平台，利用成组技术（group technology，GT）原理将这些功能相似的零部件按照一定类别集中起来，就很有可能形成大批量生产。也就是说，电池需求企业开发的产品中，各种相似部件、零件的制造任务可以由专业化电芯制造企业来承接，并基于成组技术采用大批量生产模式进行生产。现代制造技术十分专业和发达，因此能够给大批量生产模式提供支持，以克服其传统刚性自动线的局限，并在一定范围内具有可调性或可重构性，能完成较大批量的相似零部件的制造，为电池需求企业快速提供个性化商品。

（2）模块化的产品设计

设计决定了 70%的制造成本和交付周期。现代制造业以技术创新和产品创新来赢得市场，企业成败的关键在于能否迅速根据客户的当前需求和潜在需求抢先为其提供产品。大规模定制生产模式以精确的客户需求信息为导向，是一种需求拉动型的生产模式。模块化的电芯产品具有便于分散规模制造和容易寻找合作企业的优点，新产品开发的核心企业所做的工作是产品的持续创新研究、设计和开拓市场，产品制造环节则完全可以分散出来由专业化制造企业完成。这种企业模式就是只抓产品设计研究和市场开拓的哑铃型企业，从而使主干企业摆脱了传统的“大而全、小而全”的橄榄型模式。另外，模块化产品还有“用户只需更新个别电芯模块即能满足新的要求，不需要重新购买一种新产品”的显著特点，这样就能节省供应成本和交付时间，并且还能尽可能减少原料的浪费，符合国际环保大趋势。

（3）伙伴化的合作企业关系

产业链合作是大规模制造业良性健康发展的关键，如过去的汽车制造业就建立了良好的分工合作体系，值得先进电池制造业借鉴。分析汽车制造业形成强大分工合作体系的主要原因是：a. 制造规模足够大，可以实现企业的基本经济规模；b. 术业有专攻，一个企业或一个人很难把一个完整产品的全部技术、制造及产业研究深透，产品要在行业中有竞争力，必须扎进去做专做精，要做到每个方面的独一无二、全球领先，这样才能够做出产品的价值，实现相应的收益，而不是垂直链整合，产品链条中有的都自己做，什么都有，结果什么都没有做精，没有质量和价格竞争力。实践证明，垂直链整合模式对大规模制造业而言存在较多弊端，一个封闭独立、不开放的个体也难以适应快速变化的市场，最后只能是市场跟随者，很难建立长久的竞争力，值得业界思考。在传统的供求关系管理模式中，制造商与供应商只是一般的合同关系，双方站在各自的立场，总想着如何才能最大限度地摆脱对方的限制，使自己的利益最大化。于是不断地讨价还价，导致彼此间的协同合作程度难以提高，信任危机日趋严重。大规模定制是以竞合的供应链管理为手段，产业链中的企业发挥各自特长，做有竞争力的配套产品，而不是新建不同的生产线，又不具备互换性，结果制造质量难以提升，供应量又不够，导致恶性竞争杀价。在定制经济中，竞争不是企业与企业之间的竞争，而是供应链与供应链之间的竞争。大规模定制企业必须与供应商建立起既竞争又合作的关系，才能整合企业内外部资源，通过优势互补，更好地满足需求。

(4) 网络化的生产组织和管理

大规模定制的实现依赖于现代信息技术和先进制造系统，是21世纪的重要事件。制造业利用互联网的普及和应用，快速组成虚拟公司制造新产品。开发新产品的核心（主干）企业可以在网络上发布产品的结构及所需合作企业的各项条件；同样，那些专业化制造企业也可以利用网络发布自己的优势及合作意图。主干企业据此寻找到合作伙伴，树立共担风险和双赢的战略目标，通过企业大联合开发和生产新产品。这种联合是动态的，组成的也只是虚拟公司，其存在只为某种产品，产品生命周期一旦结束，这类公司也就随之结束，也可能会根据需要调整成为另一种产品而存在的新联合体。以这种方式构成的虚拟企业，可以将产品开发、设计、制造、装配、销售和服务的全过程予以实现。合作企业通过社会供应链管理系统而有效地连接起来，在大规模定制生产模式下实施有效的控制与管理。这种生产组织和管理的网络化，最大的优势是能够合理优化产品从开发到销售的全过程，提高生产效率，有效降低生产成本。

2.4 先进电池大规模制造的实现

2.4.1 先进电池制造原理

电池制造的目标是在保证电池具备所需性能的前提下，实现电池大规模、高质量制造，达到最佳制造效益，其原理就是依据电池化学原理、电池结构要求，确保电池制造达到要求的安全、质量和效率目标，并取得应有的效益。

电池制造首先要考虑电池原理，电池充放电的本质是物质和能量的转移过程，电池制造实质也是构造加工制造方法实现电池的结构和性能，保证离子、电子在电池中的顺利迁移/转移并保持，因此电池制造过程是基于原子、分子微观结构和物质的宏观效应，从纳米、微米再到毫米、米尺度的材料操作，用控制装置实现其生产、加工的过程。早期电池制造主要集中在基于牛顿力学的设备制造效率、制造质量和成本的管控，主要管控的是宏观物体的物理位置、速度、加速度、惯量、摩擦力、阻力等参数，相对而言这些控制是宏观的，过程的可见性和可观测性都比较容易把控。然而，基于电池内部相对复杂的反应过程，必须从微观和宏观的全角度，用量子力学和牛顿力学相结合的方法来管控电池生产过程，考虑电池生产及制成后结构和组成的演变，内部电位变化，晶体结构演化，结构形貌与孔结构，体积变化和接触应力变化，电子、离子的输运行为，界面问题和尺度效应对电池性能的影响，更进一步要考虑内部原子、分子、离子间的耦合效应，温度效应及体积变化，从而控制电池的安全、自放电、循环寿命、能量密度和功率密度，还需要更多地从微观角度考虑制造过程热力学、动力学（离子输运动力学、电荷转移动力学、反应动力学、相变动力学等）、产气机理和稳定性，然而这些复杂过程的管控表现在制造方面目前只有一些定性原理和模型，还缺少完整的定量描述和理论。电池制造本质是多物理场耦合、多元异构数据及海量数据管理，实现电池多尺度下的控形、控性问题。能够采取的方法是基于定性趋势分析方法、大数据分析建模优化方法、机器学习优化方法，用量子力学理论摸清电池内在科学规律，进行决策、控制和过程优化，建立分析方法、评价手段，达到电池制造的可重构、大规模、定制化，最终解决离子迁移、热与传热、内部压力管控等以及电池使用过程中形变、SEI 膜与锂枝晶控制等问题。电池制造过程机理管控如图 2-18 所示（书后另见彩图）。

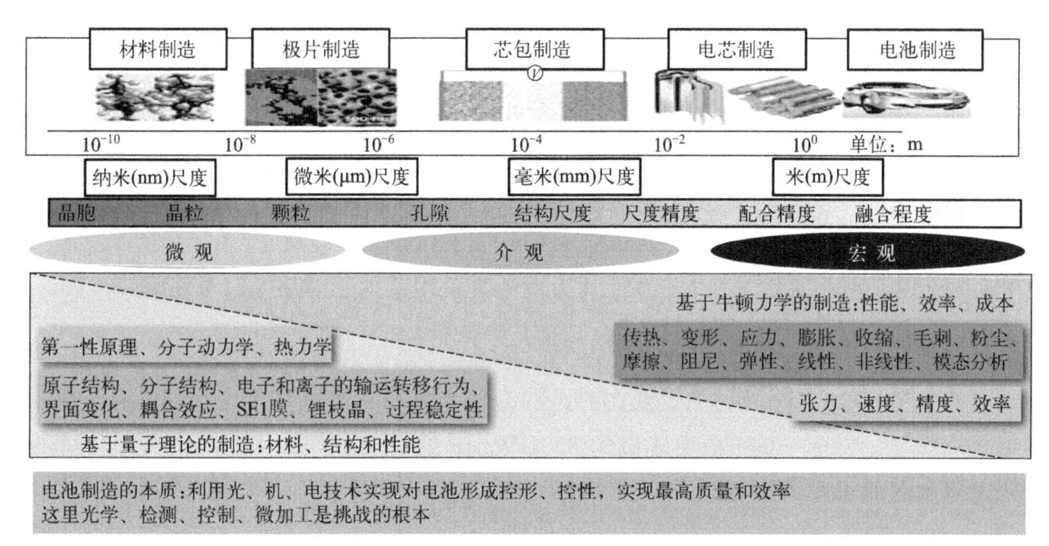

图 2-18　电池制造过程机理管控

2.4.2　先进电池的制造规模及制造思路

(1) 动力和储能电池的总体规模

制造能源时代的能源需求主要来自太阳能和风能，根据高盛公司做的《中国碳中和技术展望报告》，能源需求预测如图 2-19 所示（书后另见彩图），中国未来能源的构成主要来自太阳能。据相关机构预测，到 2060 年中国能源需求 25000TW·h，其中太阳能 7500TW·h，风能 6000TW·h。2060 年 25000TW·h 的能源需求，如能源需要存储存 3d（考虑恶劣天气、雾霾等因素），50% 的能源需要存储，2060 年将达到 100TW·h 存储能力。马斯克说，五步还世界一个清洁地球，未来全球储能达到

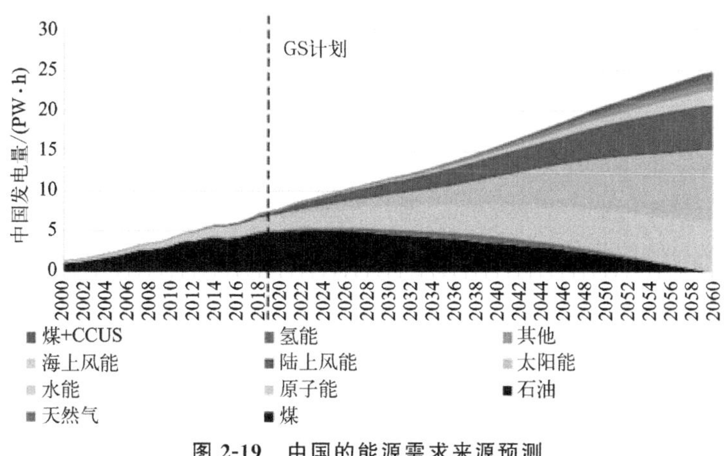

图 2-19　中国的能源需求来源预测

$1PW \cdot h = 10^{12} kW \cdot h$

240TW·h。2020 年光伏的系统成本已经降到 3 元/W，遥想 2007 年系统成本达到 60 元/W，13 年时间成本降到只有之前的 5%，预计未来还会大幅度下降。太阳能和风能会成为最廉价的清洁能源，并且取之不尽、用之不竭，人类将从此摆脱能源对资源的依赖，摆脱危机，进入自由能源时代。

根据 2023 年中国电动汽车百人会车百智库的预测，2040 年中国大概会有 3 亿辆电动车，如果每辆车平均 65kW·h，3 亿辆车可以装 20TW·h 的电池，通过 V2G 极有可能在一定程度上使电池成为一种新的“能源”。

电池是新能源汽车的核心部件，全球新能源汽车销量不断增长，推动动力电池市场规模增长。从全球动力电池需求量预测来看，到 2023 年将实现 1TW·h 的制造能力（1TW·h=10^9kW·h），2025 年全球动力电池需求将达到 3TW·h，市场前景广阔。

（2）按照标准电芯计算电芯的生产规模

我们参考 2021 年 3 月德国大众在 Power Day 上发布标准电芯（unified cell，UC），根据大众规划，将这一单一电电芯做到 300GW·h 的产能，2030 年标准电芯占比将达 80%。该电芯的主要指标如图 2-20 所示。

序号	项目	三元	铁锂
1	尺寸(L×H×T)	256mm×106mm×24.8mm	256mm×106mm×24.8mm
2	质量	1606g	1560g
3	额定电压	3.7V@0.33C	3.2V@0.33C
4	额定容量	115A·h@0.33C	92A·h@0.33C
5	电压范围	2.8～4.3V	2.0～3.65V
6	存储能量	420W·h	300W·h
7	能力密度@0.33C	265W·h/kg	185～190W·h/kg
8	叠层数量	正极68，负极69	正极63，负极64

图 2-20 德国大众 UC 主要指标

按照大众的 UC 技术，每年生产 1GW·h 的电芯，三元制造效率 7PPM（PPM 为 pices per minute 缩写，即每分钟产片数量），铁锂的制造效率 10PPM。如年产 300GW·h，三元制造效率 2100PPM，铁锂的制造效率 3000PPM；如年产 1TW·h，三元制造效率 7000PPM，铁锂的制造效率 10000PPM；就是考虑未来能量密度提升 1 倍，三元电池仍需要 3500PPM 的制造效率，铁锂电池仍需要 5000PPM 的制造效率，更何况到 2060 年中国有 100TW·h 电池的需求，全球有 240TW·h 需求。在此我们不难得出结论：电池制造产业是一个超大规模的制造产业，需要从电池设计、电池制造工艺、电池制造装备、电池回收等全生命周期思考先进电池产业的大规模制造。

根据中国半导体行业协会公布的数据，2022 年中国半导体产业市场规模达到 1.13 万亿元，生产半导体的数量规模为 3200 亿颗，而 2022 年中国电池市场规模为 1.2 万亿元，共生产 650GW·h 电池，按照 UC 的制造数量规模为 21.6 亿块。一块电芯的重量和体积大约是一颗芯片的 50～100 倍，据此，电芯目前的制造规模在产值和数量上与芯片产业相当，然而电芯制造产业刚起步，未来会有 100 倍左右的增长空间。

（3）先进电池大规模制造思路

电池制造产业未来是一个超大规模的制造业，电池也自然地成为影响人类生产、生活非常重要的通用目的产品。对于这种超大规模产品的制造，我们必须充分考虑产品安全、质量、效率、成本等方面的要求，全方位规划和发展先进电池制造产业，其主要思路如下：

① 在全生命周期规划发展电池产业，考虑电池材料、设计、制造、制造装备、使用、回收等核心环节，综合考虑电池的性能、成本与使用。

② 以电池产品制造质量为核心，规划电池产业的良性发展，这样才能在未来竞争中立足。

③ 高度重视制造过程物料流的连续、信息流的拉通和能量流动的稳定性，实现先进大规模制造。

④ 装备是产业的“母机”，未来是制造质量时代，更是智能制造时代，要实现产品强、质量好的目标，应该优先发展装备产业，保证产业的质量和规模，这样也就保证了产业的竞争力。

2.4.3 先进电池大规模制造的痛点

2.4.3.1 电池制造的核心痛点

笔者在《先进储能电池智能制造技术与装备》一书中提出衡量电池制造水平的八大指标，即电池制造合格率、材料利用率、人工成本率、瓦时设备投入、瓦时能耗指数、瓦时制造成本、制造安全以及运转可靠性。这些指标对规范电池制造、提升电池整体制造质量和制造效益起到指导性作用，就目前中国电池制造业而言，主要的痛点在以下三个方面，即制造合格率不高、材料利用率有待提升、产能利用率不高。这三个方面的现状如图 2-21 所示。

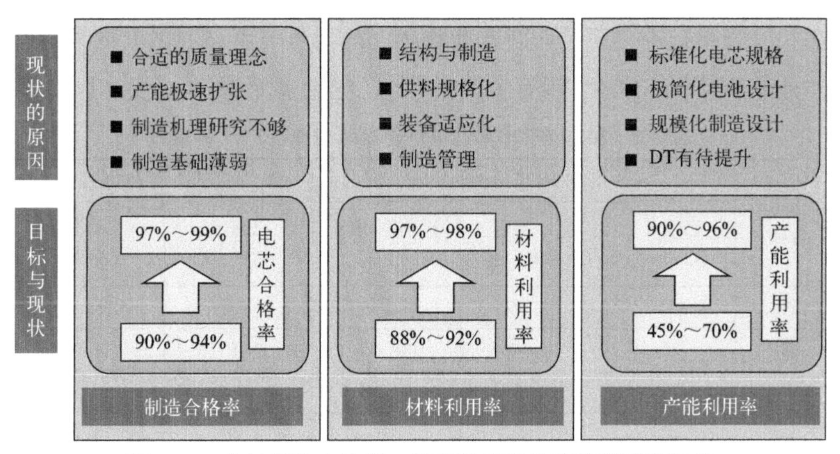

图 2-21　电池制造合格率、材料利用率及产能利用率现状

(1) 电芯制造合格率

目前电芯制造从投料到电芯完成，可以满足 PACK 要求的电池合格率普遍只有 90%～94%，距离大规模制造业 97%～99%的合格率要求有较大的提升空间。分析主要原因，应该是产业极速扩展，来不及优化提升，对电池制造机理的研究不够，电池制

造业基础薄弱和质量意识不够等。就目前锂电池的材料体系而言，对每年制造 1GW·h 的电池生产线而言，1%的合格率提升至少新增 500 万～800 万元的利润，意味着每 1GW·h 电池如果合格率提升到理想水平，每年将有 2500 万～4000 万的利润增长，中国 2022 年输出产能有 650GW·h，可见这里的利润非常可观，况且筛选出来的“好电池”依然存在隐含缺陷，并且合格率越低，隐含缺陷率越高。

（2）电芯制造材料利用率

从电池原材料的投入，到生产出成形的电芯，按照材料价值计算，电池材料的有效利用率只有 88%～92%，距离大规模制造业材料利用率 97%～98%的要求有较大的差距。分析产生这一现象的主要原因是：电芯结构设计与可制造性，电池材料，电池工艺的选择，材料供应的标准化缺乏，电池制造装备的适应性，电池制造的连续性以及制造物料管理等方面的优化提升不到位。这里材料利用率的直接损失，与制造合格率损失是类似的。对每年制造 1GW·h 的电池生产线而言，1%的材料利用率提升至少新增 500 万元的利润。可见，对电芯大规模制造而言，对制造工艺过程的挖掘，依然有较大潜力。

（3）电池产能利用率

产能利用率按照年度计算，指电池制造头部企业年初公布已建成的产能与到年底该企业实际达成的输出产能的百分比，据起点研究院、高工锂电和中国电池工业协会发布的年度电池输出产能统计数据，中国电池产业的平均产能利用率 2021 年为 53.07%，2022 年为 69.77%（中国制造业的平均产能利用率水平为 76%～77%），具体数值见表 2-2。尤其是 2022 年中国电池供不应求，但产能利用率也没有达到理想结果。分析我国产能利用低的主要原因是：除了盲目投资外，相关企业市场可接受能力研究不足，过度定制化生产，电芯尺寸规格标准化不足，企业能够生产的型号与用户的需求不匹配或输出质量不满足要求，导致输出产能不达标。

表 2-2　2021 年和 2022 年中国电池企业的产能利用率

装机产能排序	公司名称	2021 年			2022 年		
		已建成/(GW·h)	实际产能/(GW·h)	产能利用率/%	已建成/(GW·h)	实际产能/(GW·h)	产能利用率/%
1	A	115	93.68	81.46	200	193.1	96.55
2	B	65	25.06	38.55	75	71.2	94.93
3	C	23	9.05	39.35	30	18.8	62.67
4	D	18	8.02	44.56	50	14.9	29.80
5	E	12	2.91	24.25	21	7.6	36.19
6	F	8	2.42	30.25	25	6.1	24.40
7	G	20	2.92	14.60	40	7.18	17.95
8	H	10	2.22	22.20	20	8.0	40.00
9	I	8	1.78	22.25	14	4.52	32.29
合计		279	148.06	53.07	475	331.4	69.77

2.4.3.2　未来电池制造产业面临的主要问题

全球电池产业从 1991 年建立以来，其制造技术沿用电池研发时的制造技术和工艺流程，表现是工序独立，依然是合浆、涂布、辊压、分切、卷、叠、组装、注液、化成等，工序内部完成工序内容，工序间进行物料传送，加工与传送分离，虽然通过物流工具连成整体生产线，但是物料走走停停、间歇运动，过程耗费大量时间和启停能量。不仅如此，电池制造过程材料加热，降温合浆，涂布加热，降温辊压分切，注液前加热烘烤水分，降温注液，这个过程也是反复多次的温度上升、下降，耗费大量的能量和时间。就大规模制造而言，应该尽可能考虑物料连续，过程温度保持均衡，这就是物料与作业同步，制造过程尽量满足输送与加工同步，不再是传输、定位、加工分别进行。

另外，作为大规模制造业，应该考虑电池全生命周期的制造循环（图 2-22），即电池设计考虑可制造性、可回收性，电池制造工艺也要考虑电池的回收和回收效率，以实现全生命周期的材料循环。

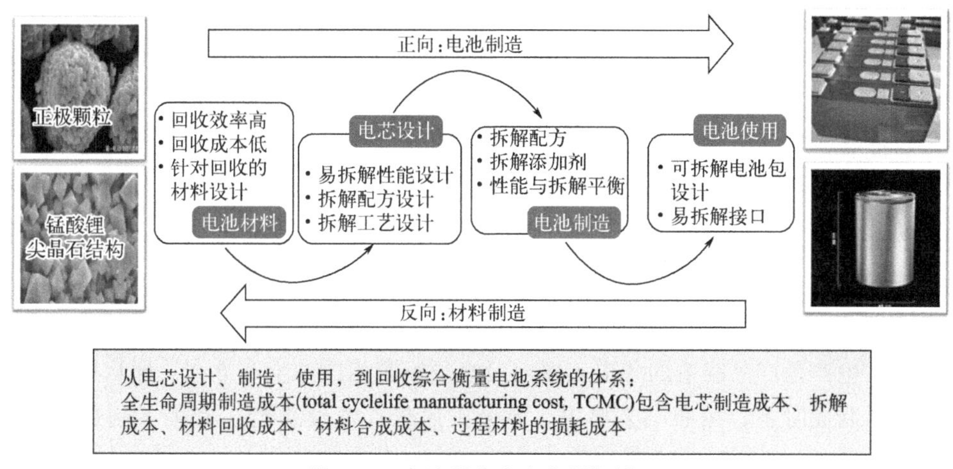

图 2-22　电池制造全生命周期循环

2.4.4　先进电池大规模制造理念

先进电池大规模制造应当遵循大规模制造业发展的规律，首先是制造过程物料的连续化，避免制程物料、运送托盘频繁加减速带来的动摩擦力和静摩擦力的不同，摩擦阻尼随速度改变、加速度变化引起惯性力的变化。要尽量减少这些变化对生产控制精度和生产效率的影响，对先进电池的制造过程，尽量选用如高速印刷行业、卷烟制造行业用的卷对卷（roll to roll，RTR）或卷对片（roll to pieces，RTP）工艺，这样一方面减少影响生产过程精度的力的变化，实现高速、高精度控制；另一方面，可以大大节省加减速的时间（一般为制程辅助时间），从而提升生产效率，实现连续生产，使生产效率与物料运行的速度成比例提升，再次，物料连续的生产过程还会减少驱动系统发热，达到减少制造能耗的目的。下面我们从先进电池大规模制造物流连续、信息拉通和能耗管控实现的角度进一步说明。

2.4.4.1 先进电池制造工艺过程概述

先进电芯制造过程分为前段——极片制造，中段——电芯装配，后段——注液、化成，如图 2-23 所示。先进电池制造过程中，前段为连续过程，中段逐渐变为离散过程，后段为离散过程。从制造性质看，前段属于连续的化工制造业，中段、后段属于离散的电子制造业。因此先进电池制造过程比较复杂，尤其是大规模、智能化制造的实现，需要应用现代大规模定制、工业互联、工业人工智能等先进制造技术。

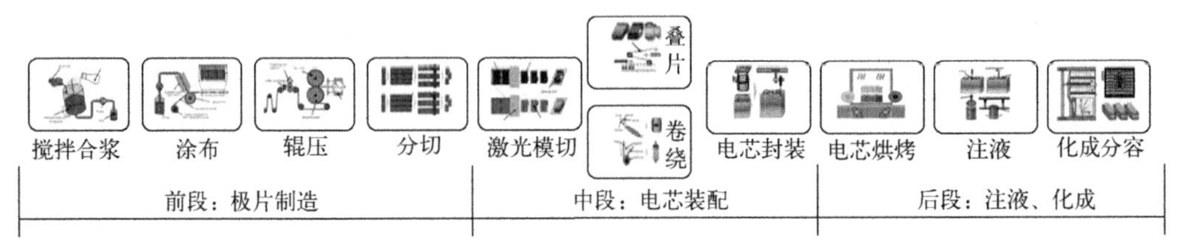

图 2-23 先进电池制造工艺过程

对于大规模制造业通常采用连续制造模式，甚至一些离散制造业为了实现高速大规模生产的要求也尽量变成连续生产模式，如半导体后工序贴片生产，本来是离散的独立芯片，采用编带方式将独立的芯片连起来实现连续供料，主要目的是提高贴片的速度；再有饮料灌装，将液体连续供料，将饮料瓶固定在连续回转的转盘上，连续运行起来，实现高速灌注，达到大规模生产的目的，提高了生产效率。因此，大规模制造业尽量都采用连续生产模式，连续性生产又叫流程型生产，工艺过程是连续性的，过程中原材料的形态一般会有一定的改变，例如化工（塑料、药品、肥皂、肥料等）、炼油、冶金、食品、造纸等，都属于连续性生产。

连续性生产是产品制造的各道工序前后必须紧密相连的生产方式。即从原材料投入生产到成品制成时止，按照工艺要求，各个工序依次连续进行。有很多制造业，如连铸、轧钢、玻璃、火电厂等考虑温度的连续性，都会采用高速连续性生产。连续性生产有如下优点：a. 提高设备、材料及资源的利用率；b. 生产批量大小灵活适用；c. 简化大生产流程；d. 更好地控制关键工艺参数；e. 减少制造过程能源消耗；f. 更好地遵循生产进度表。

2.4.4.2 先进电池制造过程连续化

先进电池制造的连续化是实现先进电池大规模制造的核心基础，重点是考虑制造过程物料的连续，对于离散制造过程，也应该借用其他大规模制造业的经验和方法，应用到先进电池制造业，实现真正意义的大规模、高速、连续、同步生产。

(1) 极片制造

目前先进电池前段极片制造主要分为四段，即制浆、涂布、辊压、分切。主要问题是每段分离，物料走走停停、不连续；通常制浆过程本身都不连续，分为加料、真空混合、分散、浆料暂存周转等过程，如图 2-24 所示，过程之间物料也不连续，这极大地影响电池生产的效率。

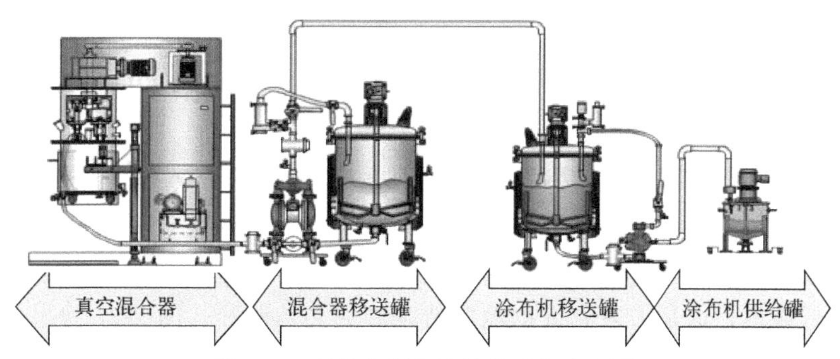

图 2-24　制浆物料不连续的过程流程图

为提高生产效率，至少应该保证制浆整个过程物料是连续的，最理想的大规模制浆过程是物料从投料加速到制浆完成的全过程是匀速的，当然这个过程应该以保证制浆质量为前提，实现完全润湿、良好分散、浆料稳定

现有电池极片涂布工序时间周转灌中的浆料（静态的、不沉降的）通过隔膜泵抽取到涂布头，挤压涂布到静态放卷后的箔材上，经过加热烘干、减温，然后收卷，物料停止，卸料存放。在此过程中浆料和箔材同步加速，同步移动，最后又同步静止。图 2-25 为独立涂布系统物流示意图。

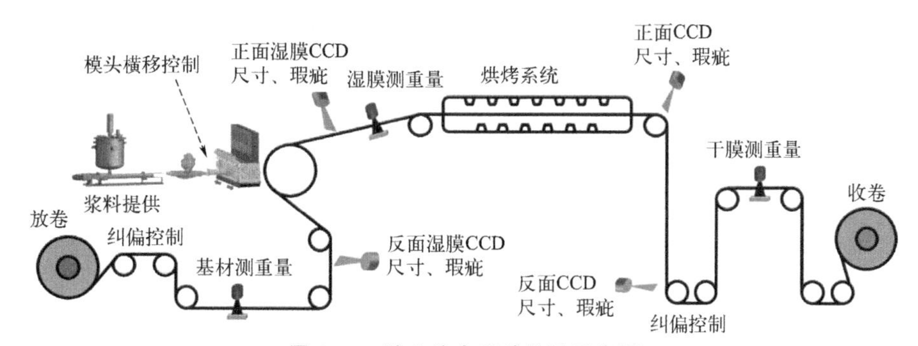

图 2-25　独立涂布系统物流示意图

对于辊压机、分条机、激光模切机，也是类似的物料启、停运动过程，基本特点是物料静态放卷、纠偏、张紧、加工（辊压、分条、切割），然后收卷、卸料存放，图 2-26 为

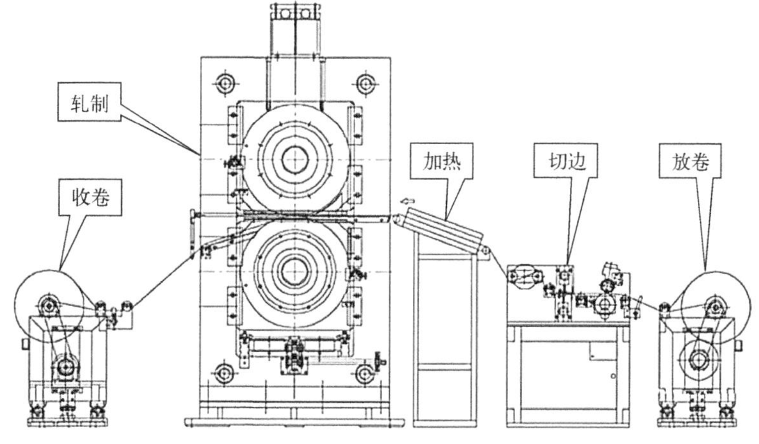

图 2-26　独立辊压机原理图

独立辊压机原理图。这些过程都是材料加速、运行、停止，其中真正作业工序很短，设备的大部分时间是在频繁放卷、张力、纠偏、张力、收卷的过程，设备有效工效少，设备占用空间大，过程经济性比较差。

基于大规模制造原理，考虑物料的连续化，物料从投入、加速到匀速，直到完成作业，然后收料一气呵成，中间不再有物料停歇的时间，节省许多中间缓存、收卷、放卷的动作。减小设备体积和占地面积，大幅度提升设备效率，节省运行时间，大大提高工作效率，降低成本，这是未来先进电池制造发展的必然路径。图 2-27 为极片制造物料连续过程示意图。

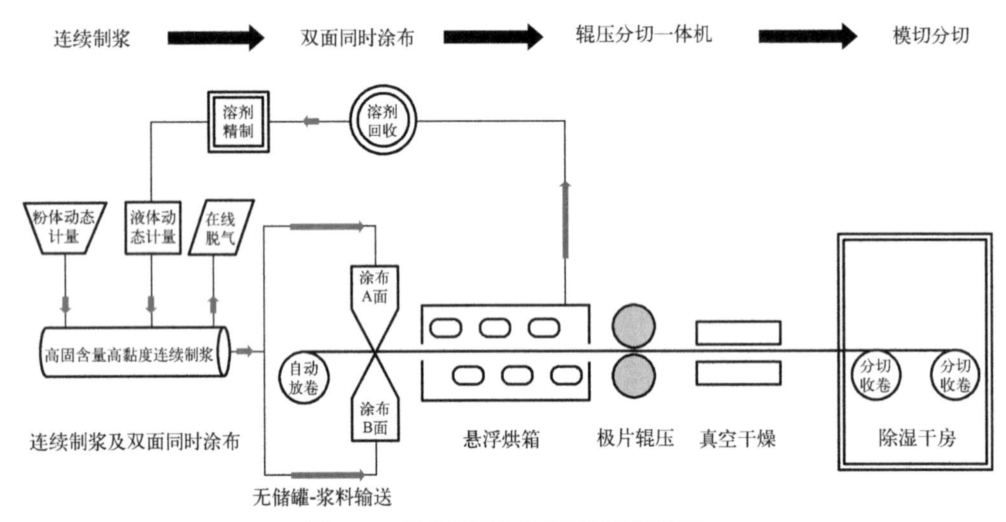

图 2-27 极片制造物料连续过程示意图

(2) 芯包制造

1）电芯卷绕工艺的连续化

卷绕过程一直是走走停停，每个电芯卷绕开始，隔膜加速，正负极片加速跟随送进，然后加速到最大速度，平稳卷绕，减速，正负极片切断，再减速，换位，收尾，穿针，切断隔膜为一个循环周期，再开始下一个电池隔膜加速。在一个电芯生产的周期中，隔膜逐次加速，又逐次减速，正负极片两次加减速，隔膜和极片都会有速度降为零的时候。这种物料反复加减速的条件下，隔膜和极片在辊上的位置随摩擦、阻尼和支撑辊的变化不断形成新的平衡，导致卷绕对齐度误差难以进一步提升，效率不随速度提升呈线性增长，这主要是因为卷绕过程物料不连续。图 2-28 力一种隔膜连续卷绕机原理图。根据该原理，隔膜不用穿过卷针，直接在卷针外圆切断，保持隔膜连续运动，同步极片送进，实现

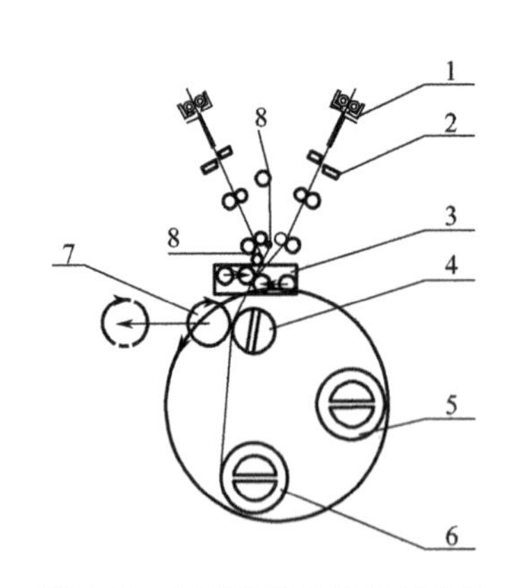

图 2-28 隔膜连续卷绕机原理图

1—夹板送片组件；2—切刀组件；3—卷绕工位；4—下料工位；5—收尾贴胶工位；6—热复合隔膜工位；7—切隔膜工位；8—隔膜

连续卷绕过程。

隔膜连续卷绕是一种理想的卷绕方式，可以节省卷针穿针时间、隔膜夹紧及极片送片的辅助时间，大大提升卷绕效率。隔膜、正负极片分别连续放卷、连续卷绕，这样卷绕过程全部为动摩擦，不受系统部件惯量的影响，极片、隔膜在机器上的位置也是稳定的，提升了卷绕的稳定性，节省了时间，实现了大幅度降低成本的目的。

2）叠片工艺的连续化

对 Z 形叠片工艺，每叠一张极片，隔膜张力速度都从零起步，到最大，最后又降到零，这个过程导致隔膜在支撑辊上的位置随摩擦阻尼、惯量的变化而发生变化，导致对齐度不准，更重要的是隔膜极限拉伸，导致不同位置隔膜孔隙率不同，影响锂离子的均匀移动。

对隔膜进行拉伸孔隙率变化实验。隔膜随张力变化延展情况如表 2-3 所示。实验采用 20μm 隔膜，最大拉力 22N，加力速度 5N/s，对比具体数据得出在拉伸前，样品中数量最多的孔的孔径是 72.027nm 左右，且孔径分布相对集中，该孔径的微孔数量多于其他孔径的微孔数量。隔膜拉伸后，样品中数量最多的孔的孔径是 71.914nm 左右，但是与邻近孔径的微孔数量相比，在占比上并没有突出表现，实验结论：拉伸后，总孔体积减小，平均孔径也缩小。

表 2-3 隔膜随张力变化延展情况

比较项	拉伸前的隔膜	拉伸后的隔膜
总孔体积/(cm^3/g)	0.3181	0.3099
平均孔径/nm	72.027	71.914
比表面积/(m^2/g)	17.664	17.235

对隔膜进行拉伸残余变形实验（图 2-29）。隔膜拉伸残余变形实验拉伸策略为：三个循环受力，即从 0N→给定力→0N→给定力→0N→给定力→0N，受力变化速率为 5N/s。结论：在交变力作用下，不同的幅值引起不同的回弹特性，导致隔膜的不均匀。

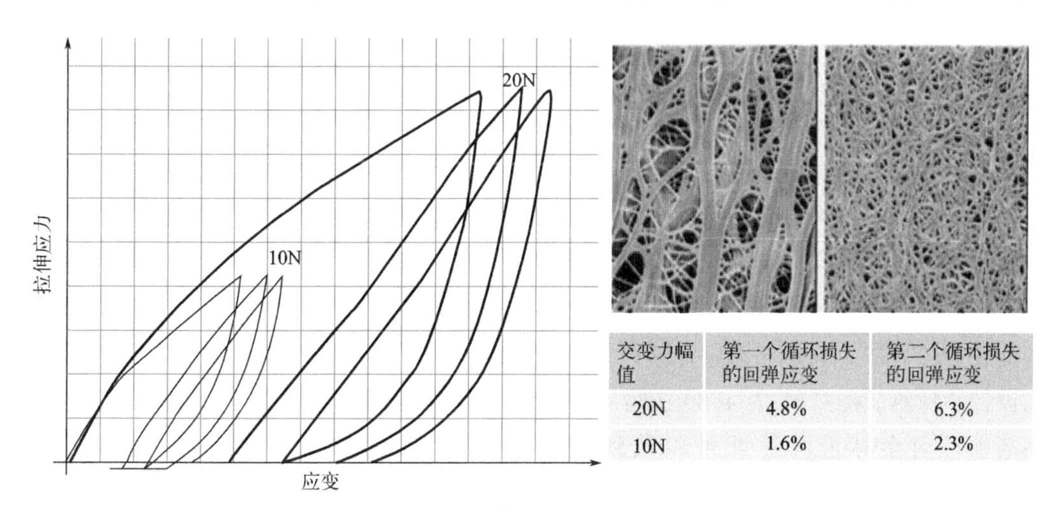

交变力幅值	第一个循环损失的回弹应变	第二个循环损失的回弹应变
20N	4.8%	6.3%
10N	1.6%	2.3%

图 2-29 隔膜拉伸残余变形实验

以上的隔膜拉伸实验和残余变形实验说明，对于电池芯包制造工序，制造过程隔膜的张力保持恒定，这样隔膜与极片贴合的各个部分的空隙率才是均匀的，同时芯包生产过程中，隔膜不要承受交变拉力，这也会导致隔膜孔隙率发生不均匀变化。对于保证电池的均匀一致性、长寿命而言，这点是非常重要的。

解决的办法是采取极片隔膜复合，使隔膜连续运行，不减速，切断送片过程连续追送，保证极片也是运行在匀速状态下，这样整个生产过程也非常稳定，没有动、静摩擦力反复切换，也没有不断启、停动作导致运动惯量的变化，从而大大提升了叠片的效率，单叠片台可以轻松实现 600PPM 的叠片效率。隔膜连续复合叠片的原理如图 2-30 所示，隔膜连续复合叠片设备原理如图 2-31 所示。

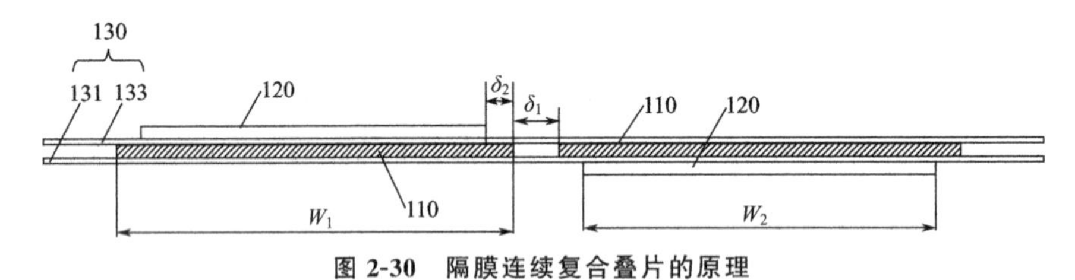

图 2-30　隔膜连续复合叠片的原理

120—正极片；130—隔膜；110—负极片；δ_1，δ_2—控制宽度；W_1，W_2—负极片、正极片宽度

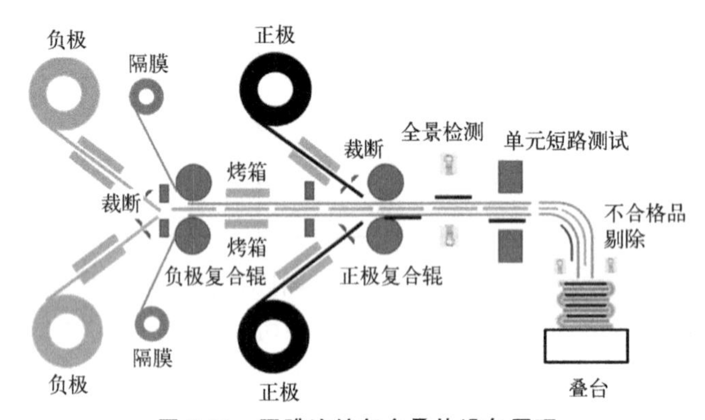

图 2-31　隔膜连续复合叠片设备原理

（3）电芯装配

电芯装配主要包括预焊、裁切、极柱焊、包膜、入壳、封口等工序。实现高速连续化的方法是：物料和载具托盘匀速连续直线或回转运行，作业机构同步等速运行，运动中完成作业，完成作业后自动分离，实现高速装配。这种方法在 18650、21700、4680 电池生产中已经普遍采用，方形电池、软包电池完全可以借鉴，但对于方形电池、软包电池在定位方法、载具托盘设计选择、驱动方式、运行速度、同步精度方面需要单独精确设计、计算。图 2-32 为 4680 连续入壳工序结构。这种结构在 18650 和 21700 电池的制造中目前全球最高速度可以做到 600PPM，对尺寸较大的 4680 电池可以做到 300PPM。对方形、软包电池进行精心设计，工序动作分离，应该可以实现 120PPM 以上的制造效率。

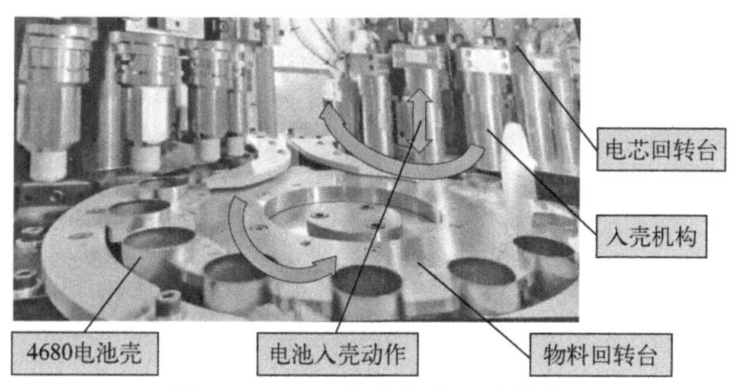

图 2-32　4680 连续入壳工序结构

(4) 连续注液

电池注液工序跟包装行业的液体灌注非常类似，都可以采用连续回转，物料跟随载具托盘同步运动，运动中动态实现电解液高速灌注。图 2-33 为预灌装注射器无菌包装动作示意图。该设备的灌注效率可以达到 800～1200PPM，这在电池制造行业是可以借鉴的。

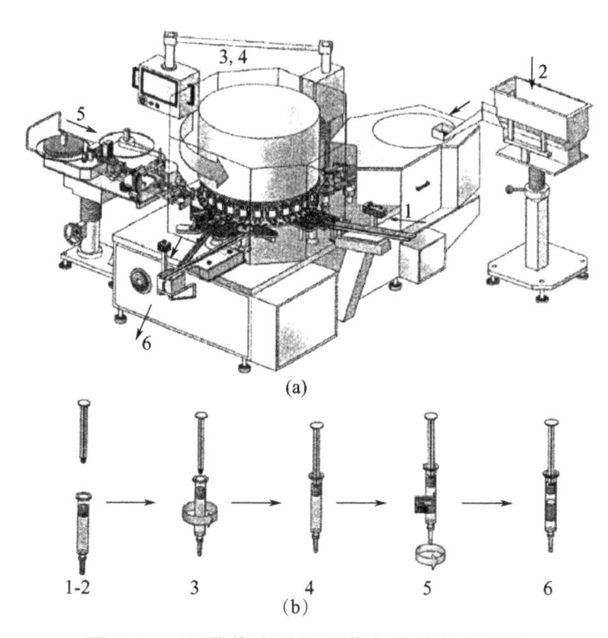

图 2-33　预灌装注射器无菌包装动作示意图

1—预罐装加塞针筒；2—针筒推杆整理供送；3,4—推杆插入针筒；5—针筒贴标；6—包装成品输出

2.4.4.3　电池制造数据拉通

这里需要对电池制造过程实现数据定义、数据获取、数据监测、数据分析、数据评估及建立统一的数据平台，图 2-34 为先进电池制造过程数据拉通。电池制造过程数据打通后，便可以实现制造质量数据闭环、工艺参数优化、质量优化，从而实现电池制造管理及制造质量和制造效率的大幅度提升。

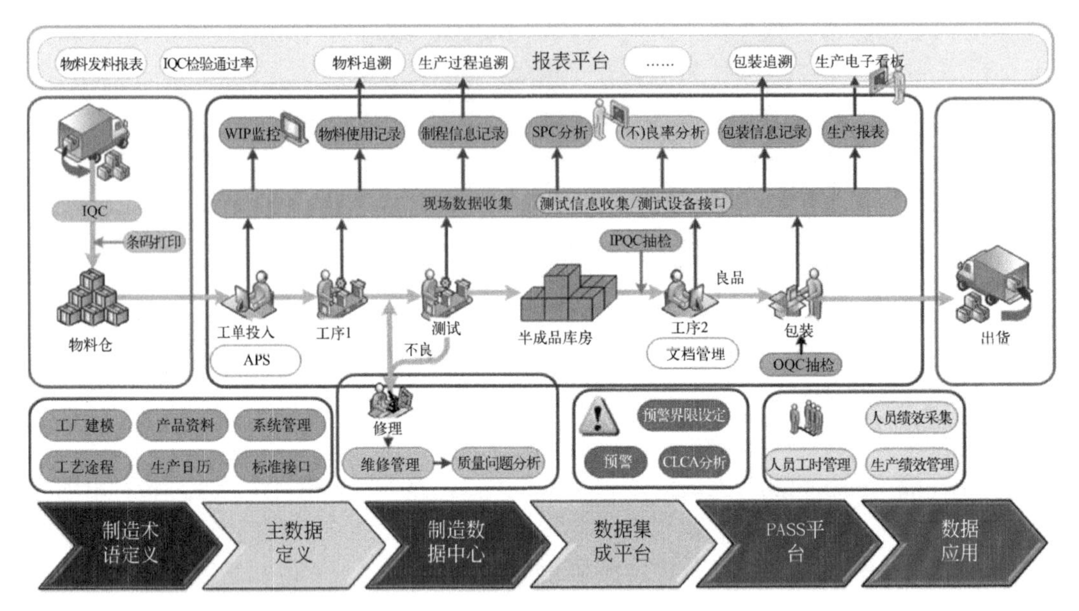

图 2-34　先进电池制造过程数据拉通

IQC—来料质量控制；WIP—在制品；IPQC—制程控制；OQC—出货质量控制；
CLCA—闭环纠正措施；SPC—统计过程控制；APS—进阶生产规划及排程

2.4.4.4　电池制造能耗

电池制造过程的温度波动如图 2-35 所示。从该图可看出，目前的电池制造过程温度频繁变化，升温时需要输入能量，降温时需要用空调使之冷却，又要增加能耗。据统计，目前动力电池制造能耗系数在 35～45 之间，即每生产 1kW · h 的电池，需要消耗 35～45kW · h 电，按照 0.6 元/(kW · h) 计算，电池生产的电力成本为 0.024～0.0315 元/(W · h)，如果能耗优化，用电成本下降 0.01 元/(W · h)，则电池工厂 1GW · h 电池可以产生 1000 万元的利润。可见，电池制造的能耗管控优化问题，不仅仅是“双碳”目标要解决的问题，而且对于降低成本、实现较好的经济效益也至关重要。

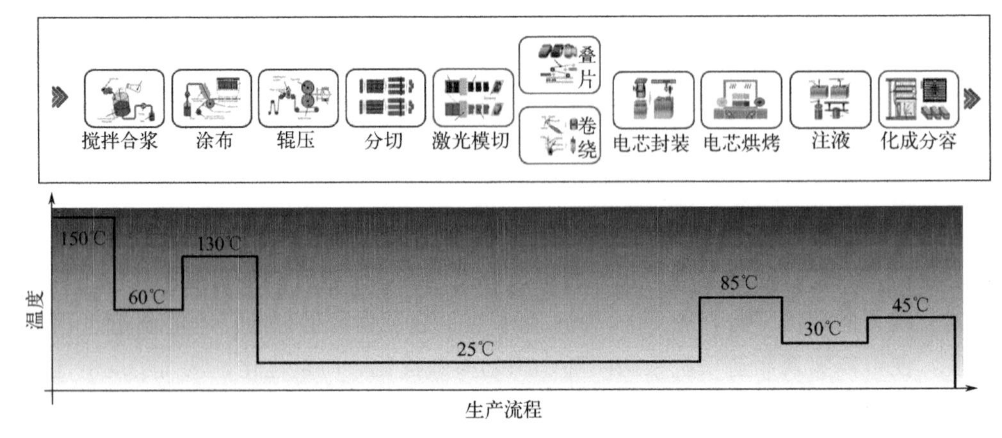

图 2-35　电池制造过程的温度波动

2.4.5　先进电池大规模制造的未来

（1）电池规模化制造技术发展的阶段

从电池制造装备的角度看，我们把中国电池制造技术发展大致分为 7 个阶段（表 2-4），这 7 个阶段中，第 1～4 个阶段属于电池产业奠定阶段，从 2000 年中国电池产业开始到 2022 年的 23 年间，中国的电池制造从无到有，到稳定地成为世界电池制造大国，在输出产能方面，中国电池产业在 2015 年成为全球最大的产业，一直保持全球领先到现在，其输出产能占全球的 60%以上，其中宁德时代占全球的 30%以上。同时，中国电池装备更取得了长足进步，装备的国产化率达到 95%以上，电池制造装备在保证电池产业产品的性能、输出产能、制造成本以及产业快速升级等方面起到了非常重要的作用，这非常有力地支持了电池产业的发展。在电池制造技术方面走的是借鉴、学习和集成创新道路，学习国外电池产业初创的经验，学习胶卷、油墨、造纸、印刷等其他行业的技术，结合中国电池制造业的现状，走自主发展的道路。例如，中国的卷绕技术起源于中国的手动卷绕，开始做半自动卷绕，发展做单机自动化、组合自动化到今天隔膜连续智能卷绕，中国卷绕技术在卷绕机原理、制造效率、制造规模方面已远远超过国外。但从先进电池未来的发展规模和现在电池制造业的现状看，对电池制造技术研究才刚刚开始。首先，缺少基于制造、电池材料回收、电池回收的设计及制造研究；其次，随着电池制造规模的越来越大，需要研究产生电池制造本身的技术，如大规模连续化、一体智能化、低碳化与电池制造能量流管控等技术；最后，随着半固态、固态电池技术的成熟，锂负极、固态电解质膜、固态电池芯包制造技术也会发生深刻的变革。

表 2-4　中国电池产业规模化制造技术总体发展情况

阶段	时间	装备特征	单线节拍	单线产能	关键事件	当年电池输出产能
1	2000—2006 年	单机＋手工	0.1PPM	1MW·h	电池产业初创，电动车三纵三横	0.8GW·h
2	2007—2012 年	半自动＋简单物流	1PPM	10MW·h	十城千辆，E6 发布，CATL 创立	15GW·h
3	2013—2018 年	单机自动化＋物流自动化	10PPM	1GW·h	中国电池领先，特斯拉落户上海	102GW·h
4	2019—2022 年	组合自动化＋物流自动化	10PPM×4	4GW·h	政府引导向市场引导转变	650GW·h
5	2023—2025 年	单机连续一体智能化	30PPM×2	6GW·h	制造能源时代开启	1.3TW·h
6	2026—2035 年	分段连续一体智能化	100PPM	15GW·h	光伏转化效率突破 30%	5TW·h
7	2035 年以后	整体连续、同步、智能化	300PPM	60GW·h	智慧能源体系	10TW·h

注：单电芯 100A·h，通用产品，类似大众 UC。

（2）电池大规模制造技术的未来

① 单机连续一体智能化（第 5 阶段：2023～2025 年）。从 2023 年到 2025 年，电池制造业开始进入单机连续一体智能化发展阶段，主要特点是以制造工序为单元，围绕制造过程的物料连续，实现物料传输、定位、加工一次完成的目标，减少制造过程的辅助时间，大幅度提升单机制造效率。如制浆过程的连续一体化，卷绕、叠片工艺过程的连

续一体化，电芯装配过程的连续一体化，等等。这时单机的效率可达 20～30PPM（按照 100A · h 的标准电芯），单线产能 6GW · h。

② 分段连续一体智能化（第 6 阶段：2026～2035 年）。电池制造过程分为前段、中段和后段三个阶段，分段一体化就是在单机连续一体化的基础上，用物流连续的理念，将每一段做成一种设备，实现节拍同步，减少过程间停顿和接带，减少暂存和辅助时间，从而大大提升效率、合格率和稳定性。每一段的效率达到 100PPM（按照 100A · h 的标准电芯），单线年产能 15GW · h。

③ 整体连续、同步、智能化（第 7 阶段：2035 年后）。本阶段应该是电池制造工艺基本成熟，主流制造是把电池制造的前段、中段和后段一体化，电芯生产的整个过程从入料到电芯产出一气呵成，中间没有停顿，没有接带浪费，制造合格率、效率进一步提升，材料利用率也大幅度提升。本阶段输出产能效率 300PPM，单线产能 60GW · h。另外，电池未来制造可能是分段连续，长期独立发展，但效率依然会不断提升。

2.5 先进电池制造降本策略

2.5.1 电池制造的成本趋势

麻省理工学院的研究人员针对过去三十多年锂电池的发展历程进行了研究。研究人员发现，自锂电池 1991 年首次商用以来，这些年电池的成本下降了 97%。这一改善速度比许多分析师宣称的要快得多，可与太阳能光伏板的成本下降相媲美。研究人员从收集的数据中获取了 25 个追踪锂离子电池价格随时间变化的数据系列，得到了图 2-36（书后另见彩图）。橙色和蓝色虚线分别表示由代表性数据系列拟合出的所有类型电池和圆柱形电池价格随时间变化的曲线，把这些数据系列分别进行拟合后，发现圆柱形电池的成本年均下降率在 4.8%～23%之间，而所有类型电池的成本年均下降率在 11%～23%之间。

借助锂电池关键核心材料和制造工艺的不断优化，锂离子电池性价比也在新材料、新技术和先进规模制造技术的共同推动下不断提高。以中国电动车动力电池系统价格为例，2009 年锂电池单体的价格为 3.40 元/(W · h)，当时电动汽车的动力电池成本总价在 40 万元以上，这在当时无疑为汽车电动化应用构筑了很高的壁垒。然而令人惊喜的是，在随后近 10 年间，锂离子动力电池的成本以平均 15%的幅度逐年下降，到 2020 年价格已经下降到了 0.58 元/(W · h)，降幅高达 83%，如图 2-37 所示。价格的大幅下降也从另一方面反映出锂电池技术所取得的巨大进步。

随着电池产业产能的需求发展和电池技术的进步，应用现代大规模产业制造方法，电池成本还会有较大的下降空间。

2.5.2 先进电池制造降本的方式

电池作为一种通用目的产品，在未来国民经济中的作用越来越重要，成为电动产品的依赖和制造能源系统不可或缺的重要组成部分。对于通用目的产品的制造必须从大规

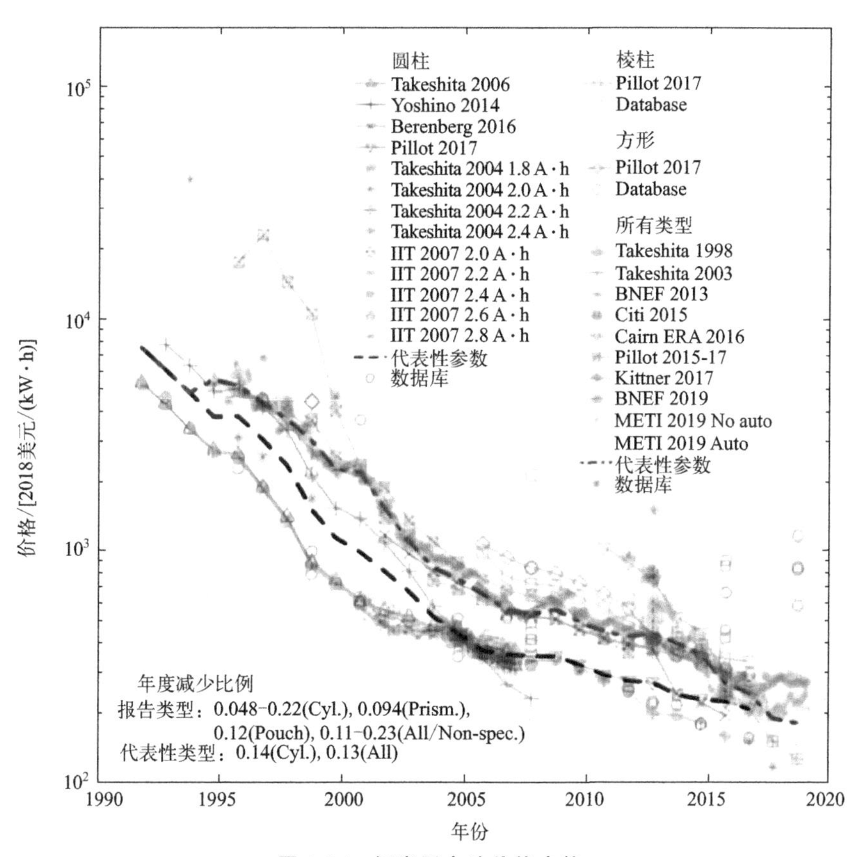

图 2-36　锂离子电池价格走势

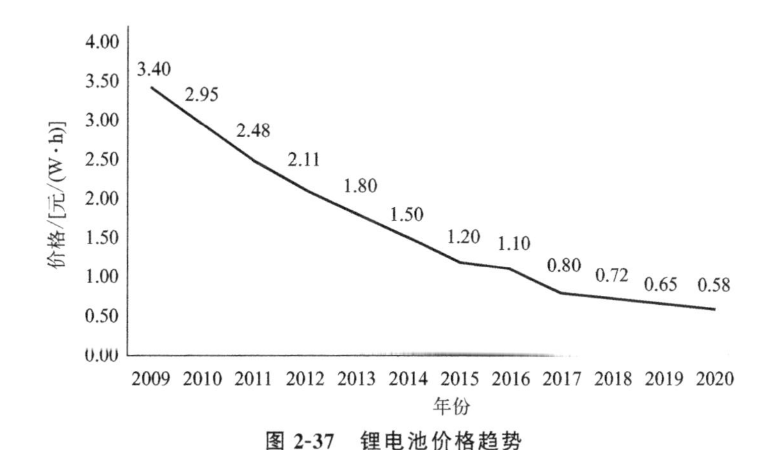

图 2-37　锂电池价格趋势

模制造的基础要求出发，基于产品构成原理，考虑材料、设计、结构、安全、性能，以及制造的标准、装备、质量、效率、成本等方面，全面实施智能化管控措施。对于电池产品而言，要保证降本不降低质量、降本不牺牲安全性。降本的主要措施包括提质降本、标准化降本、提效降本和制造循环降本。

（1）提质降本

目前先进电池制造业比较好的制造合格率只有 90%～94%，有的更差，离发达国家先进制造产业98%的合格率还有较大的提升空间，按照目前先进电池的制造成本构成，对于年产1GW·h的电池生产线，合格率每提升1%，考虑材料损失和隐含的维护成本损失，将有500万～1000万元的利润增加。假设电池售价为0.8元/(W·h)，这样提升1%的合格率，企业利润率将增加6.25%～12.5%，更何况这里总体有4%～5%的质量提升空间呢。提升产品质量即提升制造合格率，减少不合格造成的浪费，降低隐含缺陷，减少服务费用等。提质降本的方法可以采用现代大规模制造质量管理技术，尤其是智能制造质量优化、数据闭环提升技术。

(2) 标准化降本

标准化是现代大规模制造业发展最基础和最有效的手段，其基本思想是指“为了在既定范围内获得最佳秩序，促进共同效益，对现实问题或潜在问题确立共同使用和重复使用的条款以及编制、发布和应用文件的活动”。标准化是经济活动和社会发展的一个技术支撑，在保障产品质量安全、促进产业转型升级和经济提质增效、服务外交外贸等方面起着越来越重要的作用。标准化对于制造业的基本手段是简单化、统一化、通用化、系列化、组合化。

标准化可以大幅度提升单品种的制造规模，根据美国西奥多·莱特教授关于制造业生产成本跟随制造规模变化的定律——制造业产品的规模每提升1倍，制造成本将下降15%～18%。据此，按照中国电池产业近年50%～70%的复合增长率，不考虑价格波动的因素，中国电池产业平均每年的下降幅度将达到7%～10%。

在研究生产成本时，发现飞机生产数量每累计增加1倍，制造商就会实现成本按百分比持续下降，比如生产第2000架飞机的成本比生产第1000架飞机的成本低15%，生产第4000架飞机的成本比生产第2000架飞机的成本低15%。

根据以上的标准化方法和成本变化规律，可以减少尺寸规格，增加单品种规模数量，实现供给降本。电池制造及装备的标准统一以后，对于电池企业而言，便于规模化生产，制造装备也可以实现标准化，有利于生产线种类的减少，有利于研发和制造成本的降低。电池制造及装备标准化后，对电池制造装备的开发、设计、制造有着决定性影响，电池生产企业会依据电池制造标准对生产线进行标准化布局，可进行标准化、规模化生产，降低电池装备企业的研发成本，缩短装备的开发周期，提高电池制造装备的生产效率。电池制造及装备标准化后，新能源汽车企业在研发新产品时，可依据电池制造及装备选择固定的模块来设计产品的电池系统，有利于新产品的开发，缩短开发周期，同时不同产品也可选择相同的制造标准工艺，有利于电池的互换性，降低企业的研发成本和生产成本。

(3) 提效降本

提效降本的基本原理是：制造效率的提升，单位产能的摊销成本降低。对于电池材料、电芯、电池包制造而言都是如此。比如针对涂布机、卷绕机、叠片机、组装线等制造装备，效率提升50%，一般设备成本增加30%左右，但会减少电池厂占地面积，从而降低辅助空调、环境湿度、人员管控的成本。对目前电池制造的主要工序而言，随着产能的增加，电池制造效率从单机、分段到整线都有较大的制造效率提升空间。这是产

业需求发展给电池产业带来的红利。

(4) 制造循环降本

电池制造循环降本的基本原理是回收电池中的材料元素的丰度要比开采含有电池活性元素矿的丰度要大很多，因而回收电池提取活性材料的成本要比开采矿获取材料要低。从电池全生命周期发展看，假设电池材料成本维持 0.6 元/(W·h) 长期不变，电池的成本最终组成如表 2-5 所示。

表 2-5　电池成本演变最终组成

项目	费用构成	金额/[元/(W·h)]	合计/[元/(W·h)]
电池制造	电池制造费用	0.06	0.08
	材料制造利用率 96%	0.02	
电池材料回收	电池材料回收费用	0.06	0.08
	材料完全回收率 96%	0.02	
经营管理	运作成本	0.04	0.04
电池全生命周期循环总成本			0.20

表 2-5 计算说明，在考虑材料基本回收的前提下，未来电池成本不会大于 0.20 元/(W·h)，同时，未来 1W·h 的材料成本、制造费用、回收制造成本、完全回收成本都会有下降空间。这是制造能源时代电池给我们带来的巨大价值，也是电池产业能够成为制造能源时代通用目的产品的重要特征。

产业回收降本循环的案例：美国、日本汽车制造业，废钢回收之后直接炼钢可节约能源 60%，减少废物排放 80%；在通过清除和处理折旧废钢和垃圾废钢改善环境的同时，更重要的是节约了原材料，在炼钢时，每用 1t 废钢可节省约 1.7t 铁矿石、0.68t 焦炭和 0.28t 石灰石。

对于锂电产业，我们应该从材料设计、电池设计、制造工艺、电池使用、电池规格标准化、电池使用管理制度等方面，考虑电池回收的成本和效率，就可能真正实现电池生命周期的经济循环。

参 考 文 献

[1] 殷瑞钰，汪应洛，李伯聪，等．工程哲学 [M]. 2 版．北京：高等教育出版社，2013.

[2] 李春田，房庆，王平．标准化概论 [M]. 7 版．北京：中国人民大学出版社，2022.

[3] 季明逸．多轴同步控制策略的研究与实践 [D]. 南京：南京航空航天大学，2012.

[4] 张杨，高明辉．SIMOTION 在数字化对接系统中的多轴同步控制应用 [J]. 航空制造技术，2010 (23)：114-116.

[5] 张旺．满足大规模制造需要的锂电池制浆技术创新与应用 [C]. 2023 先进电池材料集群产业发展论坛，2023.

[6] B. 约瑟夫·派恩．大规模制造技术：企业竞争力的新前沿 [M]. 北京：中国人民大学出版社，2000.

第3章 现代标准化理念与先进电池智能制造

标准化是制造业的基础，“产业发展，标准先行”更是实现产业大规模制造的必要手段和工具，同时标准化也是制造工程学中不可或缺的重要组成部分。作为新兴先进电池制造业，电池已逐步演变为人类经济生活中的通用目的产品，这种产品必须完全融入标准化工程的思想，来解决设计、制造、应用以及回收等电池全生命周期中的工程问题。现代标准化理念与先进电池智能制造的结合，是未来电池高质量发展的方向，主要体现在以下几个方面。

（1）标准化与智能制造的融合

现代标准化理念强调在制造过程中采用高度标准化的流程和规范，以提高生产效率和质量。同时，智能制造则注重通过数字化、自动化和信息化的手段，实现对制造过程的智能化控制和优化。因此，现代标准化理念与先进电池智能制造的结合，就是将标准化的流程和规范与智能制造的技术手段相结合，形成一种高度智能化、标准化的制造模式。

（2）标准化与电池制造的特殊性相结合

电池制造具有一些特殊的制造难点，如对材料性能要求高、制造过程中需要严格控制杂质和缺陷等。因此，在先进电池智能制造中，需要将现代标准化理念与电池制造的特殊性相结合，制定出一套适用于电池制造的标准体系和规范，以确保电池产品的性能和质量。

（3）标准化与可持续发展的结合

现代标准化理念还强调可持续发展，即在制造过程中不仅要考虑生产效率和质量，还要考虑对环境的影响和资源的利用。在先进电池智能制造中，也需要将现代标准化理念与可持续发展相结合，通过采用环保材料、节能技术和循环利用等方式，实现电池制造的绿色化和可持续化。

（4）标准化与产业升级的结合

随着新能源产业的快速发展，电池制造行业也面临着产业升级的压力和挑战。现代标准化理念可以为电池制造产业的升级提供指导和支持，通过制定和实施一系列先进的标准和技术规范，推动电池制造产业的升级和转型。

综上所述，现代标准化理念与先进电池智能制造的结合，可以实现从产品设计、材料选择、生产制造到回收再利用的全过程标准化和智能化控制，提高产品质量和生产效率，降低成本并减少对环境的影响，进一步推动新能源产业的发展。所以本书专门用一章的篇幅说明标准化的概念及应用。

3.1　标准化概述

3.1.1　标准化发展概述

标准是人类社会最古朴、最自然的命题之一，标准化是人类由自然人进入社会人，共同生活中的必然产物。它在人类不断探索和改造世界的过程中逐渐萌芽，随着生产和科技的进步以及生活质量的提高而发展。标准化作为一门新兴学科，是在大机器生产出现之后才逐渐兴起的，但标准化活动却是人类生产实践的一部分，随着社会生产力的发展而逐步发展起来的。从中国古代的“车同轨、书同文”，到现代工业规模化生产，都是标准化的生动实践。伴随着经济全球化深入发展，标准化在便利经贸往来、支撑产业发展、促进科技进步、规范社会治理中的作用日益凸显。源远流长的标准化为人类文明的发展提供了重要的技术保障。

3.1.1.1　古代标准化

语言标准化是人类最早的标准化活动之一。由于当时社会生产力极低，人类为了生存，必须群居和集体劳动，语言交流的客观要求使人类从单音节的吼叫逐步演化成有明确统一含义的语言，能被大家理解和公认，再从语言经过符号、记号产生了象形文字，最后发展成一定范围内通用的书面语言文字，见图 3-1～图 3-3。如我国最早发明和使用的象形文字距今已有 6000 多年的历史。古埃及在距今 5000 多年前发明并使用了一种被称为“圣书体”的象形文字，对拉丁语的产生和发展有重要影响。苏美尔人创造的两河流域文明也是人类最早的文明之一，苏美尔人在距今 3200 多年前发明了一种被称为“楔形文字”的象形文字，也是最古老的文字之一。

图 3-1　甲骨文

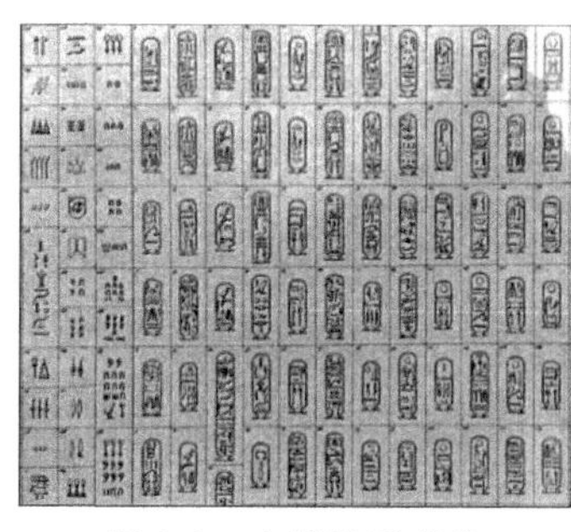

图 3-2　古埃及圣书体

图 3-3　楔形文字

原始社会生产力的发展导致了两次社会大分工。第一次是农业和畜牧业分工，促进了农业的显著发展；第二次是手工业从农业、畜牧业中逐渐分离出来。

两次社会分工大大加速了人类的物质文明发展，使得产品作为商品在不同部落之间进行交换成为经常性的活动。而人类私有制的概念以及商品交换的出现，促使人类为经济利益而“斤斤计较”，这样便出现了最早的计量器具——度、量、衡。因此，可以说人类有意识地制定标准，是由社会分工引起的。计量器具从本质上说具有标准的含义，虽然最初的“标准”较粗糙，不少是采用人体的某一部分，例如古书记载的“布手知尺”“掬手为升”等。后来，人类又把测量器具的量值固定在自然界的某些物质上，如用手比较后，在一根杆子上刻几道或在一根绳子上打几道结，就成为测量长度的器具。

古代标准化最著名的倡导者应该首推秦始皇，他以法令的形式统一了全国度量衡器具、货币、文字、兵器以及车道宽度等，对当时经济和文化的发展起到了重要的推动作用。早在2000多年前，用标准规格的砖修建了举世闻名的秦长城，成为人类智慧和力量的象征，也是标准化的伟大实践。

毕昇在1041～1048年首创的被称为“标准化发展史上的里程碑”的活字印刷术，成功地运用了标准单元、分解组合、重复利用以及互换性等标准化原则和方法，成为古代标准化的典范。

古代标准化在形成和发展过程中呈现出了以下几个方面的特征。

① 标准由主要靠摸索和模仿的形式变为有意识地制定。

② 标准化活动涉及范围逐渐扩大。

③ 标准化活动中政治和军事因素明显增加。

④ 标准化还不是一项有组织的活动。

⑤ 标准化活动缺乏理论指导。

⑥ 标准化发展很不平衡。

3.1.1.2 近代标准化

近代标准化是机器大工业生产的产物，是伴随着18世纪中叶产业革命产生和发展的。人类有意识地组织标准化活动是在18世纪70年代之后，蒸汽机、机床的应用，使工业生产面貌发生了根本的变化。人类从家庭手工作坊式的生产，转变为依靠机械装备的工厂生产，生产日益专业化、工序日益复杂化、分工日益精细化、协作日益广泛化，作为生产和管理重要手段的标准和标准化，得到了迅速的发展。

大机器工业时代背景下的标准化杰作在不断地产生。1798年，美国人艾利·惠特尼根据轧棉机与铣床的发明和研制经验，运用互换性原理制造枪的标准化零部件，使组装的批量步枪都能安全开火射击，取得了巨大的成功，为大批量生产开辟了道路。英国的布拉马和莫兹利发明了机床溜板式刀架，配合齿轮机构和丝杠，就可以生产具有互换性的螺纹。1834年，英国人惠特沃思提出第一个螺纹牙型标准；1897年，英国斯开尔顿提出钢梁生产的系列化建议；1902年，英国纽瓦尔公司制定了公差与配合的公司标准。

被称为科学管理之父的泰勒，通过对工人生产过程中所采用的动作和时间的研究，建立并实行了操作方法和工作方法、工时定额和计件工资以及培训方法方面的标准化，他在1911年出版的名著《科学管理原理》中，把“使所有工具和工作条件实现标准化和完美化”列为科学管理原理的首要原理，为管理标准化和以标准化为基础的科学管理奠定了基础。而且，泰勒主张计划、执行和检验应严格区分，摒弃了三者包揽于一身的手工业生产方式，三者区分的结果，使标准理所当然地成为计划、执行和检验过程中的媒介和依据。

美国的福特根据泰勒的理论，运用标准化的原理和方法，依靠产品标准、工艺标准和管理标准，组织了前所未有的工业化大生产。他对汽车品种进行简化，把相应工序也做了简化，进行了零部件的规格化、标准的单一化和生产的专业化，创造了制造汽车的连续生产流水线，大幅度地提高了生产效率并降低了成本，使汽车进入寻常百姓家成为可能，因而福特公司在当时世界汽车市场上获得了垄断地位。

1895 年 1 月，英国钢铁商斯开尔顿在《泰晤士报》上发表了一封反映桥梁设计中钢梁和型材尺寸规格繁多的信件，指出了其中的危害性。斯开尔顿的观点在英国产生了广泛的影响，代表了当时产业界的普遍愿望。1900 年，他又把一份主张实行标准化的报告材料交给英国钢铁联合会，结果引起了各方面的高度重视。到了 1901 年，英国工程标准委员会［1931 年改名为英国标准学会（BSI）］宣告成立，这是世界上第一个国家标准化组织，它标志着标准化从此步入了一个新的发展阶段。

此后不久，荷兰（1916 年）、菲律宾（1916 年）、德国（1917 年）、美国（1918 年）、瑞士（1918 年）、法国（1918 年）、瑞典（1919 年）、比利时（1919 年）、奥地利（1920 年）、日本（1921 年）等相继成立了国家标准化组织。到 1932 年已有 25 个国家成立了国家标准化组织。

1875 年 5 月 20 日在巴黎成立了国际计量局，研究统一国际计量单位，奖励和保存国际计量单位原器，作为各参加成员国计量标准的基准，开始了计量领域的国际标准化。1886 年 9 月在德国召开了制定材料标准的国际会议。1906 年，在各国电气工业迅速发展的基础上，英国伦敦成立了世界上最早的国际标准化团体——国际电工委员会（IEC）。1926 年在美国纽约会议上决定成立国家标准化协会国际联合会（ISA）；1928 年在捷克布拉格召开成立大会，通过 ISA 章程，但该组织因第二次世界大战的爆发于 1942 年解体。1946 年 10 月，来自 25 个国家标准化机构的代表在伦敦召开大会，决定成立新的国际标准化机构，定名为 ISO；1947 年 2 月 23 日，国际标准化组织（ISO）正式成立，人类的标准化活动，由企业规模步入了国家规模，进而扩展为世界规模。与古代标准化相比，近代标准化具有自己的明显特点，主要表现在以下几个方面。

① 标准化活动领域和作用范围扩大。

② 建立标准化专业机构，形成职业标准化队伍。

③ 标准化理论研究广泛开展。

④ 标准化工作程序和标准编制规范化。

⑤ 标准化对象日益复杂，配套标准逐渐增多。

3.1.1.3　现代标准化

现代标准化是标准化发展的一个历史阶段。它是同现代社会，特别是同当今经济、技术发展相适应的标准化新阶段。进入 20 世纪 60 年代以后，随着新技术革命的深入发展和电子计算机的普及运用，社会生产力产生了一系列的飞跃，为人类社会生产和生活带来一系列重大变革，有力地促使标准化工作发生转变，标准化发展进入现代标准化阶段。

经济全球化是不可逆转的过程，特别是信息技术高速发展和市场全球化的需要，要求标准化摆脱传统的方式和观念，不仅要以系统的理念处理问题，而且要尽快建立与经济全球化相适应的标准化体系；工业标准化还要适应产品多样化、中间（半成品）简单化（标准化）乃至零部件及要素标准化的辩证关系的需求。生产全球化和虚拟化的发展以及信息全球化的需要，组合化和接口标准化将成为标准化发展的关键环节；综合标准化、超前标准化的概念和活动将应运而生；标准化的特点从个体水平评价发展到对整体、系统的评价；标准化的对象从静态演变为动态、从局部联系发展到综合复杂的系统。现代标准化更需要运用方法论、系统论、控制论、信息论和行为科学理论的指导，以标准化参数最优化为目的，以系统最优化为方法，运用数字方法和电子计算技术等手段，建立与全球经济一体化、技术现代化相适应的标准化体系。

目前，要遵循《世界贸易组织技术性贸易壁垒协议》的要求，加强诸如维护国家基本安全、保护人类生命、健康或安全，保护动植物生命或健康，保护环境，保证出口产品质量，防止欺诈行为等方面，以及能源利用、信息技术、生物工程、包装运输、企业管理等方面的标准化，为全球经济可持续发展提供标准化支持。现代标准化主要呈现以下特点。

① 系统理论是现代标准化的基础。

② 以国际标准化为主导。

③ 标准化目标和手段具有鲜明的时代性。

3.1.2 标准的概念

3.1.2.1 标准定义

在人类的词汇当中，“标准”是最让人困惑的一个词语，也是一个非常广泛的词语。它可以用于描述各种不同的事物，例如产品、服务、程序等。按照社会学的观点，“标准”这个词既可以表示最好或最优秀，也可以表示平均的含义，由于它的广泛性质，人们可能会有不同的理解和期望，这就导致了困惑。此外，标准也可能会随着时间和技术的发展而发生变化，因此人们需要不断地更新和学习，以保持对标准的理解和应用。

标准（standard）和标准化（standardization）是标准化工作的两个最基本的概念，历来国际标准化组织和各国标准化工作者一直努力试图做出科学正确的回答，其中大多采用世界标准化组织对于标准的定义。

（1）世界标准化组织对标准的定义

ISO/IEC 指南 2 中给出的标准定义为：“为在一定范围内获得最佳秩序，经协商一致制定并由公认机构批准，为共同使用和重复使用，对活动及结果提供规则、指导或给出特性的文件。”

标准宜以科学、技术和经验的综合成果为基础，以促进最佳的公共效益为目的。ISO/IEC 的标准定义需要从几个不同侧面来理解，归纳起来主要有以下几点。

① 制定标准的出发点。

② 标准产生的基础。

③ 标准化对象的特征。

④ 由公认的权威机构批准。

ISO/IEC 将标准定义为“提供规则、指导或给出特性的文件”，在本质上是为公众提供一种可共同使用和反复使用的最佳选择，或为各种活动及其结果提供规则、导则、规定特性的文件（公共物品）。ISO/IEC 指南 2 对产品标准、过程标准和服务标准分别总结出的定义需要引起注意。

ISO/IEC 指南 2 还指出，应该从广义上理解产品、过程和服务——它们包括材料、元器件、设备、系统、接口、（数据）协议、程序、功能、方法或活动等。实际上，这三类标准的定义是从标准化对象的角度定义了什么是标准。

（2）我国对标准的定义

我国国家标准《标准化工作指南　第 1 部分：标准化和相关活动的通用术语》（GB/T 20000.1—2014）结合我国标准化工作实际，进一步修改采用了 ISO/IEC 指南 2 的标准的定义：“通过标准化活动，按照规定的程序经协商一致制定，为各种活动或其结果提供规则、指南或特性，供共同使用和重复使用的文件。”

需要注意的是标准宜以科学、技术和经验的综合成果为基础。规定的程序指制定标准的机构颁布的标准制定程序。诸如国际标准、区域标准、国家标准等，由于它们可以公开获得以及必要时通过修正或修订保持与最新技术水平同步，因此它们被视为构成了公认的技术规则。其他层次上通过的标准，诸如专业协（学）会标准、企业标准等，在地域上可影响几个国家。

上述定义，由于对应的科学技术经济发展水平、历史时期、标准主体不同，在文字表述上互有差异，但从不同的侧面突出揭示标准的含义，归纳起来主要是以下几点。

① 制定标准的出发点是“获得最佳秩序”“促进最佳共同效益”。

② 标准产生的客观基础是科学、技术和经验的综合成果。

③ 制定标准的对象是重复性事物或概念。

④ 标准产生的关键过程是需经相关方协商一致。

⑤ 标准程序和格式的规范性。

3.1.2.2　标准分类

世界各国标准种类繁多，分类方法不尽相同，准则取名也有差异。综合国际上普遍使用的标准分类方法和我国标准分类的现行做法，归纳为以下几类。

（1）按标准的法律约束性分类

根据实施标准的强制性程度，我国将标准分为强制性标准、推荐性标准和标准化指导性技术文件三类。

1）强制性标准

① 强制性内容的范围。随着我国市场经济的发展和与国际全面接轨的需求，我国强制性标准涵盖内容也在不断完善和调整，逐渐摆脱计划经济色彩。强制性国家标准范围严格限定：a. 国家安全；b. 保障人身健康和生命财产安全；c. 生态环境安全；d. 满

足经济社会管理基本需要。

② 强制性标准的形式。强制性标准可分为全文强制和条文强制两种形式：a. 标准的全部技术内容需要强制时，为全文强制形式；b. 标准中部分技术内容需要强制时，为条文强制形式。

2）推荐性标准

推荐性标准是指推荐采用、自愿执行的标准。《中华人民共和国标准化法》第二条规定："国家鼓励采用推荐性标准。"也就是说，企业等有关各方可以按照自愿原则选择采用或不采用。

3）标准化指导性技术文件

标准化指导性技术文件是为技术尚在发展中（如变化快的技术领域）的标准化工作提供指南或信息，供科研、设计、生产、使用和管理等有关人员参考使用而制定的标准化文件。标准化指导性技术文件不宜由标准引用使其具有强制性或行政约束力。

（2）按标准制定主体分类

1）国外标准的分类

这里所谓的国外标准不是指某个国家的标准，而是指国际共同使用的标准，分为国际标准和区域标准。

① 国际标准。狭义的国际标准是指由国际标准化组织、国际电工委员会和国际电信联盟以及国际标准化组织确认并公布的其他国际组织制定的标准。广义的国际标准还包括一些国际组织和跨国公司制定的标准，在国际经济活动中客观上起着国际标准的作用，被称为"事实上的国际标准"。这些标准在形式上、名义上不是国际标准，但发挥着国际标准的作用。

② 区域标准。区域标准是由某一区域标准化或标准组织通过，并公开发布的标准。

2）国内标准的分类

根据我国《中华人民共和国标准化法》的规定，我国标准包括国家标准、行业标准、地方标准、团体标准和企业标准五类。

① 国家标准。国家标准是指对关系到全国经济技术发展和社会管理的标准化对象所制定的标准，它在全国各行业、各地方都适用。

② 行业标准。对于需要在全国某个行业范围内统一的标准化对象所制定的标准称为行业标准。

行业标准由国务院有关行政主管部门制定，报国务院标准化行政主管部门备案。行业标准制定的范围：a. 专业性较强的名词术语、符号、规划、方法等；b. 专业范围内的产品，通用零部件、配件，特殊原材料；c. 典型工艺规程、作业规范；d. 在行业范围内需要统一的管理标准。

根据《行业标准管理办法》的规定，行业标准代号由国务院标准化机构规定，不同行业的代号各不相同，行业标准的编号由行业标准代号、标准顺序号和年号组成。

③ 地方标准。地方标准是在国家的某个省、自治区、直辖市等特定范围内需要统一的标准。

地方标准的编号由地方标准代号、标准顺序号和发布年号组成。省级地方标准代号由汉语拼音字母“DB”加上省、自治区、直辖市行政区划代码前两位数字加斜线和推荐性标准符号“T”，组成省级地方标准代号。例如，DB11/T表示北京市地方标准代号，DB31/T表示上海市地方标准代号，DB50/T表示重庆市地方标准代号，DB33/T表示浙江省地方标准代号。

市级地方标准代号由汉语拼音字母“DB”加上设区的市行政区划代码前四位数字加斜线和推荐性标准符号“T”，组成市级地方标准代号。如DB3301/T表示浙江省杭州市地方标准代号。

④ 团体标准。团体标准是依法成立的社会团体为满足市场和创新需要，协调相关市场主体共同制定的标准。

⑤ 企业标准。企业标准是指由企业制定的产品标准和为企业内需要协调统一的技术要求和管理、工作要求所制定的标准。

(3) 按标准化的对象特性分类

按照标准化对象的基本属性，通常将标准分为技术标准和管理标准两类。

1）技术标准

技术标准是指对标准化领域中需要协调统一的技术事项所制定的标准，其形式可以是标准、技术规范、规程等文件，以及标准样品等实物。

① 基础标准。基础标准是指具有广泛的适用范围或包含一个特定领域的通用条款的标准。

② 产品标准。产品标准是指规定产品应满足的要求以确保其适用性的标准。

③ 设计标准。设计标准是指为保证与提高产品设计质量而制定的技术标准。

④ 工艺标准。工艺标准是指依据产品标准要求，对产品实现过程中有关材料、零部件、元器件进行加工、制造、装配的方法，以及有关技术要求制定的标准。

⑤ 检测试验方法标准。检测试验方法标准是指以通用的检验、试验、检查、分析、抽样、统计、计算、测定、作业等各种方法为对象所制定的标准。

⑥ 安全、卫生、环保、节能标准。安全标准是指以保护人和物的安全为目的而制定的标准。

2）管理标准

管理标准是指对标准化领域中需要协调统一的管理事项所制定的标准。管理标准包括基础管理标准、技术管理标准、经济管理标准、行政管理标准、生产经营管理标准等。

3.1.2.3 标准的价值和使用价值

价值和使用价值是商品的基本属性，价值是凝结在商品中无差别的一般人类劳动，即体力劳动和脑力劳动；使用价值是商品能满足人类某种需要的属性，是商品的自然属性。标准为利益相关方依据既定程序和规则编制出来并期望推广应用实现预期目标，可以理解为一种特殊的“商品”。标准的产品属性决定了标准具有自身的价值和使用价值。

(1) 标准的价值

依据标准化全过程生命周期的特点，标准的价值所反映的并不是标准是否有用或者有用性的大小，而是旨在标准的生产（预研、制定）过程中物化该标准中的一般性人类劳动。标准的价值是标准的社会属性，体现在标准的策划与制定阶段，标准的价值是客观存在的，体现了标准的社会属性，也是标准具有自身知识产权的依据所在。

（2）标准的使用价值

自人类通过标准解决现实问题和潜在问题以来，就体现出标准应具有使用价值，具有有用性的属性是标准的生命力。

（3）标准使用价值和价值的关系

标准、标准化、标准的价值和使用价值这几个基本概念间的关系可以通过图 3-4 来表述。标准的价值体现在标准化生命周期前半阶段，即标准的生产阶段（预研、制定）中，标准的使用价值体现在标准化生命周期后半阶段，即标准的应用阶段（实施、监督）中。

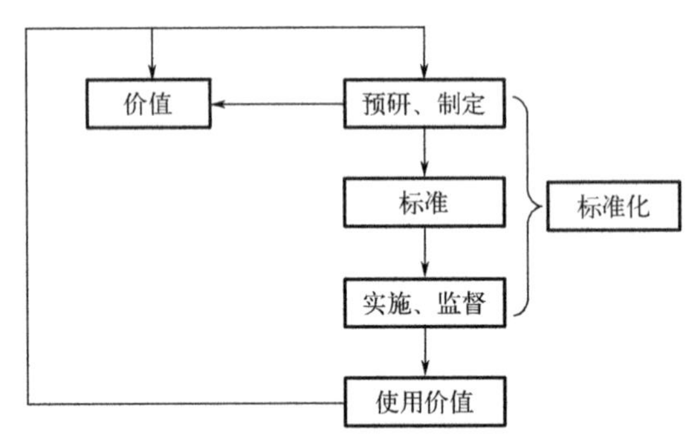

图 3-4　标准使用价值和价值的关系示意图

3.1.3　标准化的概念

标准化属于管理学科范畴，是研究并追求如何将人类社会与经济活动中共同使用和重复使用的对象及其活动达到最佳秩序、最优目标的理论与方法的一门综合性跨领域学科。标准化源自人类对自然改造的社会实践，并将成熟经验累积、总结和提升。进入 21 世纪以来，经济社会的发展已进入互联网全球化时代，标准化也拓展到社会与经济活动的各个领域，包括农业、信息技术、服务业以及人类社会生活的方方面面。

3.1.3.1　标准化定义

ISO/IEC 指南 2 的“标准化”定义：“为了在一定范围内获得最佳秩序，对现实问题或潜在问题制定共同使用和重复使用的条款的活动。”

上述活动主要包括编制、发布和实施标准的过程。标准化的主要作用在于为了其预期目的改进产品、过程或服务的适用性，防止贸易壁垒，并促进技术合作。

理解上述标准化定义的要点包括：a. 标准化不是一个孤立的事物，而是一个活动过程，主要是制定标准、实施标准以及修订标准的过程；b. 标准化是一项有目的的活动；c. 标准化活动是建立规范的活动。

我国国家标准《标准化工作指南　第 1 部分：标准化和相关活动的通用术语》

（GB/T 20000.1—2014）中采用了国际标准化指南 2 对“标准化”的定义。

3.1.3.2　标准化定义的内涵

尽管上述文字定义中，主体的立场、角色、认知等因素描述各不相同，但内涵基本一致，具体来说包括以下方面：a. 标准化的目的；b. 标准化不仅限于技术领域；c. 标准化的概念具有相对性；d. 标准化是一个不断完善的活动过程。

3.1.3.3　标准化的作用

在经济全球一体化的今天，国力之争是市场之争，市场之争是企业之争，企业之争是技术之争，技术之争最终归结为标准之争，因为技术标准比技术本身更重要，技术标准是技术成果的规范化、规则化，技术标准的背后隐含的是专利和市场。从全球经济看，标准是走向国际市场的“通行证”；从发展趋势看，标准是市场竞争的制高点。标准化的作用主要表现在以下几方面。

① 标准化是组织现代化生产的手段，是实施科学管理的基础。

② 标准化是不断提高产品质量的重要保证。

a. 产品质量合格与否，这个“格”就是标准。

b. 随着科学技术的发展，标准需要适时地进行复审和修订。

c. 不仅产品本身要有标准，而且生产产品所用的原料、材料、零部件、半成品以及生产工艺、工装等都应制定相互适应、相互配套的标准。

d. 标准不仅是生产企业组织生产的依据，也是国家及社会对产品进行监督检查的依据。

③ 标准化是合理简化品种、组织专业化生产的前提。

④ 标准化有利于合理利用国家资源、节约能源、节约原材料。

⑤ 标准化可以有效地保障人体健康和人身、财产安全，保护环境。

⑥ 标准化是推广应用科研成果和新技术的桥梁。

⑦ 标准化可以促进国际贸易的发展，提高我国产品在国际市场上的竞争能力。

“标准守则”规定，我们在积极采用国际标准，完善我国标准体系的同时，应积极参加国际标准化活动，反映我国的要求，维护我国的利益，提高我国产品在国际市场的竞争能力。

3.1.4　标准化战略

3.1.4.1　标准化战略产生的背景

随着标准在国际贸易中的作用越来越重要，主要发达国家纷纷把争夺和主导国际标准作为国际经济竞争的首选策略。标准化战略是近年来才兴起的新名词，是组织从自身条件和发展出发，制定的一定历史时期内重大的、系统的、全局性的标准化方针、政策、目标和任务，并通过对现有标准主要是技术标准的有效运用或通过技术标准的创新，在技术竞争与市场竞争中谋求利益最大化。标准化战略是一项复杂的系统工程，需要政府、中介组织、企业和社会的广泛参与。

3.1.4.2 标准化战略的定义

标准化战略的定义就是：“针对标准的制定、实施等所进行的宏观谋划，或指运用标准化手段开展经济竞争的宏观谋划。”标准化战略的核心是争夺标准话语权，是国家主权在经济领域的延伸。

3.1.4.3 《国家标准化战略》报告

近年来，作为全球规模最大、影响力最强、权威性最高的三大国际标准组织之一，ISO科学分析并准确把握了标准化战略发展的方向，顺应各国制定标准化战略的需求，总结多方经验，凝聚集体智慧，推动理论与实践结合，于2020年5月编制并发布了《国家标准化战略》报告。报告系统性阐述了国家标准化战略的框架、重点、实施路径与相关政策，致力于加强标准化战略与国家总体发展战略的一致性，促进标准化工作与国家经济、社会、文化、生态建设和发展的协调性。报告坚持系统、灵活、适用的原则，创新了全球国家标准化战略研判的方法论，凸显了标准的战略性定位、国际性属性、技术性特征。

3.1.4.4 标准化战略助推经济全球化良性发展

（1）标准化战略是核心竞争力的来源

技术标准是一个企业和国家核心竞争力的来源，为此发达国家纷纷出台国家标准化战略，将控制国际标准作为国际经济竞争的重要策略。

（2）标准化战略服务于市场经济发展

技术标准战略是为市场竞争服务的。

（3）标准化战略建立技术产业壁垒

标准可建立起贸易的技术壁垒和产业壁垒。《世贸组织协定》要求成员国在贸易中消除关税壁垒，而发达国家则通过质量认证、技术标准等进行非关税壁垒。

（4）标准化战略是经济全球化不可或缺的管理工具

大量涌现的跨国公司生产全球产品，是全球化经济的突出特征。

3.1.4.5 国外标准化战略特色

（1）美国标准化战略的特色

作为世界唯一的超级大国，美国经济实力超群，创新能力一流，标准体系独一无二。与多数国家只有1～2个权威的标准机构不同，美国共有600多家标准制定机构（SDO），其中20多家在世界范围内大名鼎鼎，如美国材料和测试协会（ASTM）、美国石油协会（API）等。分散、独立、民间主导的美国标准体系，为保持美国经济的高效发展提供了重要支撑，但却削弱了其在国际标准化领域的控制力。

（2）英国标准化战略的特色

英国在标准化领域的发展历史悠久，标准体系健全，管理机构完善，工作目标明确，运行高效，一直走在世界前列，在国际标准化组织（ISO）及欧洲标准化委员会（CEN）等标准化组织中发挥着重要作用。

(3) 德国标准化战略的特色

德国工业基础雄厚，文化严谨务实，政治经济技术实力世界领先，国家级标准化协会只有德国标准化协会（DIN），政府的控制力较强。作为建立欧洲统一大市场的倡议国和主导国，欧洲经济的发动机，德国标准化工作基础扎实，在欧洲和国际层面的影响力巨大，但同样面临技术飞速发展的巨大压力。

(4) 日本标准化战略的特色

日本标准体系与多数国家一致，以集权为主，但注意吸收美国元素，强调发挥民间力量。日本在世界推广领先技术时，原认为只要技术一流、产品质量高就不怕没人买，因此吃了不少亏。这促使日本明白了：标准尤其是国际标准是确立产业主流技术和产业发展方向的战略问题，而非技术和战术问题。

日本标准化战略共有3大目标和12项措施，其核心是强调对国际标准化活动的控制权；强调技术标准和科技研发的协调发展；确保标准的市场适应性。值得一提的是，目前ISO的主席是日本人，刚卸任的IEC主席也是日本人，现任ITU的秘书长也是日本人。

(5) 新加坡标准化战略的特色

新加坡是一个城市国家，制造业为跨国公司所控制，经济特点是以出口经济为主，因此其标准化政策一直以直接采用国际标准为出发点。1997年新加坡启动了以实施标准提高生产力的计划SIP，结果表明标准化经济效益显著，由此促进了相关各方对标准战略作用的思考。

3.1.4.6　中国标准化战略历程

我国在建立和完善市场经济体制的过程中，也日益认识到了标准化的重要性，在实践中不断总结经验，不断探索制定实施符合中国国情的标准化战略。

2002年，科学技术部提出了“人才、专利和技术标准”三大战略，首次把技术标准提到了战略高度。

2006年10月27日，科学技术部发布了《国家“十一五”科学技术发展规划》。在规划安排的八项任务中渗透了对标准化工作的要求，同时确立了以“深入实施知识产权和技术标准战略”为科学技术发展的保障措施。同年，国家标准化管理委员会制定发布了《标准化“十一五”发展规划纲要》，规划了中国标准化事业在未来五年中以及更长时期内的行动纲领，提出到2010年我国的标准化总体水平达到中等发达国家的水平，并确定了八大重点标准化领域和五大标准化科研任务。

2015年，国务院办公厅印发了我国标准化领域第一个国家专项规划《国家标准化体系建设发展规划（2016—2020年）》，部署改革标准体系和标准化管理体制，改进标准制定工作机制，强化标准的实施与监督。

2016年9月，习近平总书记在致第39届ISO大会的贺信中指出，中国将积极实施标准化战略，以标准助力创新发展、协调发展、绿色发展、开放发展、共享发展。

2018 年，受国家标准化管理委员会委托，中国工程院组织开展了为期两年的“中国标准 2035”项目研究，旨在为我国实施标准化战略的纲领性文件提供支撑。数十位院士领衔，300 多位专家参与，走访调研了 22 个省区市、100 多家企业，召开了上百场研讨会、座谈会，与十余个国际标准组织和国家标准化机构交流对话，形成了百万余字的研究报告。在标准化战略定位与目标、标准体系、标准化体制机制、标准实施、标准国际化等方面，提出了前瞻性、创新性的观点和结论。

2020 年，中国工程院在充分吸收“中国标准 2035”项目研究成果的基础上，开展了“国家标准化发展战略”项目研究。

2021 年 10 月 10 日，中共中央、国务院印发了《国家标准化发展纲要》，并发出通知，要求各地区各部门结合实际认真贯彻落实。

3.1.4.7 中国《国家标准化发展纲要》的发展目标

到 2025 年，实现标准供给由政府主导向政府与市场并重转变，标准运用由产业与贸易为主向经济社会全域转变，标准化工作由国内驱动向国内国际相互促进转变，标准化发展由数量规模型向质量效益型转变。标准化更加有效推动国家综合竞争力提升，促进经济社会高质量发展，在构建新发展格局中发挥更大作用。

① 全域标准化深度发展。

② 标准化水平大幅提升。

③ 标准化开放程度显著增强。

④ 标准化发展基础更加牢固。

到 2035 年，结构优化、先进合理、国际兼容的标准体系更加健全，具有中国特色的标准化管理体制更加完善，市场驱动、政府引导、企业为主、社会参与、开放融合的标准化工作格局全面形成。

3.1.5 标准体系

3.1.5.1 标准体系定义

国家标准《标准体系构建原则和要求》（GB/T 13016—2018）对标准体系的定义是：“一定范围内的标准按其内在联系形成的科学的有机整体。”

标准体系主要包括标准体系结构图和标准明细表，这两者是策划、分析、设计、建立、实施、评估标准体系的重要方法和工具，建立这两者是建立企业标准体系的基础工作。标准体系可以按照不同范围划分为国家、行业、专业、门类、企业等不同层次的标准体系；也可以按照不同的具体对象划分为不同产品的标准体系。

3.1.5.2 标准体系的特征

标准体系是标准化工程的基本要求，由标准组成的系统具有通用系统的一切特征。标准体系的特征主要包括目标性、整体性、协调性和动态性。

3.1.5.3　标准体系的作用

研究和编制标准体系是系统科学在标准化工作中的一种应用。对一定范围内的标准内涵和构成做了系统的分析研究后，找出最科学合理的安排，并且以一目了然的图表形式表示出来，就形成了标准体系。标准体系的作用具体表现在以下几个方面：

① 有助于科研和生产工作掌握和运用标准。

② 有助于掌握行业标准化活动的发展蓝图。

③ 有助于熟悉领域内国际化标准发展现状。

④ 有利于标准制修订推进和优化工作。

3.1.5.4　标准体系的编制原则、方法和步骤

标准体系的编制原则包括全面成套、结构合理、划分明确、科学先进。编制方法和步骤如下。

(1) 调查分析

在制定标准体系之前，了解制定标准体系的目的，熟悉标准体系内的要素、环节、过程及相互关系，了解体系内已有标准的情况和完善程度。

(2) 确定总体结构图

在分析的基础上确定体系表的结构形式，并绘出总体结构图。总体结构图是体系表的框架，它以粗线条的方式反映了体系内标准的分类、层次安排和门类划分。

(3) 编制完善的标准体系

依据体系表总体结构图确定的标准分类、层次安排和结构形式，绘制出各分体系表。

(4) 编写“标准体系编制说明”

需要根据具体情况进行调整和修改，以适应组织或企业的实际需求和标准化工作的特点。

① 确定编制说明的目的和范围。

② 确定编制说明的组织结构。

③ 编制标准体系编制说明的内容。

④ 编写标准体系编制说明的模板和样例。

⑤ 审核和批准标准体系编制说明。

⑥ 实施标准体系编制说明。

(5) 审批实施

标准体系草案编制完成后，应广泛征求意见，然后组织专门会议讨论、审查、修改、补充，在此基础上整理出报批稿，报主管或上级部门审批、发布。

3.1.5.5　标准体系的构建

标准体系是表达标准体系概念的模型，通常包括标准体系结构图、标准明细表，还可以包含标准统计表和编制说明，运用图表形式把一个国家、一个行业或一个组织已有

及应有的各种标准，按照标准的类别、性质、适用范围以及标准之间的内在关系，按一定的结构形式排列起来。

（1）标准体系的结构

① 层次结构。

层次结构是指整个标准体系分为若干层，位于各层的标准，从上至下，标准的共性逐渐减少而个性则逐渐增多。图 3-5 是一种企业产品实现标准体系层次结构图。

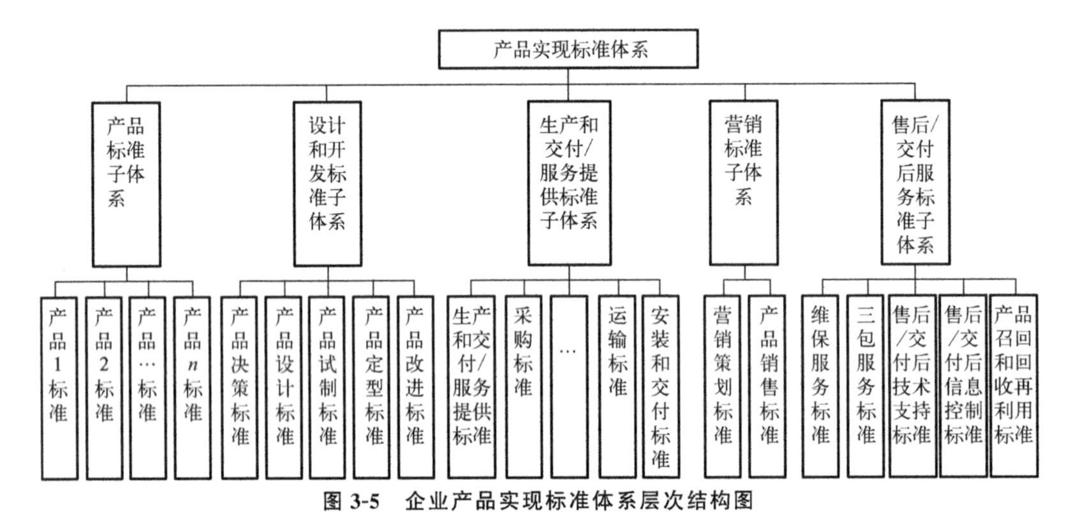

图 3-5　企业产品实现标准体系层次结构图

② 门类结构。

门类结构是指标准体系中位于同一层次上的标准，又按照它们所反映的标准化对象的属性，分成若干门类，位于同一层次的各门类之间的标准，其关系不是指导和遵从、共性和个性的关系，而是相互联系、相互影响、相互协调的关系。

③ 序列结构。

虽然层次结构有内容完整、结构清晰的优点，但层次结构因内容全面完整、篇幅较大，不便于专项或局部管理。因此，也可采用产品、过程、作业、管理或服务为中心的序列结构，以表示出某一专项或局部范围内的标准配套情况和要求。序列结构体系表是将系统的全过程按顺序排列起来的图表。这种结构强调以产品标准为中心，由若干个相应的方框与标准明细表组成，这种结构主要适用于局部管理。

机械产品标准体系序列结构如图 3-6 所示。

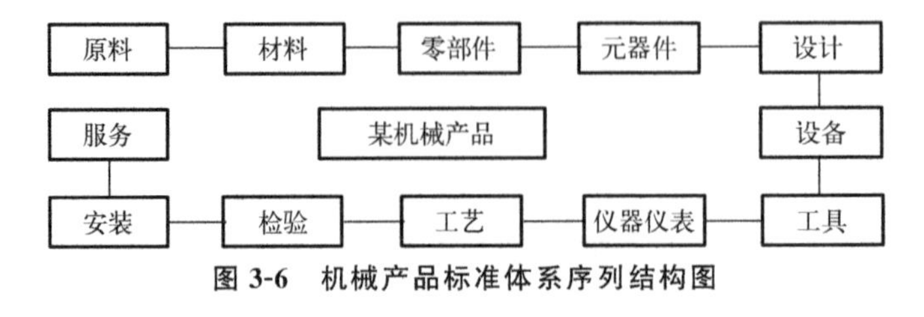

图 3-6　机械产品标准体系序列结构图

（2）标准明细表格式

各层次或各序列的标题，与该层次或序列方框标准明细表的格式和填写内容见

表3-1。在实际编制中，还可以加上“标准类型”“是否采标”等信息，增强标准明细表的实用性。

表3-1　××层次或序列标题

序号	标准体系编号	子体系名称	标准名称号	引用标准编号	归口部门	宜定级别	实施日期	备注

(3) 统计汇总表格式

统计汇总表格式见表3-2。

表3-2　各类标准统计汇总表

标准类别	应有数/项	现有数/项	现有数占应有数的比例/%
国家标准			
行业标准			
地方标准			
团体标准			
企业标准			
共计			
基础标准			
方法标准			
产品、过程、服务标准			
零部件、元器件标准			
原材料标准			
安全、卫生、环保标准			
其他			
共计			

表3-2中“企业标准”“团体标准”“零部件、元器件标准”“安全、卫生、环保标准”等项可根据实际标准体系的需要适当增删。

(4) 编制说明内容要求

标准体系应同时包括编制说明，其内容一般应包括以下几点：

① 编制体系表的依据及要达到的目的。

② 国内外标准发展现状概况。

③ 结合统计表分析现有标准与国内、国外的差距和薄弱环节，明确今后的主攻方向。

④ 专业划分依据和划分情况。

⑤ 与其他体系交叉情况和处理意见。

⑥ 需要其他体系协调配套的意见。

⑦ 其他需说明的情况。

3.1.6 标准数字化

3.1.6.1 标准数字化概念

（1）标准数字化定义

标准数字化是利用人工智能（如自然语言处理、知识图谱等）等相关技术和软件工具，对标准及相关数据（如文档、系统、数据、设备、人员、过程等）进行加工、处理、解析、标注、关联等，提供自动化、智能化的管理和服务的过程。

（2）标准数字化概念的内涵和外延

1）对标准数字化概念的基本理解

标准数字化，其核心要素就是数字标准。目前国内外广泛采用的是 ISO SMART（standards machine applicable，readable and transferable）标准的概念——机器可用、可读、可迁移的标准。ISO 根据数字化、结构化、智能化程度，将 SMART 标准分为 5 个层次，分别是纸质标准、开放数字格式的标准、机器可读文档的标准、机器可读内容的标准、机器可解释内容的标准，见图 3-7。

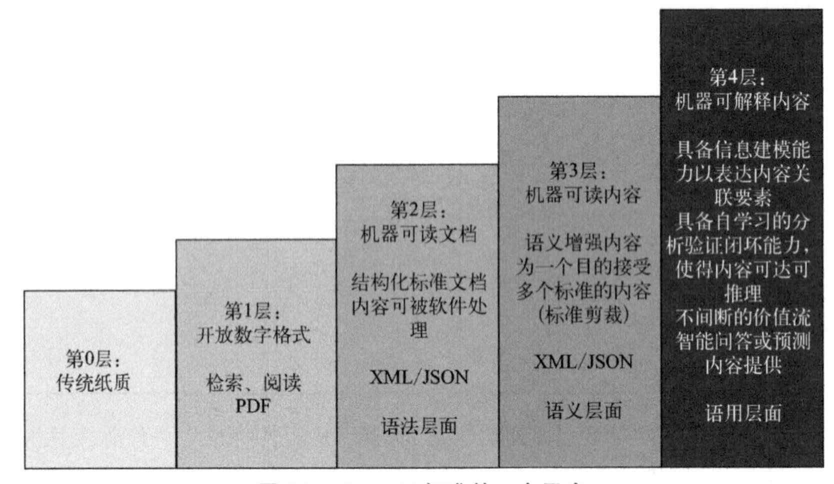

图 3-7 SMART 标准的 5 个层次

2）对标准数字化语境下标准化全生命周期的理解

在标准数字化的语境下，其工作分为两类：一类是对存量标准即传统纸质标准而言，需要先进行数字化处理加工，而后进行使用和管理；另一类是对增量标准即新制定的标准而言，直接制定数字标准，并进行使用和管理。数字标准的制定流程、管理机制、应用模式将会发生变革。主要体现为：

① 预研。

② 起草、修订。

③ 征求意见、审查、复审。

④ 立项和报批审查。

⑤ 应用、实施、服务。

⑥ 管理。实现全生命周期、全流程跟踪管理和数据分析，实现精准的版权、知识产权保护等。

3.1.6.2　标准数字化的需求来源

中国正在大力建设“数字中国”，当前，数字技术已经对我国产业发展、日常生活、政府管理与服务等各方面产生深刻影响。《国家标准化发展纲要》提出，要“推动标准化工作向数字化、网络化、智能化转型”。标准数字化指利用数字技术对标准本身及生命周期全过程赋能，使标准承载的规则与特性能够通过数字设备进行读取、传输与使用的过程。提出标准的数字化，是希望借助新一代数字技术，更好地实现标准的制定、推广、宣贯和实施。标准的数字化包括两个方面，一是标准的表现形式的数字化，二是标准化方法的数字化，通过数字化技术来推动标准化工作的发展。

① 标准数字化已成为国际标准竞争的制高点。

② 标准数字化是标准化应对数字技术变革的需要。

③ 标准数字化是我国经济社会发展的客观需要。

2021 年 10 月发布的《国家标准化发展纲要》中明确要求，发展机器可读标准、开源标准，推动标准化工作向数字化、网络化、智能化转型。也要注意到，我国目前的标准数字化水平与经济社会发展还不匹配，如手机产业的更新换代周期一般为半年，相关关键技术几个月就会更新一次，而我国传统的标准制定周期平均为 30 个月。

因此加强标准数字化技术研究，把握前沿科技发展趋势，增强标准化基础理论储备，是实现数字中国战略的基础性需求。

3.1.6.3　标准数字化的现状

(1) 政策现状

1）ISO/IEC

IEC 在《IEC 发展规划（2017）》中提出，继续对影响其核心运营的根本变革做出准备，如开源和开放数据趋势，以及直接通过机器使用的新型数字标准。2018 年，IEC 还在 SMB 下专门成立数字化转型战略小组（SG12）。

2）CEN-CENELEC

2021 年 2 月，CEN 和 CENELEC 共同发布了《CEN-CENELEC 战略 2030》，用来指导未来 10 年的工作方向。该文件中，将标准作为促进欧盟工业生态系统弹性绿色和数字化转型的关键工具，并将利用最新的信息技术驱动标准工作。

3）德国

2017 年，德国发布了《德国标准化战略》，提出“标准化塑造未来”的理想和六大战略目标。该战略指出数字变革和开源不可避免地互相挂钩，要在标准化中使用开源技术和方法。根据该战略，德国标准化协会（DIN）和德国电工电子与信息技术标准化委员会（DKE）将“机器可执行标准”（machine executable standards）视作驱动目标实现的重要技术手段，是实现工业 4.0 的重要支撑，将围绕机器可执行标准建立新的适合的标准研制过程，开发新的商业模式。

4）美国

《美国机器智能国家战略报告》（2018）提出，美国政府应该从协调其自身的数据结构和标签标准入手，与私营部门合作制定标准，推动标准数字化工作。美国标准化协会（ANSI）在2019～2020年度报告中，将SMART标准作为重要的标准化战略议题。

5）英国

2021年7月，英国政府发布《第四次工业革命标准：释放标准创新价值的HMG-NQI行动计划》。该行动计划主要包括6大行动，旨在充分发挥自愿性标准的潜力，支持创新并使其快速安全地商业化，确保标准、政策制定和战略研究之间的有效协同。

6）中国

2021年10月，中共中央、国务院印发了《国家标准化发展纲要》，将“标准数字化水平不断提高”作为战略目标之一，提出发展机器可读标准、开源标准，推动标准化工作向数字化、网络化、智能化转型。

（2）标准数字化现状

1）组织现状

在ISO/IEC JTC1信息技术联合技术委员会的SC7软件与系统工程分委会下，成立了专门的机器可读标准工作组——ISO/IEC JTC1/SC7/AHG4 machine readable standards（MRS）。从其组织结构定位来看，主要是偏重软件开发、软件工程和软件系统方面。

2022年1月，全国标准数字化标准化工作组筹建并面向社会公开征集委员。

2）标准现状

目前，尽管国内外还没有专门针对标准数字化提出的标准，但很多已有的标准也可以应用。如元数据类标准、语义标注类标准、软件开发类标准等。由于标准数量较多，不再一一列举。

（3）技术现状

标准数字化从实现、实践的角度而言，包括通用技术方法和具体行业应用实践两个层面。通用技术方法层面主要关注标准数字化中的一般性、通用性、基础性问题，提供通用数字化的解决方案和指导。

（4）实践现状

目前，标准数字化在很多国家、地区、行业、组织、企业中都在进行探索和实践。总体而言主要分为以下两个方向。

① 自上而下，从通用到具体。

② 自下而上，从具体到通用。

3.1.6.4 标准数字化面临的问题和挑战

总的来说，国内外对标准数字化的基本作用、战略意义已达成共识。但对其具体特征、机理、技术、形式、模型等认识还不统一，技术路径不明确，仍有很多问题亟须深入研究探讨。

（1）政策规划方面

① 如何通过制度设计和落实，确保扎实有力推进标准数字化，推动与各行业深度融合，促进各行业数字化转型。

② 万众“数字化”时代，如何才能通过实施方案的细化将顶层规划落地，如何引导相关标准化专家、技术专家、行业专家、普通用户以及各利益相关方等都参与并发挥作用。

③ 如何抓住标准数字化发展契机，与 ISO、IEC 加强合作，引领国际相关领域标准化发展。

（2）机理机制方面

① 标准数字化对数字经济的支撑机理和核心贡献是什么，是如何与质量基础设施（NQI）相关要素相互作用的。

② 标准数字化对产业结构调整、社会治理的推动机理是什么，如何激发技术创新、加强标准数字化与产业深度融合，如何作用于价值链。

（3）技术实现方面

① 各行各业对标准数字化的需求是什么，需要什么形式的服务，有哪些是共性的；如何协调好共性技术研究与行业应用研究的关系，从而避免重复建设和投入。

② 标准数字化所带来的标准形态、生命周期、研制流程、管理模式、服务方式的变化都有哪些，难点有哪些，如何通过技术和管理手段来有效解决。

③ 当前标准中术语、指标等存在的不协调、不一致的情况如何解决，是否会对后续数字化管理、应用、服务带来影响或矛盾。

3.2 标准化与电池智能制造

3.2.1 先进制造业

（1）先进制造业定义

先进制造业是不断吸收电子信息、计算机、机械、材料以及现代管理技术等方面的高新技术成果，并将这些先进制造技术综合应用于制造业产品的研发设计、生产制造、在线检测、营销服务和管理的全过程，实现优质、高效、低耗、清洁、灵活生产，即实现信息化、自动化、智能化、柔性化、生态化生产，取得很好经济收益和市场效果的制造业总称。

（2）如何体现“先进”

先进制造业相对于传统制造业而言，一是广泛应用先进制造技术，利用信息技术与其他先进制造技术相融合，驾驭生产过程中的物质流、能量流和信息流，实现制造过程的系统化、集成化和信息化。二是采用先进制造模式，制造模式是制造业为提高产品质量、市场竞争力、生产规模和速度，以完成特定生产任务而采取的一种有效的生产方式和生产组织形式。目标是实现数字化设计、自动化制造、信息化管理、网络化经营。

先进制造业中的“先进”两字，可以从下述3个方面认识。

① 产业先进性。

即在世界生产体系中处于高端，具备较高的附加值和技术含量，通常指高技术产业或新兴产业。

② 技术先进性。

“只有夕阳技术，没有夕阳产业”。从这个观点看，先进制造业基地不是非高新技术产业莫属，传统产业只要通过运用高新技术或先进适用技术改造，在制造技术和研发方面保持先进水平，同样可以成为先进制造业基地。

③ 管理先进性。

无论哪种类型的制造业基地，要冠以“先进”两字，在管理水平方面必须是先进的。无法想象，落后的管理能够发展先进的产业和先进的技术。

（3）先进制造业特点

先进制造业的主要特点是系统与集成。与传统制造业相比，它具有4个方面特点：

① 先进制造业的基础是优质、高效、低耗、无污染或少污染工艺，并在此基础上实现优化及与新技术的结合，形成新的工艺与技术。

② 传统制造业一般单指加工制造过程的工艺，而先进制造业覆盖了从产品设计、加工制造到产品销售、使用、维修的整个过程。

③ 传统制造业一般只能驾驭生产过程中的物质流和能量流，随着信息技术的导入，使先进制造业成为能驾驭生产过程中的物质流、能量流和信息流的系统工程。

④ 传统制造业的学科、专业单一，界限分明，而先进制造业的各专业、学科、技术之间的不断交叉、融合，形成了综合、集成的新技术。具体表现在：a. 微电子、计算机、信息、生物、新材料、航空航天、环保等高新技术产业广泛应用先进制造工艺，包括先进常规工艺与装备、精密与超精密加工技术、纳米加工技术、特种加工技术、成形工艺和材料改性等先进制造技术和工艺；b. 机械装备工业、汽车工业、造船工业、化工、轻纺等传统产业广泛采用先进制造技术，特别是用信息技术进行改造，给传统制造业带来了重大变革，生产技术不断更新，设计方法、加工工艺、加工装备、测量监控、质量保证和企业经营管理等生产全过程都渗透着高新技术，CAD（计算机辅助设计）、NC（数控技术）和柔性制造技术在制造业中已得到了广泛的应用，使其发生质的飞跃，产生了一批新的制造技术和制造生产模式；c. 在高新技术的带动与冲击下，装备工业走向机电一体化、人机一体化、一机多能、检测集成一体化，出现机器人化机床、虚拟轴车床、高速模块化机床等新型加工机床，数控机床走向智能化；d. 制造技术不断向高加工化和高技术化方向发展，给制造业带来深刻的变革，未来的制造业将进入融柔性化、智能化、敏捷化、精益化、全球化和人性化于一体的崭新时代。

3.2.2　智能制造技术

3.2.2.1　智能与制造的内涵

智能制造（intelligent manufacturing，IM）通常泛指智能制造技术和智能制造系统，它是人工智能技术和制造技术相结合后的产物。因此，要理解智能制造的内涵，必须先了解制造的内涵和人工智能技术。

（1）制造

制造是把原材料变成有用物品的过程，它包括产品设计、材料选择、加工生产、质量保证、管理和营销等一系列有内在联系的运作和活动。这是对制造的广义理解。对制造的狭义理解是指从原材料到成品的生产过程中的部分工作内容，包括毛坯制造、零件加工、产品装配、检验、包装等具体环节。对制造概念广义和狭义的理解使"制造系统"成为一个相对的概念，小的如柔性制造单元（flexible manufacturing cell，FMC）、柔性制造系统（flexible manufacturing system，FMS），大至一个车间、企业乃至以某一企业为中心包括其供需链而形成的系统，都可称为"制造系统"。从包括的要素而言，制造系统是人、设备、物料流/信息流/资金流、制造模式的一个组合体。

（2）人工智能（artificial intelligence，AI）

人工智能是智能机器所执行的与人类智能有关的功能，如判断、推理、证明、识别、感知、理解、设计、思考、规划、学习和问题求解等思维活动。人工智能具有一些基本特点，包括对外部世界的感知能力、记忆和思维能力、学习和自适应能力、行为决策能力、执行控制能力等。一般来说，人工智能分为计算智能、感知智能和认知智能三个阶段：第一阶段为计算智能，即快速计算和记忆存储能力；第二阶段为感知智能，即视觉、听觉、触觉等感知能力；第三阶段为认知智能，即能理解、会思考。认知智能是目前机器与人差距最大的领域，让机器学会推理和决策异常艰难。

（3）智能制造

将人工智能技术和制造技术相结合，实现智能制造，通常有如下好处：

① 智能机器的计算智能在一些有固定数学优化模型、需要大量计算但无需进行知识推理的地方高于人类，比如，设计结果的工程分析、高级计划排产、模式识别等，与人根据经验来判断相比，机器能更快地给出更优的方案。因此，智能优化技术有助于提高设计与生产效率、降低成本、提高能源利用率。

② 智能机器对制造工况的主动感知和自动控制能力高于人类，以数控加工过程为例，"机床/工件/刀具"系统的振动、温度变化对产品质量有重要影响，需要自适应调整工艺参数，但人类显然难以及时感知和分析这些变化。因此，应用智能传感与控制技术，实现"感知—分析—决策—执行"的闭环控制，能显著提高制造质量。同样，一个企业的制造过程中，存在很多动态的、变化的环境，制造系统中的某些要素（设备、检测机构、物料输送和存储系统等）必须能动态地、自动地响应系统变化，这也依赖于制造系统的自主智能决策。

③ 随着工业互联网等技术的普及应用，制造系统正在由资源驱动型向数字驱动型转变。制造企业能拥有的产品全生命周期数据可能是非常丰富的，通过基于大数据的智能分析方法，将有助于创新或优化企业的研发、生产、运营、营销和管理过程，为企业带来更快的响应速度、更高的效率和更深远的洞察力。工业大数据的典型应用包括产品创新、产品故障诊断与预测、企业供需链优化和产品精准营销等诸多方面。

由此可见，无论是在微观层面，还是宏观层面，智能制造技术都能给制造企业带来切实的好处。我国从制造大国迈向制造强国过程中，制造业面临 5 个转变：a. 产品从跟踪向自主创新转变；b. 从传统模式向数字化、网络化、智能化的转变；c. 从粗放型向质量效益型转变；d. 从高污染、高能耗向绿色制造转变；e. 从生产型向“生产＋服务”型转变。在这些转变过程中，智能制造是重要手段。在中国制造高质量发展中，智能制造是制造业创新驱动、转型升级的制高点、突破口和主攻方向。

3.2.2.2 智能制造概念的产生与发展

国际上智能制造的研究始于 20 世纪 70～80 年代，智能制造领域的首本研究专著于 1988 年出版，它探讨了智能制造的内涵与前景，定义其目的是“通过集成知识工程、制造软件系统、机器人视觉和机器人控制来对制造技工们的技能与专家知识进行建模，以使智能机器能够在没有人工干预的情况下进行小批量生产”。1989 年，Kusiak 出版专著 *Intelligent Manufacturing Systems*，并于次年创办智能制造领域著名的国际学术期刊 *Journal of Intelligent Manufacturing*。

20 世纪 90 年代初，日本提出了“智能制造系统（IMS）”国际合作研究计划，其目的是把日本工厂的专业技术与欧盟的精密工程技术、美国的系统技术充分结合起来，开发出能使人和智能设备都不受生产操作和国界限制，且能彼此合作的高技术生产系统。美国于 1992 年执行新技术政策，大力支持包括信息技术、新的制造工艺和智能制造技术在内的关键重大技术。欧盟于 1994 年启动新研发项目，在其中的信息技术、分子生物学和先进制造技术中均突出了智能制造技术的地位。这段时期，由于人工智能进展缓慢，智能制造技术未能在企业广泛应用。

21 世纪以来，在经历一段时间的沉寂后，智能制造又蓬勃发展起来。美国以智能制造新技术引领“再工业化”，2011 年 6 月，启动包括工业机器人在内的“先进制造伙伴计划”；2012 年 2 月，出台“先进制造业国家战略计划”，提出建设智能制造技术平台以加快智能制造的技术创新；2012 年 3 月，建立全美制造业创新网络，其中智能制造的框架和方法、数字化工厂、3D 打印等均被列为优先发展的重点领域。德国通过政府、弗劳恩霍夫研究所和各州政府合作投资于数控机床、制造和工程自动化行业的智能制造研究。2011 年，日本发布了第四期科技发展基本计划，在该计划中主要部署了多功能电子设备、信息通信技术、测量技术、精密加工、嵌入式系统等重点研发方向；同时加强智能网络、高速数据传输、云计算等智能制造支撑技术领域的研究。

2012 年，美国通用公司提出“工业互联网（industrial internet）”，通过它将智能设备、人和数据连接起来，并以智能的方式分析这些交换的数据，从而能帮助人们和设备做出更智慧的决策。AT&T、思科、通用电气、IBM 和英特尔随后在美国波士顿成立工业互联网联盟，以期打破技术壁垒，促进物理世界和数字世界的融合。目前，该联盟的成员已经超过200个。

在2013年4月的汉诺威工业博览会上，德国政府宣布启动“工业4.0（industry 4.0）”国家级战略规划，意图在新一轮工业革命中抢占先机，奠定德国工业在国际上的领先地位。“工业4.0”通过利用信息-物理系统（cyber-physical systems，CPS），实现由集中式控制向分散式增强型控制的基本模式转变，其目标是建立高度灵活的个性化和数字化的产品与服务的生产模式，推动现有制造业向智能化方向转型。

在中国，“智能制造”的研究问题于1988年首次被国家自然科学基金委（NSFC）提出，并于1993年设立NSFC重大项目“智能制造系统关键技术”，之后相关的理论研究一直在进行，但大规模的应用探索研究并未开展。2010年，《国务院关于加快培育和发展战略性新兴产业的决定》中首次将“智能制造及装备”列为高端制造装备中的重点发展领域。之后，智能制造技术被列入国家“十二五”规划、国家中长期发展规划优先发展和支持的重点领域，并制定了《智能制造装备产业“十二五”发展规划》和《智能制造科技发展“十二五”专项规划》。2015年，国务院正式发布《中国制造2025》，在“战略任务和重点”一节中，明确提出“加快推动新一代信息技术与制造技术融合发展，把智能制造作为两化深度融合的主攻方向；着力发展智能装备和智能产品，推进生产过程智能化；培育新型生产方式，全面提升企业研发、生产、管理和服务的智能化水平”。

纵观智能制造概念与技术的发展，经历了兴起和缓慢推进阶段，直到2013年以来的爆发式发展。究其原因有很多，其一，近几年来，世界各国都将“智能制造”作为重振和发展制造业战略的重要抓手；其二，随着以互联网、物联网和大数据为代表的信息技术的快速发展，智能制造的范畴有了较大扩展，以CPS、大数据分析为主要特征的智能制造已经成为制造企业转型升级的巨大推动力。

3.2.2.3　智能制造的定义

智能制造是一个涵盖面广、内容繁杂的概念，包含了多个层面和领域的创新和变革，涉及物理系统、信息系统、控制系统等多个方面的集成和整合，其核心是智能化生产和智能化服务。其目标是实现生产过程的高度自动化和灵活化，同时保证生产过程的高效、高质、低耗、低污，以满足市场快速变化的需求。

从智能制造的本质特征出发，给出智能制造较为普适的定义：

“面向产品的全生命周期，以新一代信息技术为基础，以制造系统为载体，在其关键环节或过程，具有一定自主性的感知、学习、分析、决策、通信与协调控制能力，能动态地适应制造环境的变化，从而实现某些优化目标。”

定义的解释如下：

① 智能制造面向产品全生命周期而非狭义的加工生产环节，产品是智能制造的目标对象。

② 智能制造以新一代信息技术为基础，包括物联网、大数据、云计算等，是泛在感知条件下的信息化制造。

③ 智能制造的载体是制造系统，如图3-8所示，制造系统从微观到宏观有不同的

层次，比如制造装备、制造单元、制造车间、制造企业和企业生态系统等。制造系统的构成包括产品、制造资源（机器、生产线、人等）、各种过程活动（设计、制造、管理、服务等）以及运行与管理模式。

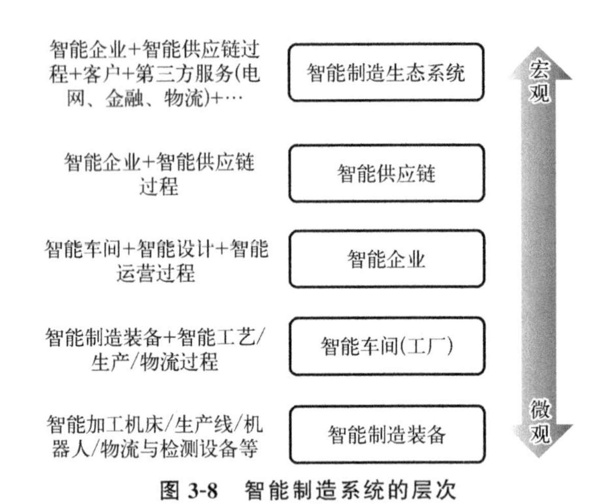

图 3-8　智能制造系统的层次

④ 智能制造技术的应用是针对制造系统的关键环节或过程，而不一定是全部。

⑤“智能”的制造系统，必须具备一定自主性的感知、学习、分析、决策、通信与协调控制能力，这是其与“自动化制造系统”和“数字化制造系统”的根本区别，同时，“能动态地适应制造环境的变化”也非常重要，一个只具有优化计算能力的系统和一个智能的系统是不同的。

⑥ 构建“智能”的制造系统，必然是为了实现某些优化目标。这些优化目标非常务实，比如，增强用户体验友好性、提高装备运行可靠性、提高设计和制造效率、提升产品质量、缩短产品制造周期、拓展价值空间等。应当注意，不同的制造系统层次、制造系统的不同环节和过程、不同的行业和企业，其优化目标及其重要性都是不同的，难以一一列举，必须具体情况具体分析。

3.2.2.4　智能制造的目标

“智能制造”概念刚提出时，其预期目标是比较狭义的，即“使智能机器在没有人工干预的情况下进行小批量生产”，随着智能制造内涵的扩大，智能制造的目标已变得非常宏大。比如，“工业 4.0”指出了 8 个方面的建设目标，即满足用户个性化需求，提高生产的灵活性，实现决策优化，提高资源生产率和利用效率，通过新的服务创造价值机会，应对工作场所人口的变化，实现工作和生活的平衡，确保高工资仍然具有竞争力。《中国制造 2025》指出实施智能制造可给制造业带来“两提升、三降低”。“两提升”是指生产效率的大幅度提升，资源综合利用率的大幅度提升；“三降低”是指研制周期的大幅度缩短，运营成本的大幅度下降，产品不良品率的大幅度下降。

下面结合不同行业的产品特点和需求，从 4 个方面对智能制造的目标特征作归纳阐述。

（1）满足客户的个性化定制需求

在家电、3C（计算机、通信和消费类电子产品）等行业，产品的个性化来源于客户多样化与动态变化的定制需求，企业必须具备提供个性化产品的能力，才能在激烈的市场竞争中生存下来。智能制造技术可以从多方面为个性化产品的快速推出提供支持，例如，通过智能设计手段缩短产品的研制周期，通过智能制造装备（例如智能柔性生产线、机器人、3D 打印设备）提高生产的柔性，从而适应单件小批量生产模式等。这样，企业在一次性生产且产量很低（批量为 1）的情况下也能获利。

(2) 实现复杂零件的高品质制造

在航空、航天、船舶、汽车等行业，存在许多结构复杂、加工质量要求非常高的零件。以航空发动机的机匣为例，它是典型的薄壳环形复杂零件，最大直径可达 3m，其外表面分布有安装发动机附件的凸台、加强筋、减重型槽及花边等复杂结构，壁厚变化剧烈。用传统方法加工时，加工变形难以控制，质量一致性难以保证，变形量的超差将导致发动机在服役时发生振动，严重时甚至会造成灾难性的事故。对于这类复杂零件，采用智能制造技术，在线检测加工过程中的应力分布特点，实时掌握加工中工况的时变规律，并针对工况变化及时决策，使制造装备自律运行，可以显著地提升零件的制造质量。

(3) 保证高效率的同时，实现可持续制造

可持续发展定义为："能满足当代人的需要，又不对后代人满足其需要的能力构成危害的发展。"可持续制造是可持续发展对制造业的必然要求。从环境方面考虑，可持续制造首先要考虑的因素是能源和原材料消耗。这是因为制造业能耗占全球能量消耗的 33%，CO_2 排放的 38%。当前许多制造企业通常优先考虑效率、成本和质量，对降低能耗认识不够。然而实际情况是不仅化工、钢铁、锻造等流程行业，而且汽车、电力装备等离散制造行业，对节能降耗都有迫切的需求。以离散机械加工行业为例，我国机床保有量世界第一，有 800 多万台。若每台机床额定功率按平均为 5～10 千瓦计算，我国机床装备总的额定功率为 4000 万～8000 万千瓦，相当于三峡电站总装机容量 2250 万千瓦的 1.8～3.6 倍。智能制造技术能够有力地支持高效可持续制造。首先，通过传感器等手段可以实时掌握能源利用情况；其次，通过能耗和效率的综合智能优化，获得最佳的生产方案并进行能源的综合调度，提高能源的利用效率；最后，通过制造生态环境的一些改变，比如改变生产的地域和组织方式，与电网开展深度合作等，可以进一步从大系统层面实现节能降耗。

(4) 提升产品价值，拓展价值链

产品的价值体现在"研发—制造—服务"的产品全生命周期的每一个环节，根据"微笑曲线"理论，制造过程的利润空间通常比较低，而研发与服务阶段的利润往往更高，通过智能制造技术，有助于企业拓展价值空间。其一，通过产品智能化升级和产品智能设计技术，实现产品创新，提升产品价值；其二，通过产品个性化定制、产品使用过程的在线实时监测、远程故障诊断等智能服务手段，创造产品新价值，拓展价值链。

3.2.2.5 智能制造模式

智能制造技术发展的同时，催生或催热了许多新型制造模式，例如家用电器、汽车等行业的客户个性化定制模式，电力、航空装备行业的异地协同开发和云制造模式，食品、药材、建材、钢铁、服装等行业的电子商务模式，以及众包设计、协同制造、城市生产模式等。这样的制造模式以工业互联网、大数据分析、3D打印、AI技术等新技术为实现前提，极大地拓展了企业的价值空间。工业互联网使得研发、制造、物流、售后服务等各产业链环节的企业实现信息共享，因而能够在全球范围内整合不同企业的优势资源，实现跨地域分散协同作业。任何一台设备，一个工位、车间甚至企业，只要在资源配置权限之内，都可以参与到网络化制造的任务节点中去，实现复杂的任务协同。新模式下，智能制造系统将演变为复杂的"大系统"，其结构更加动态，企业间的协同关系也更分散化，制造过程由集中生产向网络化异地协同生产转变，企业之间的边界逐渐变得模糊，而制造生态系统（manufacturing ecosystem）则显得更加清晰和重要，企业必须融入智能制造生态系统，才能得以生存和发展。正如埃森哲公司在其2015年技术展望报告《数字商业时代：扩展你的边界》中所指出的那样："单个想法、技术和组织不再是成功的关键，高级地位者是那些能将自己放在正在出现的数字生态系统中心的企业。"

针对上述变化，企业要掌握智能制造产业生态系统的主导权，主要包括：

① 围绕泛在化的智能产品，构建覆盖客户、终端、平台、第三方应用的产品生态系统。

② 围绕生产装备、设计工具、供应链、第三方应用、客户等智能制造系统的各种要素资源进行精准配置调用，提升及构建跨平台操作系统、芯片解决方案、网络解决方案的能力，提升智能工厂系统解决方案、智能装备创新能力和基础产业（材料、工艺、器件）创新能力，在此基础上构建制造环节的生态系统。

③ 围绕市场需求的个性化及快速变化的趋势，培育企业需求链、产业链、供应链、创新链的快速响应与传导能力，构建覆盖客户、制造商、供应商的全产业链生态系统，培育新技术、新产业、新业态以及新的商业模式创新能力。

④ 整合产品生态系统、制造生态系统、全产业链生产系统等，通过标准体系、技术体系、人才体系、市场新规则，构建面向特定行业智能制造产业生态系统，并建立与之相适应的政策法律环境和体系。

3.2.2.6 智能制造关键技术

智能制造技术指与多个制造业务活动相关，并为智能制造基本要素（感知、分析、决策、通信、控制、执行）的实现提供基础支撑的共性技术。这些技术非常多，难以一一列举，下面仅对其中的一些关键技术做简要介绍。

(1) 先进制造基础技术

① 先进制造工艺技术。它使得制造过程更加灵活和高效。比如增材制造技术，基于离散-堆积原理，由零件三维数据驱动直接制造零件。由于增材制造的灵活性，人们在设计产品时可以更多地关注产品的物理性能而非可实现性。

② 数字建模与仿真技术。以三维数字形式对产品、工艺、资源等进行建模，并通过基于模型的定义（model based definition，MBD），实现将数字模型贯穿于产品设计、

工程分析、工艺设计、制造、质量和服务等产品生命周期全过程，用于计算、分析、仿真与可视化。MBD 技术进而演化成基于模型的系统工程（model based systems engineering，MBSE）和基于模型的企业（model based enterprise，MBE）。随着 CPS 等技术的发展，未来的数字模型和物理模型将呈现融合趋势，例如西门子和 PTC 等公司正在倡导的“数字孪生（digital twin）”。

③ 现代工业工程技术。综合运用数学、物理和社会科学的专门知识和技术，结合工程分析和设计的原理与方法，对人、物料、设备、能源和信息等所组成的集成制造系统，进行设计、改善、实施、确认、预测和评价。

④ 先进制造理念、方法与系统。比如并行工程、协同设计、云制造、可持续制造、精益生产、敏捷制造、虚拟制造、计算机集成制造、产品全生命周期管理（PLM）、制造执行系统（MES）、企业资源规划（ERP）等。

（2）新一代信息技术

新一代信息技术正成为制造业创新的重要原动力，通过信息获取、处理、传输、融合等各方面的先进技术手段，为人、机、物的互联互通提供基础，这些技术通常包括：

① 智能感知技术。传感器网络、RFID、图像识别等。

② 物联网技术。泛在感知、网络通信、物联网应用等。

③ 云计算技术。分布式存储、虚拟化、云平台等。

④ 工业互联网技术。CPS、服务网架构、语义互操作、移动通信、移动定位、信息安全等。

⑤ 虚拟现实（virtual reality，VR）和增强现实（augmented reality，AR）技术。构建三维模拟空间或虚实融合空间，在视觉、听觉、触觉等上让人们沉浸式体验虚拟世界，VR/AR 技术可广泛应用于产品体验、设计与工艺验证、工厂规划、生产监控、维修服务等环节。

（3）人工智能技术

其研究目的是让机器或软件系统具有如同人类一般的智能，在制造过程的各个环节，这种智能是非常有价值的，例如智能产品设计、智能工艺设计、机器人、加工过程智能控制、智能排产、智能故障诊断等，同时它也是一些智能优化算法的基础。人工智能的实现离不开感知、学习、推理、决策等基本环节，其中知识的获取、表达和利用是关键。分布式人工智能（distributed artificial intelligence，DAI）是人工智能的重要研究领域，多智能体系统（multi agent system，MAS）是 DAI 的一种实现手段，在十年前就已被广泛研究。“工业 4.0”强调以信息物理融合系统（CPS）为核心，CPS 可视为依附于物理对象（小到设备、产品，大到车间、企业）并具备感知、计算、控制和通信能力的一套系统，它可以感知环境变化并自主运行，物理实体与虚拟映像共存同变。同时，远程对象也能通过它来监控并操控这个物理对象。在未来分散制造的大趋势下，CPS 是分布式制造智能的一种体现。

（4）智能优化技术

制造系统中许多优化决策问题的性质极其复杂、解决十分困难，其中大部分已被证明是 NP-hard 问题，不可能找到精确求得最优解的多项式时间算法。近几年来，通过模拟自然界中生物、物理过程和人类行为，提出了许多具有约束处理机制、自组织自学习机制、动态机制、并行机制、免疫机制、协同机制等特点的智能优化算法，如遗传算法、禁忌搜索算法、模拟退火算法、粒子群优化算法、蚁群优化算法、蜂群算法、候鸟算法等，为解决优化问题提供了新的思路和手段。这些基于生命行为特征的智能算法广泛应用于智能制造系统的方方面面，包括智能工艺过程编制、生产过程的智能调度、智能监测诊断及补偿、设备智能维护、加工过程的智能控制、智能质量控制、生产与经营的智能决策等。

（5）大数据分析与决策支持技术

数据挖掘、知识发现、决策支持等技术早已在制造过程中得到应用，近些年来，大数据概念的发展进一步拓展了这方面的研究与应用。来源于设备实时监控、RFID 数据采集、产品质量在线检测、产品远程维护等环节的大数据，和设计、工艺、生产、物流、运营等常规数据一起，共同构成了工业大数据。一般认为，在制造领域，通过大数据分析，可以提前发现生产过程中的异常趋势，分析质量问题产生的根源，发现制约生产效率的因素，从而为工艺优化、质量提高、设备预防性维护甚至产品的改进设计等提供科学的决策支持。

（6）数字孪生技术

数字孪生技术是一种将实体系统的物理部分和数字模型相结合的技术，通过对实体系统的数据进行收集、分析和建模，实现对实体系统的仿真、监测和优化。数字孪生技术可以将实体系统的运行状态、性能和行为等信息实时反映到数字模型中，从而对实体系统进行精准预测和优化。可以为企业提供高效、智能、可靠的生产和制造服务，推动智能制造的转型升级和可持续发展。

数字孪生技术主要包括数字化建模、实时数据采集和分析、运行状态监测和预测三个方面的内容。

① 数字化建模是指将实体系统的物理部分建立对应的数字模型，用于模拟和预测实体系统的运行状态和性能。

② 实时数据采集和分析是指通过传感器等设备对实体系统进行数据采集，并对采集的数据进行分析和处理，以获取实体系统的实时状态信息。

③ 运行状态监测和预测是指对实体系统的实时状态信息进行监测和分析，通过数字模型进行预测和优化，以实现实体系统的高效、安全和可靠运行。

在智能制造中，数字孪生技术可以应用于生产线的设计、优化和监控等方面。通过对生产线进行数字化建模，可以模拟生产线的运行情况，优化生产线的布局和工艺流程，提高生产效率和质量。同时，数字孪生技术还可以实现生产过程的实时监控和预测，通过对实时数据的分析和处理，及时发现生产过程中的问题并进行调整，以确保生产过程的高效、稳定和安全。

数字孪生技术还可以应用于产品设计和制造过程中。通过对产品进行数字化建模，可以实现对产品性能和制造工艺的仿真和优化。同时，在产品制造过程中，数字孪生技

术可以实时监测和预测制造过程中的质量和效率等指标，及时发现和解决问题，提高产品的制造质量和效率。

3.2.2.7　智能制造系统特征

智能制造的载体是制造系统，脱离制造系统谈智能制造是没有任何意义的。在制造全球化、产品个性化、“互联网＋制造”的大背景下，智能制造体现出如下系统特征。

(1) 大系统

大系统的基本特征是大型性、复杂性、动态性、不确定性、人为因素性、等级层次性、信息结构能通性。显然，智能制造系统完全符合这些特征，具体体现为：全球分散化制造，任何企业或个人都可以参与产品设计、制造与服务，智能工厂和智能交通物流、智能电网等都将发生联系，通过工业互联网，大量的数据被采集并送入云网络。为了更好地分析大系统的特性和演化规律，需要用到复杂性科学、大系统理论、大数据分析等理论方法。

(2) 信息驱动下的“感知＋分析＋决策＋执行与反馈”的大闭环

制造系统中的每一个智能活动都必然具备该特征。以智能设计为例，所谓“感知”，即跟踪产品的制造过程，了解设计缺陷，并通过服务大数据，掌握客户需求；所谓“分析”，即分析各种数据并建立设计目标；所谓“决策”，即进行智能优化设计；所谓“执行与反馈”，即通过产品制造、使用和服务，使设计结果变为现实可用的产品，并向设计提供反馈。

(3) 系统进化和自学习

即智能制造系统能够通过感知并分析外部信息，主动调整系统结构和运行参数，不断完善自我并动态适应环境的变化。在系统结构的进化方面，从车间与工厂的重构，到企业合作联盟重组，再到众包设计、众包生产，通过自学习、自组织功能，制造系统的结构可以随时按需进行调整，从而通过最佳资源组合实现高效产出的目标。在运行参数的进化方面，生产过程工艺参数的自适应调整、基于实时反馈信息的动态调度等都是典型的例子。

(4) 集中智能与群体智能相结合

“工业 4.0”中有一个非常重要的概念——信息物理融合系统（CPS），拥有 CPS 的物理实体将具有一定的智能，能够自律地工作，并能与其他实体进行通信与协作，同样，人与机器之间也能够互联互通，这实际上体现了分散型智能或群体智能的思想，与集中管控所代表的集中型智能相比，它的好处就是：能够自组织、自协调、自决策，动态灵活，从而快速响应变化。当然，集中型智能还是不能缺少的，类似于人类社会，博弈论中的“囚徒困境”问题在群体智能中依然存在。

(5) 人与机器的融合

随着人机协同机器人、可穿戴设备的发展，生命和机器的融合在制造系统中会有越来越多的应用体现，人与机器的融合是指将人类和机器的优势相结合，创造出更为强大、高效的系统。在人机融合的过程中，人类可以利用机器的计算能力、存储能力、数据分析能力等优势，同时机器也可以利用人类的智慧、经验和判断力等优势。

人机融合的应用范围非常广泛，包括医疗、教育、工业、交通、金融等各个领域。例如，在医疗领域，机器可以通过诊断系统、医学影像分析等技术，帮助医生准确地诊断疾病，提高医疗效率和质量；在工业领域，人机融合可以通过智能制造、机器人等技术，实现生产自动化和智能化，提高生产效率和产品质量。

不过，人机融合也面临着一些问题和挑战，例如数据隐私、安全性、伦理道德等方面的问题。因此，在推进人机融合的过程中，需要充分考虑这些问题，并采取相应的措施加以解决。

(6) 虚拟与物理的融合

智能制造系统蕴含了两个世界，一个是由机器实体和人构成的物理世界，另一个是由数字模型、状态信息和控制信息构成的虚拟世界，未来这两个世界将深度融合，难以区分彼此。一方面，产品的设计与工艺在实际执行之前，可以在虚拟世界中进行100%的验证；另一方面，生产与使用过程中，实际世界的状态，可以在虚拟环境中进行实时、动态、逼真的呈现。

3.2.3 标准化是智能制造的重要基础

当前，智能制造已经成为世界各国发展制造业的重点，在《中国制造2025》中也明确指出，智能制造是主攻方向。值得注意的是各国在制定发展智能制造的政策时，都不约而同地把标准化作为发展智能制造的重要工作和优先行动。因此，智能制造的标准化引起了普遍的关注。

3.2.3.1 标准化在智能制造中的迫切性

智能制造作为发展制造业的技术方向，时间并不长。因此，在技术上它还处于正在发展的阶段，它的技术体系还不清晰，很多具体的技术问题也在研究之中。一般情况下，标准是对科学技术成果和生产经验的总结，应该是在技术和生产都已经比较成熟的情况下才制定的。为什么智能制造的标准化现在就要提到日程上来呢？这是由智能制造本身的特点决定的。

智能制造最核心和最基础的问题是信息集成，也就是“工业4.0”中提出的“通过价值网络实现的横向集成、贯穿整个价值链的端到端工程数字化集成、从生产现场到生产执行系统（MES）、企业资源规划系统（ERP）之间的垂直集成”。真正实现这些信息集成的系统是一个极其复杂的系统，它涉及产品设计信息、工艺信息和制造信息之间的数据统一，生产现场各种制造装备之间的互联互通，制造系统与物流系统的信息互通，生产现场与生产执行系统之间的信息交换，MES的生产信息与ERP的经营信息之间的集成，乃至企业与供应方、外协方的企业之间的信息集成……其中的任何一个环节，本身就是一个系统。例如，生产现场使用的数控机床，它们自身就是一个复杂的系统，经过多年的发展，已经形成了自己完整的技术体系。而智能制造是要在各领域的既有的各类体系上实现更高水平的整合，所以“工业4.0”把智能制造称为“由系统组成的系统”。

各国也都看到这个问题是发展智能制造的关键。2014 年 10 月美国“先进制造计划 AMP2.0”提出“在 3～5 年内，要使不同供应商提供的制造自动化设备能够无缝地进行互操作，实现即插即组态”；2016 年 6 月 9 日，日本经济产业省公布的《2015 年制造白皮书》中提出“工厂使用的制造设备的通信标准繁多，许多标准并存，没有得到统一……发展标准化面临诸多障碍……跨越企业和行业的壁垒，强化‘横向合作’，对于日本制造业提高竞争力，具有非常重要的意义”。

在实际实施智能制造工程时，制造过程的互联互通也是系统集成过程中最困难、耗时最多、费用最大的工作。大部分的用户最大的反应就是缺少互联互通的标准。为了实现生产现场信息的集成，必须要与每一台设备的供应商进行协商，要求其开放设备的相关协议，然后根据该协议开发针对这台设备的接口软件，才能实现设备与企业网络的连接。管理软件也遇到类似的问题，也需要针对一个一个软件开发中间接口。而且，以后企业每购入一种新的设备，系统集成商就得再开发一种新的接口软件。这些接口软件完全是专用的一次性产品，对技术进步没有任何作用，还大幅度增加了系统集成的成本，是巨大的浪费。

因此，要想实现信息集成的目标，必须要使制造过程各个环节在全球标准化的基础上实行统一的标准。如果现在不开始智能制造的标准化工作，任凭制造商自由发展，将来标准问题必将成为智能制造发展的极大障碍。这一点我们是有经验教训的。例如现场总线标准，由于在一开始对现场总线协议没有开展国际标准的研究和制定工作，各大企业自行开发的协议都逐步成为事实上的标准，难以再进行整合，以致现在现场总线的国际标准有几十种，最终受到损失的还是用户。而工业无线通信协议吸取了现场总线的经验教训，比较早就开展了国际标准工作，目前仅有四种协议成为国际标准。所以，在涉及通信、数据格式等领域需要尽早开展标准的研究。

另外，标准问题涉及技术话语权问题，这关系到各国的巨大利益。“工业 4.0”的标准化路线图中提出了两个观点。其一是建议在国际标准的制定过程中，可以在某一个国家先试行一些标准，然后再把这些标准纳入为国际标准；其二是要求德国各标准化组织派更多的专家到国际标准组织的工作组中参与工作。这两点都是希望把德国的技术写入国际标准中，将德国的技术成果在全球推广应用。所以，我国也需要积极开展智能制造的标准化工作，在国际标准中争取有我们的话语权。

3.2.3.2　标准化在智能制造中的重要性

2017 年，在“第二届中德智能制造/工业 4.0 发展与标准化国际报告会”上，国家标准委主任田世宏指出，标准化是现代化的重要基础，是振兴实体经济的制度工具，更是智能制造的导航灯、风向标。智能制造的高质量发展、创新发展，都离不开标准化的支撑。在德国工业 4.0 实施建议中确定的八个优先行动领域中，标准化首屈一指。标准化在德国被视为创新的驱动力、亟待解决的首要任务以及实现市场和供应商领先战略的手段。2014 年，在美国工业互联网发展中成立了工业互联网联盟，以协调广泛的生态系统，使用公共的体系结构、互操作性和开放的标准作为此联盟的任务，来促进对象与人、过程和数据的连接与融合。由此可见，标准化在智能制造中的重要性不言而喻。

（1）标准化决定着智能制造产品和服务的品质

智能制造，顾名思义就体现在其“智能”的方面，随着制造业与互联网、大数据、人工智能等的有机结合，未来更多制造业顺应时代发展潮流，将更多地生产与智能制造相匹配和顺应社会需求的智能化产品和服务。这时候，产品和服务的品质就需要我们不断地去考量，因为只有高质量的产品和服务才是智能制造中所需要的，无质量、光有先进的科技生产模式显然不够，智能制造也就无从谈起。而标准则是衡量质量高低的指标，标准决定着质量，有什么样的标准存在就会有什么样的质量出现，高质量必须有高标准。通过制定标准、实施标准以及监督标准实施情况等来实现产品和服务的品质，这也就需要在智能制造中实行标准化工作，以此来保证质量。日本著名质量专家石川馨说过：“没有标准化的进步，就没有质量的成功，质量与标准化是一辆马车的两个轮子，假若不了解这种关系，标准不得力，质量控制最后将以失败告终。”所以，智能制造离不开质量，亦离不开标准化。

（2）标准化是智能制造技术创新的驱动力

在制造业中，可持续发展少不了技术创新这重要的一环，落后的技术在科技不断发展的背景下，最终都无任何生存的空间，只会被无情地淘汰。而一项技术创新成果的确立并不是一蹴而就的，是在不断地积累和实践经验中推陈出新的产物。积累和实践的经验也是一种标准，通过对积累和实践经验的借鉴和使用即是实施标准的过程，在实施过程中又不断地对其进行更新，对现有技术进行必要的制修订，从而生成更有益于发展的标准。2016 年 8 月 22 日，在国家智能制造标准化协调推进组、总体组和专家咨询组成立大会暨第一次全体会议上，工业和信息化部副部长辛国斌强调：“智能制造，标准引领”，抓好标准化工作是智能制造工作成功的关键，通过标准的推广和应用，技术创新才得以迅速扩散，并转化为现实的生产力。智能制造中一项技术创新成果的确立过程实际上就是技术创新标准化的一种体现，新技术的推进和应用都需要通过制定标准来完成，标准化在技术创新过程中发挥着举足轻重的作用。

（3）标准化是实现智能制造系统互联互通的必要条件

现如今，智能制造的生产模式已经大大不同于传统制造业的生产模式，它有自身的一套智能制造系统，具有较强综合性，包括网络技术、自动化技术、拟人化智能技术等，是目前所有各类制造系统的一个更高层次的集成，是信息化与工业化深度结合的展现。智能制造尚处于成长与磨合阶段，在智能制造工作的推进中，数据集成、互联互通等关键性问题仍然是目前所面临的挑战，如何更好更快地实现智能制造系统中各要素的有机结合是一大关键性问题。推进智能制造系统互联互通、信息融合，标准化是必不可少的基础条件。通过标准化的实施，来整合和统一各要素间的协调性至关重要。通过制定相关的标准来统一智能制造系统中的问题，例如在数据接口、通信协议、语义标识等基础性的共性标准等方面，就可以有效避免各要素间的矛盾冲突，智能制造系统中互联互通的问题自当迎刃而解。

(4) 标准化是让智能制造走向国际的根本

随着科技的发展，众多国家特别是发达国家逐渐意识到实现制造业智能制造的必要性，德国、日本、美国等发达国家已领先我们一步制定了智能制造标准化方针。各国之间的竞争分外激烈，特别是在国际市场竞争上，更是群雄逐鹿。而我国的智能制造也绝不是仅仅局限于自身国家内的智能制造，而是要冲破国门，占领国际市场有利地位。当今，标准化成了智能制造时代下各国抢占国际市场话语权的重要手段，国际市场上以标准说话，“得标准者得天下”，谁率先掌握了标准，谁就是国际市场上的领头羊。在智能制造过程中实现标准化，生产符合国际标准的产品或者参与制定相关智能制造国际标准，都是我们进军国际市场的有力保障，都将极大地促进智能制造的发展。

(5) 标准化在智能制造中的综合性

智能制造标准关注的是两类技术的融合，标准的内容必然包含了多种技术，包括设计技术、工艺技术、制造技术、通信技术、管理技术等。这样综合性的标准与过去以行业为服务对象的标准有很大的区别。以行业为服务对象的标准，其标准的内容、审定标准的专家结构都是围绕一个行业的，涉及的技术内容比较专，不适应制定多种技术综合标准的要求。往往一项智能制造标准的内容会涉及多个行业的标准化技术委员会（以下简称标委会)，因此标准的制定必然是多个相关标委会合作的结果。在“工业 4.0”的标准化路线图中也特别强调不同标委会之间必须进行跨领域的紧密合作。

智能制造标准的综合性，给现有的标准化工作提出了新的要求和挑战。多个标委会应该以什么样的工作方式来合作制定一项标准，标准如何申报立项，应该组织什么样的专家团队来进行审核，如何认可这个专家团队等，都是需要研究的新问题，也是对标准化工作的创新。

(6) 标准化在智能制造中的成熟性

如前所述，智能制造技术目前还处于研究发展阶段。在一些重要的技术上，世界各国还没有达到协商一致的程度。因此，智能制造标准有摸索和探索的特点。在具体制定的方式上，各国都提出要以用户案例作为制定标准的前期技术准备。也就是说，在大家对智能制造的技术还没有把握的时候，要通过一些实例来进行验证。例如，当前还提不出大家公认的智能制造体系框架。那么，先在一些智能制造工作开展得比较早、已经获得一些经验的航空、航天、汽车等行业进行试点，通过它们的案例提出该行业的智能制造体系框架，然后，在多个行业体系框架的基础上再提炼成智能制造体系框架。所以，把“用户案例”作为一类标准是智能制造标准的一大特色。

如何制定用户案例标准，是标准化工作遇到的新问题。例如事先如何进行案例设计，要明确针对智能制造的哪些特征技术进行验证，如何选择用户案例和确定案例的实施方案等。在 2015 年工业和信息化部实施智能制造专项中，也部署了 29 项案例标准，涉及的产业有航空、航天、电工装备、传感器、电子装配、机械加工等。这是对用户案例标准的一次尝试，希望通过这些案例标准的制定，有助于提炼出通用和基础标准的技术内容。

(7) 标准化在智能制造中的实施性

目前我们国家的标准分为强制性标准和推荐性标准。强制性标准一般都是涉及人身健康、生命安全、财产安全、生态安全、国家安全等的国家标准，其他都是推荐性标准。对于推荐性标准，企业可以根据具体情况决定是否采纳。但是智能制造标准是系统性的，不管是名词术语、通信协议、数据格式、语义描述，凡是参与到智能制造系统中的装备、产品、软件都得采用统一的标准，否则就无法实现互联互通和信息的集成。因此，智能制造标准具有一定的“强制性”。这就要求标准在制定过程中要更加注意多个行业之间的“达成一致”。只有真正“达成一致”，标准才有可能顺利宣贯。如何使多个行业对标准内容形成共识，并且在实施这项统一标准时，各方付出的代价最小，是对标准化工作的新要求和挑战。

(8) 标准化在智能制造中的国际性

智能制造标准应注意与国际标准的兼容性。这是一条基本原则。因为企业在实施智能制造（例如建设数字化车间）时，通常会采用一部分国外的装备和软件。这些装备和软件也要融入企业的智能制造系统中，成为一个有机的整体。如果我国的标准与国际标准兼容，那么在采购时要求外方提供的装备符合国际标准是没有问题的。如果我国的标准与国际标准不兼容，要求外方装备特意符合中国标准，在一般情况下比较困难，或者会支付很高的代价。所以，智能制造标准必须考虑与国际标准的兼容。而且，我们还要尽量借助国际上的研究成果，采用国际标准。在采用国际标准时，要特别注意标准的开放性。有些国际标准虽然是开放的，但是在标准中隐含有专利问题，或者有的标准的认证技术掌握在极少数国家手中。因此，在采用国际标准的时候，要注意安全可控问题。

(9) 标准化在智能制造中的渐进性

智能制造的标准制定，与智能制造发展的水平是有很大关系的。它是随着智能制造水平的逐步提高，制定相应内容的标准。例如我国目前的实际发展是处于普及生产自动化和管理信息化的阶段，那么首先需要制定的应该是与之相关的标准，例如互联互通、数据格式、信息化管理等标准。下一步从制造向产品全生命周期管理发展，则需要制定设计、工艺、制造、检验、物流相关的标准。以后会出现供应链、协同制造、远程监控等新模式新业态发展，则会涉及云计算、大数据等相关标准。当然，智能制造的发展阶段不会分得那么清晰，但是在某一个阶段重点制定哪些标准应该有通盘的规划。

3.2.4 智能制造标准化的构建

智能制造涉及的范围非常广，与产品、通信、信息、管理、质量、物流等都有关系。这些领域都已经有自己的标准体系，那么智能制造的标准化工作应该界定在什么样的范围内呢？这一点仍然要根据智能制造的特点来确定。智能制造是信息技术与制造技术的深度融合。之前，无论是制造技术还是信息技术都已经有很多年的发展历史，制定了自己完整的标准体系。智能制造标准并不是要再制定一系列制造技术标准或者信息技术标准，而是要在智能制造新的技术要求下，制定融合两种技术的标准，见图 3-9。

图 3-9　智能制造标准化的范围

以数控机床为例，智能制造的标准不是去关注数控机床本身的各项技术要求，即便未来的数控机床会有更多智能功能，成为智能机床，它的标准也不属于智能制造标准的范围。智能制造的标准关注的是当一台数控机床被放置在智能制造系统中时，它应该具有哪些技术特性。例如应该具备哪些通信协议，能够给制造系统提供哪些机床的加工信息和设备状态信息，能够接收系统哪些信息并能执行以及这些信息应该以什么样的数据格式提供。对于信息技术也是一样。智能制造标准不会去关注 5G 的技术标准，而是关注 5G 技术被用于智能制造系统时它所应该具备的技术性能。智能制造标准化的构建就是将标准化的流程和规范与智能制造的技术手段相结合，形成一种高度智能化、标准化的制造模式。

3.2.5　电池智能制造标准化

采用标准化、数字化、智能化等技术手段，依托物联网、工业互联、大数据等新兴技术，对传统产线进行数字化改造及建设，实现增效降本，已成为动力电池制造大规模、高质量制造的必然途径。

纵观中国动力电池生产制造发展历程，动力电池制造技术已逐渐从模仿阶段走向大规模、数字化、智能化制造阶段，并且在制造效率、制造合格率方面不断提升。

虽然目前国内动力电池产业的发展“高歌猛进”，但在制造方面还存在一些痛点，从全球价值链来看，产业核心竞争力仍然不强。一方面，我国已经不能延续过去依靠人口红利的发展模式，即廉价劳动力消失；另一方面，产业的自动化、智能化程度相较于发达国家还较低，表现为电池制造的合格率、材料利用率、产能利用率较低，无法满足高速增长的新能源汽车市场对动力电池产能尤其是高端产能的迫切需求。

目前，《国家智能制造标准体系建设指南》（2021 版，简称指南）已经发布，正如《指南》所讲：“标准对于智能制造的支撑和引领作用”，电池大规模制造需要采用标准化的手段，需要一系列标准体系的支撑。电池技术起步较晚，其设计、制造、检验、使用缺少完整标准，尤其针对锂电池行业装备的互联互通准则、集成接口、集成功能、集成能力标准，现场装备与系统集成、系统之间集成、系统互操作等集成标准严重缺少。面对电池智能制造发展的新形势、新机遇和新挑战，有必要系统梳理现有相关基础标准，明确电池制造集成的需求，从基础共性，关键技术以及电池行业应用等方面，建立一整套标准体系来支撑电池产业健康有序发展。

首先，要实现电池尺寸规格的标准化，目前国内 80 多家电池企业有 150 多种电池规格型号，意味着需要有 150 多种不同的生产工艺和生产线，这严重限制了电池大规模制造能力的提升。我们应总结过去的经验及反思其给产业造成的损失，尽快制定出电池尺寸规格标准，将电池规格型号限制在 10 种左右。

其次，要实现电池设计及基础标准化，需要建立电池领域元数据标准，元数据是用于描述其他数据的数据，是电池设计、制造、应用的基础。科学技术部国家科学数据共享工程的《元数据标准化原则与方法》中规定了领域元数据制定时的选取原则，可以参照此原则制定电池领域元数据标准。

最后，要实现电池制造标准化，电池制造过程复杂，工艺流程长，产线生产设备众多，而且同一条产线的生产设备往往来自不同的设备厂家，采用不同的通信接口和通信协议，设备之间缺乏互联互通、互操作的基础。需要建立电池制造过程数据字典标准，统一设备模型，制定设备通信接口规范，进行数据治理，实现产线设备和企业信息化系统集成，实现 OT 与 IT 深度融合，利用工业互联网平台，实现企业内、外部信息集成，优化电池制造资源配置及过程管控。

3.3 超前标准化模式与电池制造产业

3.3.1 超前标准化模式

3.3.1.1 传统标准化模式

传统标准化模式是指在产品或技术已经相对成熟、市场需求相对明确的情况下，制定一套行业标准以规范生产和市场竞争。这种标准化模式通常是由行业组织、政府、标准化机构等主导制定，参与者包括从事相关领域研究、开发、生产、销售等的专家和企业代表，旨在加强行业监管、质量控制和规范市场秩序。

传统标准化模式的优势在于可以确保产品、服务、技术的质量和安全性，促进产品和服务的互换性和可比性，增强消费者信心和满意度，同时也有利于提高企业产品的竞争力和降低产品开发和生产的成本。然而，在传统标准模式下，标准往往存在局限性和滞后性，标准制定过程也较为缓慢和僵化，无法完全适应快速发展的市场需求和新兴技术的变革。

20 世纪中期传统工业标准化组织逐渐形成体系，包括国际标准化组织、区域标准化组织、国家标准化组织、部分老牌的协会标准化组织等。发达国家的标准化组织由于受到民间非营利性组织（协会组织）的影响，其基本组织形式大部分都是采用会员制的非营利性组织，组织构架有会员大会、董事会等。组织的运行由章程做出具体规定，主要经费来源包括会员缴纳的会费、标准销售和市场服务（如企业标准化培训）收入等，例如，国际标准化组织 ISO、IEC、ITU，美国 IEEE、ASTM、NEMA 等，英国 BSI，德国 DIN，法国 AFNOR，等等，都属于这种类型。

工业当中有大量跨企业技术协调的需求，存在于产业链上下游之间，以及全球化的工业生产网络（IPN）之中。这种技术协调的需求是企业把自己的相关技术推荐到标准化组织的动因。在工业生产网络中，一个企业的技术固化到标准之中就会让该企业在市场竞争中占据有利的位置。如果其他企业的技术成为标准就有可能会增加自己的转换成本。所以企业出于市场竞争的本能会主动让自己的工程技术人员积极参与标准化组织的会议，努力承担标准的制定工作，争取把自己的技术纳入标准之中。传统标准化组织开展具体的标准化工作一般都是按照各技术领域建立不同标准化技术委员会（TC）。例如，ISO共有248个TC；各个TC负责不同的技术领域；每个TC下面还细分为若干分技术委员会（SC）；SC下面还设置不同的工作组（working group，WG），负责某一具体领域的标准化工作；对于每一个具体标准制定项目还要设立专门的起草小组。这种委员会产出的标准常常被称为“委员会标准（committee standard）”。

传统标准化组织的层级组织构架很好地适应了工业产品和服务对应众多工程技术领域标准化的需求。由于标准化组织起源于民间非营利性组织，所以其“自愿性”是一个显著的特点。首先，参加标准化组织是自愿的，所有利益相关方都能自由参加，进入和退出都是自愿的。所有的人在其中承担的工作都是“志愿者”的角色，无论是一般的参加者，或者是承担TC、SC的主席、副主席、工作组组长或起草组组长职务等，都是志愿者。由于是志愿者，标准化组织并不向这些志愿者支付报酬，也不给报销差旅费。所有这些花销都由利益相关方（企业或其他机构）自己承担。其次，标准的实施也是自愿的，企业是否执行某一标准，主要是取决于企业自己的判断——该标准是否适用于其产品，是否有利于企业在市场中的竞争。虽然标准化组织具有自愿性，但是这种组织在市场中却能够取得巨大成功。市场对自愿性标准的强制力起到了非常重要的作用。传统标准化组织的标准化还有一个共同的特点，就是坚持“开放透明、协商一致”的基本原则。其中的“开放”是指标准化组织的会员体制对所有利益相关方都是开放的，“透明”是指标准制定流程对于所有的利益相关方都是公开的，不能有暗箱操作；“协商一致”是指在制定标准过程中，在委员会做出决策之前必须对所有反对意见进行深入讨论，而且要有明确的结论性说明；协商一致不一定是百分之百达成一致，例如，ISO投票的时候一般情况下要求反对票不超过投票人数的1/4，同意人数要超过2/3。这种做法很容易获得企业的信任，并且企业如果有标准需求，也愿意到这类标准化组织中提出自己的提案。

经过长期运行，传统标准化组织为打通产业链和全球生产网络（GPN）在技术层面建立了标准平台，获得了很高的权威性和组织合法性。制定标准的过程可以看成是协商民主的过程。传统标准化组织因此能够吸引众多利益相关方参与到标准化组织中。经过标准化的长期实践，“开放透明、协商一致”是被传统标准化组织普遍认同的标准化基本原则，其重要性关乎标准化组织在市场中的存亡。这一类标准还被称为“协商一致标准（consensus standard）”。

3.3.1.2 技术快速发展与传统标准化模式的冲突

随着技术的快速发展，一些新的技术标准和规范可能会与传统标准化产生冲突。这是因为传统标准化通常需要经过长时间的研究和测试，而新的技术标准则可能更加灵活和快速。这种冲突可能会导致以下几个问题：

① 标准化的滞后性：传统标准化可能需要花费很长时间才能形成，这会导致标准化的滞后性，无法及时适应新技术的发展。

② 标准化的僵化性：传统标准化可能会过于严格和固定，无法适应新技术的灵活性和快速变化，从而限制了新技术的发展。

③ 标准化的冲突：新的技术标准可能会与传统标准化产生冲突，这会导致标准化的混乱和不一致性，影响市场的正常运作。

从 20 世纪 70～80 年代开始，伴随信息技术蓬勃发展，产业界中的联盟（consortia）迅速崛起，为产业创新和标准化做出了非常突出的贡献。经过近半个世纪的发展，联盟标准化已经得到产业界的认可，传统标准化组织也逐渐接受这一现状，并且积极拓展把成功的联盟标准引入传统标准化组织中的渠道。联盟标准化事实上已经成为全球标准化的一部分。

ICT 技术领域的产业创新是推动全球标准化体制变革的重要动力。联盟标准化和传统标准化各自发挥自身的优势形成了互补的治理网络——这两种标准化模式共存的全球标准化治理体制。

传统标准化组织区别于那些随着 ICT 产业发展而产生的标准联盟（standards consortia）。标准联盟也称为“非正式标准组织”。这类组织的会员模式和制定标准的模式与传统标准化组织不一致，不采用严格的协商一致，运行模式更加灵活，标准制定周期大大缩短。

ICT 产业是指信息通信技术产业，它是在信息技术、通信技术和互联网技术等多种技术的支持下，通过开发、制造和销售相关产品和服务，形成的一个庞大的产业体系。ICT 产业涉及软件、硬件、通信设备、电子产品、互联网服务、数字内容等多个领域，在现代经济和社会发展中具有重要的地位和作用。

在 ICT 产业的发展过程中，全球几乎所有国家和地区都投入了大量的资金和人力资源，尤其是一些科技创新发达的国家，如美国、中国、日本、韩国等。ICT 产业的发展不仅带动了相关企业的发展和壮大，还对其他行业和社会生活产生了深远的影响。例如，ICT 产业的发展促进了信息化、智能化、数字化等趋势的出现，催生了新兴产业和业态，也为人们的生产和生活提供了更多便利和选择。

ICT 产业是一个多元化、高科技、快速发展的产业，已经成为现代产业结构的重要组成部分。随着技术的不断进步和应用的拓展，ICT 产业将继续发挥重要的社会和经济作用，为人类社会的发展做出更大的贡献。

3.3.1.3 超前标准化模式

超前标准是在产品生产之前，依据预测科学技术发展情况，所制定的具有超前指标的标准。

在科学技术日新月异的情况下，标准化工作面临着新的课题。一方面，产品更新换代的速度越来越快，标准化对象日趋复杂，迫切要求加快标准化对象的无形损耗，因而使标准制修订任务加重；另一方面，由于制订与修订标准周期太长，往往标准总是跟不上实际情况的变化而失去应有作用，而超前标准化可以较妥善地解决这个矛盾。

超前标准的制订，应以现代科技最新成就为基础，或者以赶超对象的先进水平为基础，在未来的特定时间里达到现在还达不到的目标。

负责超前标准制定的组织以产业联盟为主体，产业联盟（industrial consortia）最早起源于 20 世纪 60～70 年代。以美国为首，也包括欧洲和日本等发达国家和地区开始产业联盟的实践，刚开始的时候主要是技术研发联盟（R&D consortia），这种联盟的主要功能是企业之间的合作开展技术研发，参与的企业共享研发成果。ICT 产业中的竞争异常激烈，包括下游的产品和服务竞争，以及上游的技术竞争。产品的互操作性成为市场成功的重要因素。为了应对技术的快速发展和复杂性，必然出现企业之间开展合作的需求，特别是竞争企业（持有替代技术方案的企业）之间的合作需求。

联盟是一种资源共享和快速研发的企业合作方式，也是一种应对市场竞争的资源配置方案，包括人力、资金、技术专利、实验环境资源等。企业之间共享研发成果，快速产品化，达到快速提高企业市场竞争能力的目的。联盟成为信息通信技术（ICT）行业进行技术/市场协调的结构性特征，为了适应市场快速发展，为了加强联盟企业间的协作和交流，为了降低市场准入门槛增强市场竞争力，为了提高产品质量和安全性，编制共同使用的超前标准势在必行，从此超前标准化模式应运而生。不过，由于超前标准化模式可能牺牲原始的、更基础的技术研究，注重实证和试错，所以有时也会面临标准制定的不稳定性和变数性，需要不断更新和完善。企业研发联盟在全球范围内采用超前标准化模式，超前标准化模式成为国家之间科技和产业竞争的工具。

3.3.1.4　传统标准化模式与超前标准化模式的区别

（1）传统标准化模式制定周期长

对于一个传统的标准化组织来说，其主要工作内容就是制定标准，最终的产出也只是发布标准。如前所述，传统产业标准化的一个重要特点就是标准化滞后于技术的发展，要等到技术相对成熟之后再开始标准化工作，属于后标准化模式（reactive standardization）。传统产业标准制定周期一般也相对比较长，例如 ISO 和 IEC 制定一个标准需要 3～5 年的时间，这对传统产业的技术生命周期来说还是微不足道的，因为传统产业的技术生命周期一般都很长，少则三五十年，长则上百年的时间。图 3-10 表示了传统产业中的研发投入、标准化投入和技术的生命周期之间的关系。图 3-11 表示

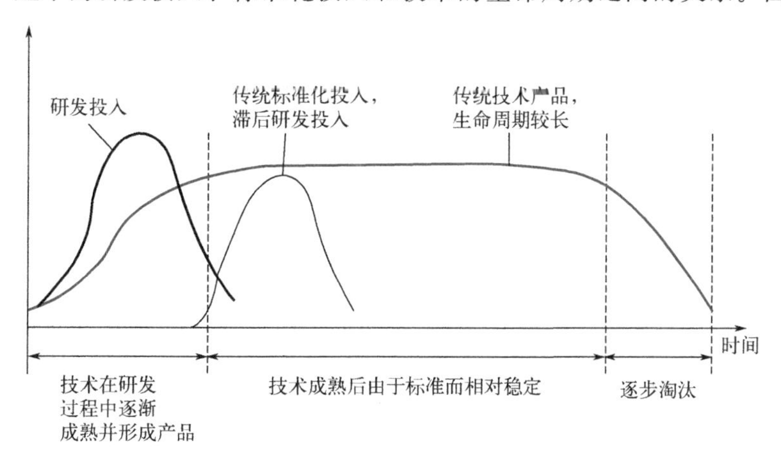

图 3-10　传统产业中的研发、标准化和技术生命周期

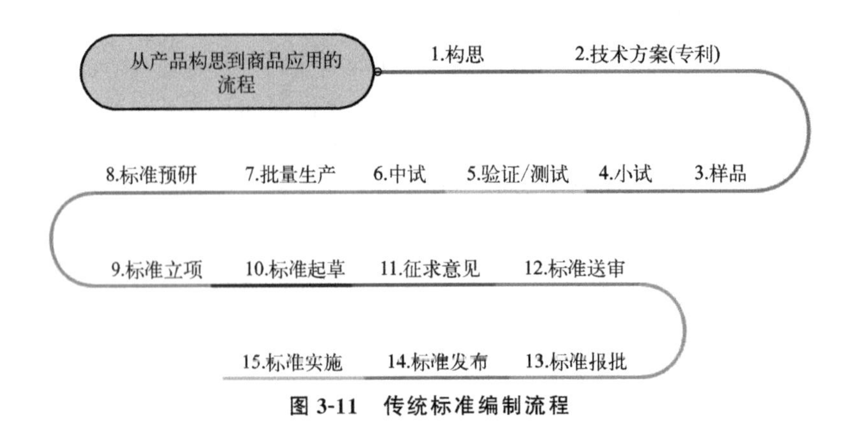

图 3-11　传统标准编制流程

了传统标准编制流程。

传统标准化模式的特征是在技术或产品已经基本成熟，市场需求相对稳定的情况下，制定一套完善的标准以规范产业生产和市场竞争。一般是在产品完成开发设计，通过产品鉴定和小批试生产，在投入大量生产时颁布并实施标准。这种标准模式通常是由政府、标准化机构等主导组织制定，参与者包括各行业专家、企业代表、公益机构代表等，旨在约束行业、相关企业的生产、经营和管理，提高产品质量和安全性。

传统标准化模式的优势在于可以促进市场透明度和公平竞争，保障消费者权益和公共利益，提高产品质量和安全性，增强企业信誉和社会责任感。同时，传统标准模式也有利于产业升级、创新发展和国内外市场的开拓。

（2）超前标准化模式与技术研发同步

ICT 标准化与传统产业的标准化相比有很大的不同。从 20 世纪末开始，由于 ICT 的发展完全打破了传统标准化已经建立的秩序。20 世纪 80 年代，微电子技术和支撑计算机芯片制造创新的摩尔定律使得芯片的性能快速提升，每隔 18 个月芯片的工艺和集成度会增加 1 倍，性能也会提升 1 倍，从而带动了硬件的更新换代，软件也因此受到持续更新换代的压力。结果是 ICT 技术的生命周期越来越短。技术的快速更新对标准化造成了极大压力，现在很多 ICT 技术领域的标准化已经不能再像传统标准化那样按部就班了。标准化不得不改变传统模式，在刚开始研发投入的时候，标准化就开始介入，出现了标准化和技术研发几乎同步的现象（见图 3-12）。这在传统标准化领域从来没有过。传统领域的标准化属于后标准化（reactive standardization），信息技术领域中的标准化属于超前标准化（proactive standardization）。后标准化一般是在技术相对成熟并形成产品之后的标准化。而超前标准化则是在技术并未成熟就要定义未来产品需求的标准化。很显然，超前标准化需要承担失败的风险。图 3-13 表示了超前标准编制流程。

绝大多数超前标准化都是在联盟中进行的。联盟的工作内容远远超出制定标准本身。因为技术的发展并不成熟，所有的技术创新都是在过程之中，市场的拓展还很初步，很多关键的技术标准在还不是很完善的时候就已经付诸实施。联盟与传统标准化组织的不同非常重要，它说明企业在联盟中寻求协调行动的动因。很多创新企业

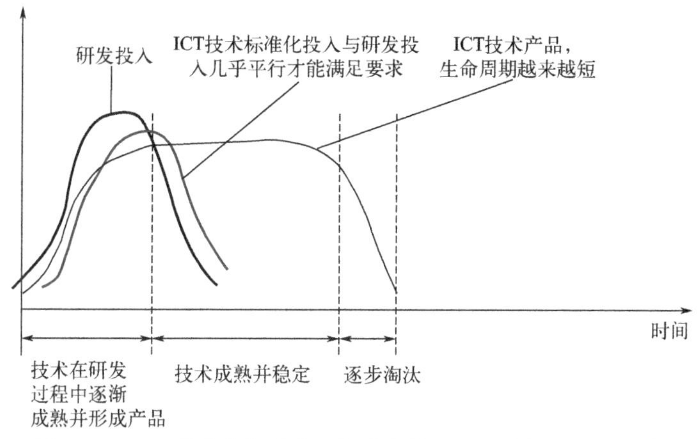

图 3-12　ICT 技术的标准化、标准化投入和研发投入几乎同步

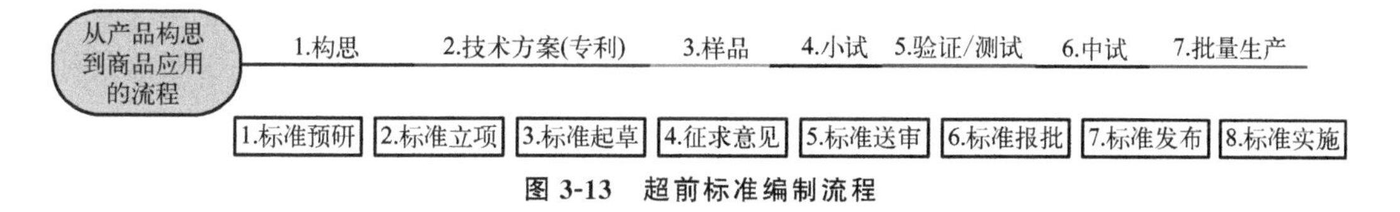

图 3-13　超前标准编制流程

基于战略的考虑在其互操作性技术并没有成熟的时候就试图把这种技术方案制定为标准，利用网络的外部性和马太效应（正反馈）以及技术的锁定效应迅速扩大客户群体，提高设备和终端的客户安装基数，进而扩张基础设施网络和客户终端网络。在扩张的过程中从客户的反馈中找出标准和技术存在的问题，通过软件升级和系统升级再逐步完善。

很明显，传统标准化组织的技术成熟之后再开展标准的工作模式在 ICT 领域已经跟不上形势。在 ICT 领域中，技术的研发协调、标准的协调、企业的竞争，甚至国家之间的竞争都混合交织在一起。技术标准的竞争异常激烈。对于联盟来说，在技术研发的早期阶段就要把拥有创新技术的企业和市场上需要这些技术的产品供应商联系起来，技术研发与制定技术标准/规范相结合，最终的产出是要完成相应市场协调，制定相应的技术标准/规范，通过标准/规范创建一个业务群体。技术的协调和标准的协调同时进行。联盟对此似乎比传统标准化组织处于更独特的地位，更易于发挥作用。联盟相对于传统标准化组织还有一个很大不同点，就是它只对自己的成员负责，不对任何公共利益负责。

超前标准化的特征是产品市场研发与标准预研同步进行，在产品开发设计之前提出标准、依据标准来指导设计，在设计阶段结束时，经修改完善颁布正式标准。也就是说，把标准制定时机由设计阶段之后提到之前。标准化人员既参与市场调研又介入产品开发设计，研发人员既承担产品开发设计又参与标准起草编制。

在研发活动全过程中，采用超前标准化模式可以降低研发的技术风险，增强研发的动力，加速市场的进程；研发的发展也能够通过创造技术先进、市场适应性好、经济价值高的成果为标准的发展提供强有力的支撑，进而不断提高技术标准中的科技含量和自主知识产权含量，促进产业技术进步和核心竞争力提升。

超前标准化是现代标准化的一种先进方式和特殊形式，它是改变标准化与科学技术发展速度不相适应，特别是滞后型标准化因滞后而影响生产和不能满足市场不断变化需求的重要措施。

超前标准化可以妥善解决技术发展快与标准编制周期长的矛盾。这是因为，根据科学实验预测未来而制订的符合客观发展趋势的超前标准，既促使其相应的产品不断发展和完善，满足社会进步的需要，同时又加快了制修订标准的时效性。超前标准化可以帮助企业在技术和市场竞争中占据先机，提高产品质量和服务水平，降低成本和风险，促进产业升级和转型。

3.3.1.5 超前标准化模式的实施指南

(1) 确定超前指标的四项原则

在制定超前标准时，根据预测，给标准化对象规定在一定期限后应达到的要求就是超前指标。超前指标通常是一些可以预测的，在一定时期内相对稳定的重要指标并且是最佳的。例如，《综合标准化工作指南》（GB/T 12366—2009）中规定了确定超前指标的四项原则：

① 必须以科技成果和生产发展水平为基础，以国际标准和国外先进标准为依据，规定出在一定期限内应该达到的水平。

② 应与科研工作相结合，在超前标准化对象发展的最初阶段进行。

③ 必须掌握科学技术发展的预测结果，了解技术进步与产品升级换代的规律。

④ 应着重研究超前标准化对象的重要特性和质量指标及其发展趋势。

超前指标具有经过科学论证和预测的超前期。而超前期是指标准日期与标准中超前指标的实施日期之间的时间间隔。

(2) 超前标准化定义

在技术和市场发展的前沿，通过对未来技术、产品和服务的需求进行预测，其质量指标随着时间的变化而变化，提前制定标准和规范的活动。

(3) 超前标准化工作过程

制订与贯彻超前标准是一个很复杂的过程，一般可分为以下三个阶段。

① 准备阶段。

在全面地分析和处理大量的有关情报数据基础上，选择超前标准化的对象，确定超前标准化方向，然后确定其具体指标。如产品，就要对其发展趋势进行技术上的质量分析，特别是对具体的技术手段发展趋势进行技术上的质量分析，对具体的技术手段发展情况作定量分析，最后要对技术经济分析和技术经济效果进行计算。

② 制订超前标准阶段。

总的来说，制订超前标准同制订一般标准没什么区别，但在超前标准中必须规定促进产品发展的指标，其发展方向应符合国民经济需要。

③ 贯彻超前标准阶段。

由于超前标准所规定的产品指标尚未被工业企业所掌握，因此必须建立贯彻超前标准所必要的物质条件、经济条件和组织技术条件。然后根据不同的产品种类，在规定的生产范围内认真贯彻实施。

（4）确定超前指标的预测对象

在确定超前指标时，预测的对象主要有以下几方面。

① 标准化对象的科学技术水平。

超前指标的预测工作必须从确定标准化对象的科学技术水平开始，以便尽可能准确而详尽地规定出该对象在一定的超前期内的最佳参数值范围及其动态，预测的方法主要采用模拟法。

② 需求量。

预测需求量是为了确定需求函数和生产量，这种需求函数在进行最佳化时可作为约束条件或目标函数使用。

对生产资料产品需求量的预测方法主要采用模拟法、标准法、外推法和直接计算法。模拟法主要计算中期（5～7年）、长期（10年以上）情况下的需求量；标准法主要用于编制中期预测方案；外推法用于获取大致的预测数据；直接计算法用于计算定短期内（1～2年）的需求量。

日用类商品的需求量主要取决于用户的数量、用户的收益分配及价格水平，因此要用经济数字模型来预测。

③ 生态指标。

预测生态指标主要是为了充分考虑同环境保护有关的各项要求。主要采用模拟方法和生态系统的动态模型来进行这项工作。需要的原始情报资料有生态系统的结构、人的活动对周期环境影响的各种数量指标、生态系统各要素和周期环境之间相互影响的性质等。

④ 经济指标。

预测经济指标是为了确定总的预算投资。它考虑的因素有：投资的不同时间性，批量及其对产品成本的影响，使用限期，以及自然资源利用和周围环境利用的耗费等。

（5）确定超前指标的预测技术

超前标准化工作中，一项很重要的工作就是确定超前指标。具体地说，就是通过对需求关系、生产和使用费用、指标和科技水平等原始数据在标准化过程中随时间而发生的变化进行预测，按预测值进行最佳化分析来确定超前指标，包括确定对该指标实施前期的要求，以保证在给定条件下取得尽可能大的效益。因为超前标准化的实质在于准确地规定出未来处于最佳状态下的各种超前指标，因此，在确定超前指标时应用先进的预测技术和方法具有很重要的意义。预测技术主要是针对预测对象未来发展趋势的技术应用进行系统的调查研究，以便准确地掌握技术发展同其他发展存在着怎样的交叉作用，采取什么样的措施可以获得最佳效果等。预测技术是随着科学技术的迅速进步而于20世纪50年代末形成和发展起来的一门新技术，至今已产生了许多适用于不同预测对象的行之有效的预测方法。如特尔斐法、头脑风暴法、类比法、趋势外推法、模拟法、关联树法等。

1）模拟法

模拟法是确定超前指标时预测的基本方法。适用于预测工作的所有阶段，能保证预测的精确度和详尽度。

使用这种方式的限制条件是由编制的模型来确定的。预测时所用的模型有：说明标准化对象处在规定的动作原理情况下其参数变化的模型，用于确定标准化对象已定的动作原理使用期限的模型等。前者为数学模拟模型，是跨部门平衡模型及实验模型，主要用来确定主要的参数值之间的相互关系。后者则是以扩大再生产模型为基础的，充分考虑了标准化对象参数变化经过及对其未来的影响，通过这类模型可以确定模拟结果的使用期限。

2）外推法

当超前时间与选为基准的时间相比，不以标准化对象发展条件的变化为前提时，预测标准化对象的参数可用外推法。

外推法是一种常见的几乎人人都在使用的方法。这种方法的特点是把过去、现在的发展状况延伸到未来，并根据延伸的结果来作出预测。在预计过去的发展变化将以同样的速度和方向继续下去时，人们往往用这种方法来作出预测，这种预测方法的根据是事物的连续性。

3）启发法

启发法，又称直观预测法，主要包括征求专家意见、组织专家会议，如采用其他预测方法比较困难时可以采用启发性，启发性中使用得较多的是特尔斐法。

特尔斐法是美国兰德公司在 1964 年首先用于技术预测的，它以匿名方式通过几轮函询，征求专家们的意见，预测组织对每一轮的意见都进行汇总整理后再发给每个专家，供他们分析判断，提出新的论证，经多次反复，专家的意见日趋一致，结论的可靠性也越来越强。实质上，特尔斐法是系统分析方法在征求意见和价值判断领域内一种有益的延伸。

（6）超前标准化的实施步骤

① 技术和市场调研。

对相关技术和市场进行深入研究和调查，分析未来趋势和需求，确定标准和规范的制定方向和重点。

② 研发与标准同步。

在研发的全过程中，及时关注和参与相关标准的制定和修订，保持与标准同步，以确保研发的产品和技术符合标准要求，提高产品的质量和市场竞争力。

③ 标准和规范制定。

依据调研结果和相关技术、产品和服务的特点，制定标准和规范，包括技术标准、测试方法、产品规范、服务标准等。

④ 标准和规范审批。

制定完成后，需要提交给相关的标准化组织或政府机构进行审批和认证，确保标准和规范的科学性和可行性。

⑤ 标准和规范宣传和推广。

制定和审批完成后，需要向相关企业、行业和社会进行宣传和推广，让大家了解和认可标准和规范的重要性和价值，引导大家遵循标准和规范进行生产和服务。

⑥ 标准和规范实施和监督。

标准和规范制定完成后，需要建立相应的实施和监督机制，确保标准和规范的有效实施和监督，从而推动相关产业的发展和升级。

3.3.2 研发与标准化同步

超前标准化的实施步骤中，最重要的工作就是研发与标准化同步。研发与标准化同步是指在产品研发的过程中，同时参考和遵循相应的标准规范，以确保产品的质量和性能达到标准要求，提高产品的市场竞争力和用户满意度。

3.3.2.1 研发与标准不同步的原因

(1) 研发

研发是指产品研发，即利用基础研究、应用研究的成果和现有知识来创造新产品、新方法，新技术、新材料、新工艺，以生产产品为目的而进行的技术研究活动。

(2) 标准化

标准化是指为了在一定范围内获得最佳秩序，对现实问题或潜在问题制定共同使用和重复使用的条款的活动。

(3) 研发与标准化在空间上不同步

研发、标准化在同一个国家往往归属不同的体系、不同的领导部门、不同的管理机制，形成了研发活动与标准化在空间上的不同步。

研发一般由科技部、科技局负责。

标准一般由国标委、各部委、各专业技术委员会负责。

(4) 研发与标准化在时间上的不同步

① 研发与标准化为前因后果的关系，时序上前后相连。

② 研发项目程序的 7 个阶段如下：a. 研发准备阶段；b. 研发可行性分析与评审阶段；c. 研发项目行动计划编制与评审阶段；d. 设计/开发与评审阶段；e. 验证/确认与评审阶段；f. 市场投放阶段；g. 研发总结与回顾阶段。

技术研发流程见图 3-14。

③ 标准制定程序的 9 个阶段如下：a. 预研阶段；b. 立项阶段；c. 起草阶段；d. 征求意见阶段；e. 审查阶段；f. 批准阶段；g. 出版阶段；h. 复审阶段；i. 废止阶段。

国家标准制定流程见图 3-15。

3.3.2.2 研发与标准化同步的可行性

虽然研发与标准化在客观上存在时空上的不同步。但研发与标准化的技术要素紧密相连，两项活动具有内在的一致性、相同的指向性、相同的实施主体，可以做到研发与

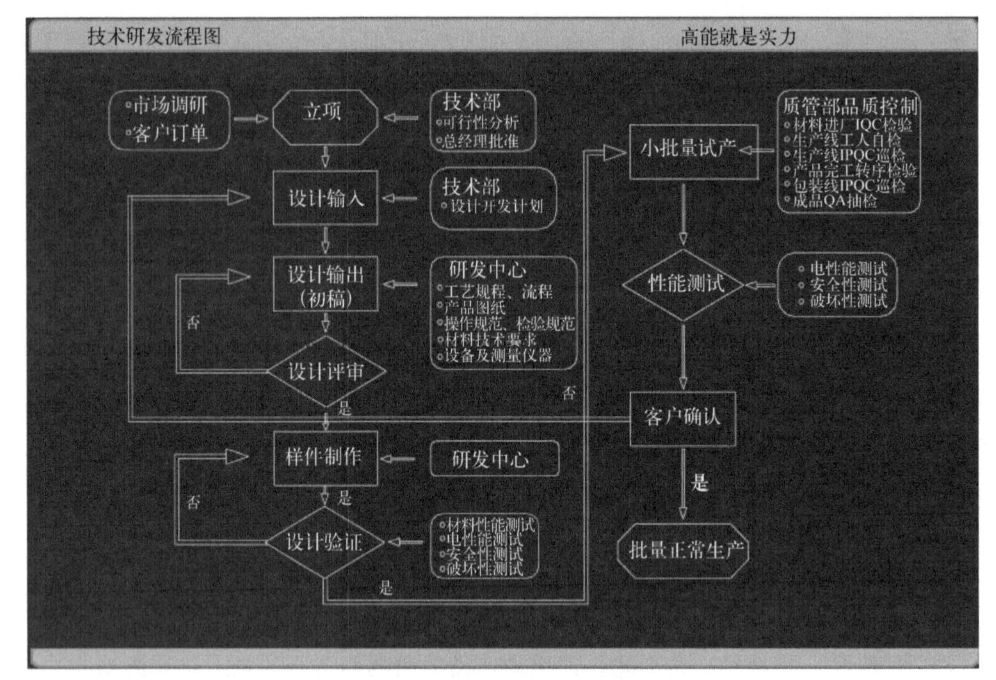

图 3-14　技术研发流程图

IPQC—制程中质量控制；IQC—来料质量控制；QA—质量保证

图 3-15　国家标准制定流程图

标准化同步。具体体现在同步机制的建立、标准化意识的贯彻、成果转化为标准的实现。

（1）研发与标准化具有内在的一致性

标准的制定可以促进研发的深化，研发的成果可以适当、适度地转变为标准；研发与标准是一个事物的两个方面，既相互依存，又相互促进，它们具有内在的一致性。科研开发项目中往往包含一些标准的制定，甚至有些科研开发项目的最终成果就以标准形式体现。

（2）研发与标准化具有相同的指向性

在市场经济和全球化的环境下，研发与标准化体现着一个国家或企业核心竞争力的强弱。标准具有垄断性和合法性的特征，在这一定程度上形成了进入市场的壁垒，而研发成果是技术标准的载体和体现，研发与标准化具有相同的指向性。

(3) 研发与标准化具有相同实施主体

企业是市场的主体，也是自主创新的主体，同时也是标准化的主体。当企业同时对外承担研发与标准化两个项目时，对内可以是一个团队，项目参与人员既是技术的研发者又是标准的制定者。项目组在研发阶段，就可以开始考虑如何形成标准，课题研发的主要内容，也就是标准的技术指标。在两项活动实施过程中实现资源共享，相互促进。

3.3.3 研发与标准化同步的实施

3.3.3.1 市场预测阶段的标准化工作

(1) 坚持“以市场为主导，以企业为主体”的原则

这一阶段是研发成果转化过程的基础阶段，必须坚持“以市场为主导，以企业为主体”的原则。市场预测阶段，是新产品的计划决策阶段，也是企业新产品设计开发最关键的第一步，缺乏市场支撑的研发成果是没有生命力的，也不可能转化为生产力。

此阶段其主要研发内容有：开展数据挖掘、信息萃取、专利分析、标准检索、行业调查、市场需求调查、经济预测等情报分析工作，并在此基础上制定产品开发规划，确定新产品设计方案。

此阶段的标准化工作有：从国内外市场各种渠道收集、分析、研究相关技术标准信息和数据；明确新产品的产品系列、典型结构的选用；对现行标准的贯彻实施和产品必须达到的法律法规要求；标准化水平等方面的要求，如国内外同类型产品的标准、规范，国内外标准对该类产品质量、性能的指标规定，国内外标准对该类产品质量、性能的试验方法，国内外同类型产品的样本，国内外同类型产品的系列型谱，国内外同类型产品通用技术条件等等有关信息和数据。

(2) 共同编制《新产品标准化综合要求》

以上许多方面的分析、研究，需要新产品设计人员会同标准化人员共同编制《新产品标准化综合要求》。这是保证新产品设计质量、提高产品质量、加快设计进度的有力措施。

(3)《新产品标准化综合要求》的编制原则

① 全面贯彻国家有关标准化工作的方针、政策和法律、法规；

② 充分反映使用中对标准化的要求，充分表达产品实现过程中对标准化工作的要求；

③ 切实体现新产品的发展方向和设计意图；

④ 应由标准化人员会同产品设计和生产工艺负责人共同提出，并经充分评审，最后由企业主管生产技术的管理者审批。

(4)《新产品标准化综合要求》主要内容

① 应符合产品系列标准和现行技术标准的要求。

要说明该产品属于哪个系列，哪个基型，说明该产品的主要用途等；如果没有国家标准、行业标准和地方标准，标准化人员要会同设计人员编制企业产品标准草案。

② 新产品预期达到的标准化系数。

即新产品标准化系数估算，需充分考虑产品的继承性，优先采用通用件、借用件，扩大标准件的比重，合理压缩和减少零部件的品种规格。

③ 对材料和元器件的标准化要求。

提出推荐和限制采用的材料清单和标准件、通用件、外购件清单，明确产品中应采用哪些典型结构、组合元件和积木单元，以及采用哪些典型线路、通用线路等。

④ 提出新产品的标准化要求。

通过分析国内外同类产品标准化状况，找出国内外同类产品标准化水平的差异，提出赶超先进水平的方案和措施。

⑤ 预测标准化的经济效益。

主要是预测该产品贯彻上述标准化要求后，在产品设计、试制成本等方面，将要带来的经济效益。

(5) 后续标准化审查的依据

《新产品标准化综合要求》是这个阶段的主要工作和成果性文件，也是后续阶段进行标准化审查的依据。

3.3.3.2 成果产生阶段的标准化工作

该阶段是贯彻“以市场为主导”的原则，确立研究开发项目的开始，也是将研发成果转化成市场产品的开始。从产业链成功的可能性来看，是风险最大的阶段，只有到产品雏形出来，才基本上完成这一阶段的任务。此阶段的标准化工作有：

① 需要制定产品标准，以便对产品的工作条件、使用性能、理化性能、稳定性、耗能指标、外观和感官要求、材料要求、工艺要求，以及有关卫生、安全和环境保护方面要求等各项技术要求作出规定。

② 需要对各项性能参数的试验方法及检验方法作出规定。

③ 需要对与主产品相关的技术要素作出规定。

3.3.3.3 成果转移阶段的标准化工作

① 研发成果的转移阶段就是中间试验和工业化试验阶段，此阶段是从产品的雏形开始到完成产品小批量生产为止。其主要目的是完成生产工艺的可行性论证，即在正常生产条件下，能否保证达到设计指标和批量产品的质量及经济效果。

② 小批量产品试制前要制定出全部工艺文件，制造出全部工艺装备，然后试制出一小批量产品来试验和调整所设计的工艺规程和工艺装备，为正式生产做好必要的技术装备。这一阶段是研发成果转化的关键阶段，如能顺利地迈过这一阶段，产业化、规模化生产的前景即可能实现。

③ 此阶段的标准化工作是做好工艺、工装两个主要方面的标准化工作。

a. 工艺标准化包括工艺文件格式标准化、工艺术语符号标准化、工艺要素标准化、制定标准工艺、贯彻采用国际先进工艺标准、实行工艺规范化、程序化、文件化。

b. 工具工装标准化包括标准工具、通用工装，以便减少生产准备工作量，需要制定“标准工具目录”“工装分类编号标准”“工装图样管理制度”“专用刀具标准”“工装零件标准”，推广“机夹刀具”“组合夹具”。实际上，小批量试制阶段的标准化，也就是新产品生产阶段的标准化。

④ 小批量试制产品在装配、调试完成以后，就进行小批量试制鉴定工作，检查批量生产的工艺准备工作是否完善，样品鉴定中提出的问题是否得以解决，决定新产品是否可以进入大批量生产阶段。以上的工作最好能形成一份《标准化审查报告》文件。

⑤《标准化审查报告》主要内容可包括：a. 工艺、工装标准化情况；b. 样机鉴定时标准化方面提出意见的执行情况；c. 工艺文件的正确性、完整性和统一性，引证重要文献的目录；d. 工装标准化系数，经济效果分析；e. 存在问题和解决措施；f. 贯彻和检查安全标准、卫生标准、环境保护标准、节能降耗标准等执行情况；g. 标准化审查的结论性意见。

⑥ 当新产品样品鉴定与小批试制鉴定两个步骤合并进行时，《标准化审查报告》内容应包括样品鉴定和小批试制的全部标准化审查报告内容。当然，不同行业的企业，《标准化审查报告》的内容可以不完全一样。电池制造企业，其标准化工作主要是以生产流水线、制定工艺流程为重点。冶金、化工、轻纺、建材等按配方、工艺流程进行生产的企业，其标准化工作重点主要是审查产品的配方、成分、理化性能和生产工艺是否符合标准规定，确保批量生产出质量稳定的合格产品。

3.3.3.4　成果使用阶段的标准化工作

① 研发成果的使用阶段就是规模生产阶段，也就是最终完成研发成果产业化的阶段。此阶段主要的任务是不断地开拓市场、不断地扩大生产，同时还要为产品的更新换代做准备。成果使用阶段的标准化工作是解决现代化的大生产中，人和人、人和物、物和物之间各种错综复杂的关系。

② 为理顺和协调这些人和人、人和物、物和物之间的复杂关系，使之能按一个总的目标——高质量和高效益协调运行，就必须有一个合理、严密而有效的管理系统来控制这些因素。

③ 新科学技术的引入，打破了原来生产管理系统的平衡，给技术和生产管理带来新的特点，为此需对各种生产管理要素（计划、组织、指挥、协调、控制）的功能、职能或作用、任务目标或要求、方法、程序、考核及对人或部门有关的责、权、利等作出统一规定，即制订出一整套适用于新产品、新技术的生产管理标准。

④ 生产管理标准包括组织架构、计划规定、指挥控制、激励机制，具体：a. 有关新品开发组织架构的规定，即组织架构设立和工作关系系统图、各有关部门和人员的岗位职能、任务或目标等；b. 有关新品开发的计划规定，即计划的目标、要求、程序、方法、考核等；有关新品开发的协调规定，即组织系统内部、内外、上下、纵向和横向

之间协调，包括协调的方法、程序和要求等；c. 有关新品开发的指挥和控制的规定，即如何掌握新产品开发的动态信息及指挥和控制的目标、方法、程序和要求等；d. 有关新品开发的激励机制的规定，并将参加标准化活动作为科研人员的业绩来考核，鼓励科研人员在进行研发的同时积极参与标准化工作。对在科技研发中能快速把研发成果转化为技术标准，且在市场中取得经济效益、社会效益和生态效益的单位和个人，应给予表彰奖励，鼓励全体成员不断地开拓市场、不断地扩大生产。

总之，任何批量生产的管理业务都包括在类似上述的标准化对象中。

3.3.4 超前标准化模式与先进电池产业高质量发展

(1) 推进研发与标准同步发展是一个系统工程

面对高新技术的迅猛发展和高新技术产业化的趋势，国家标准化管理委员会提出了加强高新技术标准化工作机制创新的 20 字工作方针：“早期介入、积极跟踪、自主制定、适时出台、及时修订。”要贯彻好这 20 字工作方针，关键在于进行标准制定的管理体制、运行机制、工作模式及方法等方面的改进和创新。

在先进电池研发活动中，适时介入材料、设计、使用和回收相关标准的制定可以降低研发的技术风险，增强研发的动力，加速市场的进程；研发的成果也为标准的制定提供强有力的支撑，进而不断提高技术标准中的科技含量和自主知识产权含量，促进产业技术的进步和核心竞争力的提升。

推进研发与标准同步发展是一个系统工程。首先，要完成“以政府和行业部门为主导”的研发与标准化协调机制向“以市场为主导、以企业为主体”的研发与标准协调机制的转变；其次，要鼓励企业积极参与研发创新与标准化活动。这样才能真正做到：标准研究与科技研发同步；标准制定与科技成果转化同步；标准实施与科技成果产业化同步。

(2) 超前标准化模式是现代标准化的先进方式

超前标准化模式是现代标准化的一种特殊形式和先进方式，它是改变标准化与科学技术发展速度不相适应，特别是传统标准化模式不能满足技术快速发展和市场不断变化需求的重要举措。超前标准化模式和智能制造是相辅相成的，前者是实现后者的基础。只有企业在生产中不断引入先进的技术和管理模式，才能够实现制造过程的智能化和自动化。同时，先进电池智能制造也可以帮助企业更好地实现超前标准化模式，通过实时监测和控制生产过程，及时发现和解决问题，提高生产效率和质量。企业在智能制造的研发过程中引入超前标准化模式，可以提高生产效率和质量，降低成本和能耗，增强产品竞争力和市场占有率。同时，超前标准化模式还可以促进智能制造产业的协同发展和标准化建设。

(3) 超前标准化模式引领先进电池高质量发展

在先进电池智能制造领域，标准化是非常重要的，只有制定和实施统一的标准，才能够实现设备互联、数据共享、协同生产和智能优化。在先进电池智能制造领域，超前标准化模式具有以下几个方面的优势，能够引领智能制造产业高质量发展。

① 促进技术创新。

超前标准化模式能够提前预测技术发展趋势，从而推动技术研发和创新，为产业发展提供有力支持；通过制定超前标准，引导企业进行技术改造和升级，推动产业向高端化、智能化方向发展。

② 降低生产成本。

在超前标准化模式下，制定统一的标准规范，减少品种，将有限的精力集中在几个规格上突破，避免单件小批量制造成本过高的问题，有助于降低生产成本和提高生产效率，从而增强企业的竞争力。

③ 提升产品品质。

超前标准化模式可以推动产品品质的提升，提高产品的可靠性和安全性。通过制定严格的质量标准，鼓励企业进行质量管理和控制，推动产品品质的提升，提高产品的市场竞争力。

④ 优化产业结构。

超前标准化模式可以促进产业向智能化、数字化、网络化方向转型升级，推动产业向高附加值、高技术含量方向发展。通过制定严格的环保、能效等标准，鼓励企业进行绿色生产和可持续发展，促进产业结构的升级和转型。

⑤ 增强国际竞争力。

在全球化的大背景下，国际标准的制定和实施已经成为产业发展的关键因素之一。超前标准化模式鼓励企业进行技术创新和研发，提高产品质量和技术水平。通过参与国际标准的制定和实施，企业可以掌握产业发展的主动权，增强自身的技术实力和创新能力，进而提高国际竞争力。

（4）先进电池产业的超前标准化

先进电池产业的超前标准化是指通过制定和实施超前的电池技术标准和规范，推动电池产业的发展和创新，以适应未来市场的需求和变化。具体的实施路线就是在先进电池制造过程中，应用超前标准化的原理，在电池设计时尽早将产品的设计、工艺、制造、使用和回收纳入标准化，应针对电池应用场景和使用材料规格的规范化，尽早确定电芯尺寸规格、材料选取、电池零部件定义、换电规格及模式、电池使用和回收等。充分利用超前标准化手段，减少材料规格、电芯规格，这样可以减少生产线开发，提升单件批量，提升制造质量，大幅度降低批量制造成本。

为了实现先进电池产业的超前标准化，需要采取以下措施：

① 建立完善的标准体系。

建立完善的电池技术标准体系，包括基础标准、技术标准、管理标准、安全标准、环保标准等，确保各个方面的标准化工作相互协调和配合。

② 加强标准的实施和监督。

加强电池技术标准和规范的实施和监督，确保标准的落地和实施效果。同时，对标准的实施情况进行监督检查，及时发现问题并采取措施加以解决。

③ 推动技术创新和研发。

鼓励企业进行技术创新和研发，推动电池技术的不断进步和发展。同时，加强与国际标准的对接和协调，推动先进电池产业的国际化发展。

④ 加强产业协同和合作。

加强产业链上下游企业之间的合作和共赢，推动整个产业的协同发展。同时，加强与国内外企业和研究机构的合作和交流，共同推动先进电池产业的超前标准化发展。

参考文献

[1] 李春田，房庆，王平．标准化概论［M].7版．北京：中国人民大学出版社，2022.

[2] 范荣妹，邱克斌，解如风，等．标准化理论与综合应用［M]．重庆：重庆大学出版社，2021.

[3] 李培根，高亮．智能制造概论［M]．北京：清华大学出版社，2021.

[4] 麦绿波．标准化原理的评论［J]．中国标准化，2011（6）：40-45.

第4章 综合标准化与先进电池智能制造

4.1 综合标准化理论

4.1.1 综合标准化概述

(1) 综合标准化的由来

综合标准化是以系统理论为指导开展标准化工作的方法，由苏联标准化工作者于20世纪60年代创造。

20世纪80年代苏联开展综合标准化的经验传入中国。为了探索在中国开展综合标准化的可行性，国家标准局于1983年组织了综合标准化试点。试点课题于1986年前后陆续结束，收到了较好成效。其中较为突出的有以彩色电视机、建筑门窗等为代表的一批综合标准化项目。

综合标准化试点的成功，引起国家科学技术委员会的重视，1986年国家科学技术委员会给中国标准化综合研究所下达了“科技引导型项目——综合标准化”课题，目的是在进一步总结经验的基础上制定一套指导开展综合标准化的国家标准。为此，又在全国范围内组织了新一轮的试点，历经3年，取得了一批试点成果和经验（其中还包括一批农业综合标准化的试点经验）。在此基础上，于1990年和1991年分两批颁布了5项《综合标准化工作导则》系列标准（GB/T 12366.1～GB/T 12366.5）。

标准颁布后，由于种种原因，除国防工业系统外，未能在其他系统贯彻实施，对综合标准化的研究与实践中断了20年之久。直到2009年该系列标准修订为《综合标准化工作指南》（GB/T 12366—2009），2009年5月1日发布，11月1日实施。

2012年全国标准化工作会议提出“要以战略思维与系统思想为指导，汲取综合标准化在国防工业领域应用的成功经验，组织专门力量，设置专项课题，深入开展综合标准化理论及应用研究，开发具有科学性、实用性的方法和工具，完善相关标准，加快推动综合标准化的实践应用”，认为“目前，综合标准化就是在标准化领域运用系统思想的一种重要的、比较成熟的方法，要把它作为今年及今后一个时期工作的重中之重来抓”。综合标准化纳入了《标准化事业发展“十二五”规划》，进入了有组织、有计划的发展时期。

(2) 综合标准化的定义

综合标准化是现代标准化的方法，这种方法是在系统理论与现代标准化相结合的实践中产生的，并已初步形成理论体系，成为综合标准化特有的方法论。国家标准《综合标准化工作指南》(GB/T 12366—2009) 给出的综合标准化定义是：为了达到确定的目标，运用系统分析方法，建立标准综合体，并贯彻实施的标准化活动。

这个定义揭示了综合标准化的关键内涵：

① 综合标准化是有明确目标的标准化，综合标准化活动一开始就要有明确的目标，综合标准化活动的最终目的就是实现这个“确定的目标”。

② 综合标准化的基本方法是系统分析法，而系统分析恰是系统工程的基本方法，因此可以说综合标准化是以系统理论为指导、运用系统分析方法开展的标准化。

③ 运用系统分析方法的目的是建立标准综合体，通过贯彻实施这个标准综合体达到实现“确定的目标”的目的。

④ 综合标准化的大量活动都与建立并实施标准综合体有关，综合标准化的突出作用和特有功能也都是通过标准综合体发挥和体现出来。标准综合体在综合标准化活动中有着举足轻重的作用，是综合标准化的优势之源。

(3) 标准综合体的概念

国家标准《综合标准化工作指南》(GB/T 12366—2009) 给出的标准综合体定义是：综合标准化对象及其相关要素按其内在联系或功能要求以整体效益最佳为目标形成的相关指标协调优化、相互配合的成套标准。

这个定义揭示了标准综合体的如下特征：

① 标准综合体是成套标准，标准的成套性是综合标准化的一个非常重要的特点。综合标准化的许多优点和特殊功能都与综合标准化提供成套标准密切相关。

② 这个成套标准的最突出之点是它的所有标准的关键指标（参数）经过协调，互相配合，达到优化。全套标准整体协调是综合标准化的独有特点，经过整体协调的标准形成一个有机整体（标准系统），从而发挥出系统功能。

③ 标准综合体的建立以及成套标准的协调都要以整体效益最佳为目标，这是整体协调必须遵守的原则。

④ 整体协调的基本方法是把综合标准化对象和相关要素作为一个系统，运用系统分析方法，透彻分析标准化对象和各相关要素以及各要素之间的内在联系或功能要求，只有把这些联系搞清楚了才知道如何协调，才能使协调的结果是“整体效益最佳”，才能使成套标准起到保证目标实现的作用。

4.1.2 综合标准化方法论

(1) 综合标准化的理论依据

综合标准化的任务同传统标准化的任务有很大的不同，因此，综合标准化的做法也同传统标准化的做法有所不同。

① 综合标准化不笼统地要求所有标准都要高指标，主张适用就行，追求标准之间互相关联、互相协调，能形成一个最佳的有机整体。也就是说综合标准化不刻意追求单个标准最佳，而是追求标准系统整体最佳。

② 综合标准化所要解决的不是个别的、孤立的简单问题，而是整体地解决复杂的综合性问题。个别的、简单的问题用单个标准就能解决；复杂的综合性问题之所以复杂就是相关因素多且千头万绪，要整体地解决就必须把它们的关系理清楚，必须有针对性地制定一整套标准才能解决问题。

③ 标准综合体的确定，确立各个标准之间的关系，使它们密切衔接成为一个有机整体并真正解决问题，是综合标准化过程中必须处理的难题。

④ 从标准的制定到标准的实施，实施过程的管理，直到问题得到解决，要涉及诸多部门和环节，要组织许多人参加，要做大量的协调和组织工作。

由此不难看出，综合标准化不同于传统标准化，它虽然与传统标准化有诸多相同之处，但比传统标准化工作复杂得多、难度大得多。它处理的不是一个孤立事件，而是一个包括诸多方面的系统。面对这样的标准化课题，没有与其相适应的科学理论的指导，没有科学的方法，没有能够统帅全局的人才是难以成功的。

综合标准化是标准化发展到一定阶段的产物，是标准化实践经验的总结。但这种总结恰是由于接受了系统理论才找到了正确的方向和科学的方法。

这里所说的“系统理论”是一个统称，是由系统论、信息论、控制论等组成的一个学科体系。它是 20 世纪以来最伟大的科学成果之一。它的普及和应用，为人类认识世界和改造世界提供了新的强有力的思想武器。综合标准化过程中所蕴含的那些与传统标准化不同的原则、方法和特点，实际上都是系统理论的映射，可以说综合标准化是系统理论和标准化交叉融合的产物，也可以说综合标准化就是标准化系统工程。

（2）综合标准化方法论的基石

综合标准化不仅是标准化的新方法，还是一种科学的方法论。综合标准化发展到今天，仍处于不断积累经验阶段，它的方法论尚在形成或不断完善过程中，现在看较为成熟的是目标导向、系统分析和整体协调这三个方面，可以说它们是综合标准化方法论的三块基石。

1）目标导向

综合标准化是以解决问题为目的的标准化，它所要解决的不是孤立的或局部的问题，而是系统地处理综合性问题。对于孤立的局部性问题，单个地制定相应标准就够了；而对于整体性问题，仅靠那些单个、零星制定的标准是无济于事的，它必须把相关标准组织成一个有特定功能的有机整体，也就是要建立一个标准系统，发挥系统的作用。那么怎样才能把相关标准联结成一个有特定功能的系统呢？从方法论层面来说，首要的就是目标导向。

这里所说的“导向”，指目标所具有的指向性、针对性和方向性，在整个标准化过程中提供未来活动的指引。它既是综合标准化的起点，又是综合标准化的归宿，引领综合标准化全过程。例如，制定标准综合体规划时，要以总体目标为依据，找出相关要素；要将总目标分解，确立各相关要素的目标；要将相关要素的目标落实到每个标准；实施标准过程中的检查、评价，直到最后验收，都是这个目标在起指引和导向作用。否则这一系列活动便无所遵循。

目标导向是综合标准化方法论的一块重要基石。不论参与综合标准化活动的人员有多少，也不论他们来自哪个单位、哪个部门，都能用整体目标把他们的意志统一起来；标准综合体中不论包括多少标准，它们都分别承担着为确保总目标实现的各个分目标，从而形成标准化系统工程的高度组织性和整体效能。

2）系统分析

系统分析是系统工程的主要方法。它是把要解决的问题及其相关要素视为一个系统（整体），对系统要素进行综合分析，找出解决问题的可行方案的方法。这种方法特别适用于综合标准化，因为在综合标准化过程中始终伴随着决策和执行的反复交替。诸如选择综合标准化对象、确定总目标、明确相关要素、分析要素之间以及要素与整体之间错综复杂的关系、决定综合标准化深度、目标分解、对标准综合体规划的评审直到综合标准化项目验收等过程。其中既有对相互关系的分析，又有重大问题的决策。每次决策几乎都要以系统整体效益为目标，寻求最佳方案。例如，在综合标准化对象确定之后设定整体最佳目标就是一次重要决策。如何保证所设定的整体目标是最佳的，这是很难决策的。再如，相关要素的确定，特别是目标的分解和落实也是工作量很大、难度很高的决策。怎样才能保证相关要素不发生重大遗漏、相关关系符合实际、目标分解准确到位，不借助科学方法，靠拍脑袋是不行的。这就要有选择地采用系统分析的具体方法和工具，如规划论、预测技术、构思方法、技术经济分析、模拟技术、评价方法等研究方法，对这些问题提出各种可行方案和替代方案，进行定性与定量分析和评价，提高所研究问题的清晰程度或为决策提供精简有效的信息，最大限度地减少决策失误。只有综合标准化过程中一次次的决策都不发生失误，综合标准化的最终目标才能最终实现。

3）整体协调

整体协调的实质是整体优化。协调是方法，优化是目的。它是从系统整体的立场出发，运用系统优化方法，综合地掌握系统内部之间以及系统与外部环境之间的关系，使系统达到整体最佳状态，从而获得最佳整体效益，即“整体大于各部分之和”的效益。从这里我们发现了综合标准化之所以能产生效益的机理。这也就是贝塔朗菲所说：把孤立的各组成部分简单地相加，是不能产生整体效益的。因为“简单地相加”不能成为整体，必须像他所说的那样“从事物的关系中、相互作用中发现系统的规律性”，这就是整体协调的内涵。

因此，我们不能用“简单地相加”的方法建立标准综合体。必须把标准化对象及其影响因素视为一个整体（系统），并且要仔细分析和确定它们之间的关系，针对这些因素所制定的每一个标准，都必须满足系统整体的要求并且成为系统整体的一个有机组成部分。这就要求每一个标准都必须放到系统中加以考察和调整，都必须符合系统整体的要求。这时，每个标准便失去了独立性，它的性质、地位、功能都要受系统整体的影响。系统的整体性是由系统的有机联系即系统内部诸因素之间及系统与环境之间的相互联系、相互作用来保证的。对人造系统来说，这种有机联系不是天生就有的，也不可能自动形成，必须经过协调才能建立起来，而且还必须是整体协调。

所谓整体协调，简单地说，就是为实现最佳整体目标而制定的全部标准，根据总目标的要求相互协调。通过协调建立起要素（标准）之间的联系，如系统的输入与输出之间的联系、系统之间的层次联系、系统的所有组成部分中参数和变量与系统特定功能之间的关系等。把这些相互作用、相互依赖的联系建立起来，才能形成一个有机整体。

传统标准化也强调协调，但这种协调是单个标准之间的协调，或者是新旧标准之间的协调，或者是上下级之间的协调，协调的内容不外乎处理相互之间的重复和矛盾，并无整体目标为依据。在整体目标尚不清楚、保证整体目标的标准系统尚不存在的情况下是不可能进行整体协调的。

整体协调是综合标准化最难的工作，同时也是最具特色、最有价值的工作。可以说整体协调是创造价值的活动，是综合标准化之所以能获得最佳整体效益的内在根据。

案例

对于先进电池的尺寸规格，由于早期没有推行超前标准化模式，导致中国开始做尺寸规格标准时已经有多达 145 个尺寸规格，带来的问题是各个厂家生产电池的尺寸规格不统一，不能互换，也不能判断每家电池企业生产电池水平高低，单品种的生产数量不多，导致生产成本极高，生产线也难以优化。现在是采用整体协调方法，对电芯的尺寸规格进行优化的时候了，在考虑对应用的兼容条件下，尽可能用较少的电芯尺寸规格兼容应用范围，同时必须统筹兼顾材料、制造工艺能力、制造设备的可靠性、电池的可换性、电池的回收等方面。

目标导向、系统分析、整体协调这三块基石奠定了综合标准化方法论的基础。它们同样也是有着内在联系的一个整体，在应用时互相渗透、互相补充。深刻理解和切实把握好、运用好这三块基石，是理解综合标准化和做好综合标准化工作的前提。

4.2　综合标准化过程

综合标准化是一项标准化系统工程，不仅要有组织、有计划地进行，而且要遵照必要的程序有步骤地推进，整个过程包括以下几个关键阶段。

4.2.1　准备阶段

准备阶段要考虑和处理许多问题，其中最重要的是确定综合标准化对象和建立协调机构这两个环节。

① 选择并确定综合标准化对象是综合标准化工作的首要环节。在选择和确定对象时通常要从“是否有意义”“是否有必要”“是否有可能”等方面认真权衡，选择既有重大意义又必须运用综合标准化的方法广泛协调才能成功的对象，同时，进行必要的可行性分析。

② 建立协调机构是综合标准化有组织进行的保证。这是由综合标准化活动需要多

方合作、广泛协作（常常跨行业、跨部门）这个特点决定的。它除了要承担大量艰巨的技术协调职能之外，还有许多组织实施工作。

4.2.2 规划阶段

这一阶段的任务主要是确定目标和编制标准综合体规划。

（1）确定目标

就是确定综合标准化的主攻方向，也是要达到的目的。目标一经确定，便成为各项活动的依据和出发点。因此，要做必要的调查研究和分析论证，目标要尽可能量化。

（2）编制标准综合体规划

标准综合体规划是带指导性的计划文件，是建立标准综合体、编制标准制修订计划和确定相关科研项目的依据，也是协调解决跨部门问题的依据。它包括综合标准化对象及其相关要素、需要制修订的全部标准、最终目标值和相关要素的技术要求、必要的科研项目等。标准综合体规划的编制通常要遵照如下的程序和要求：

① 综合标准化对象的系统分析。这是运用系统分析方法，找出所确定目标的相关要素，明确综合标准化对象与相关要素以及相关要素之间的内在联系与功能要求。通常可从结构、工艺、使用等方面寻求相关要素以及它们之间的关系，如图 4-1 所示。

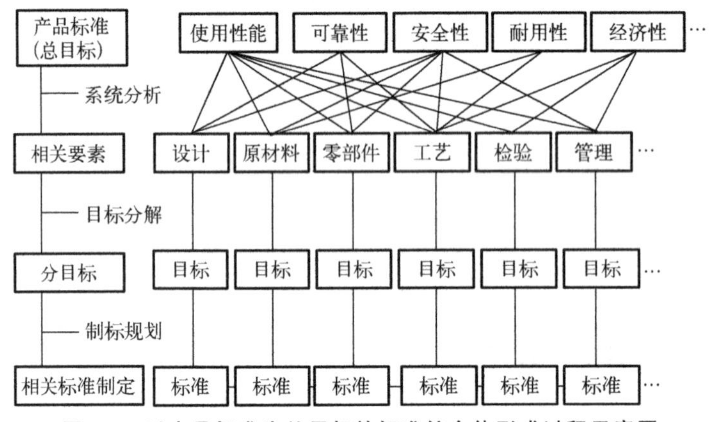

图 4-1 以产品标准为总目标的标准综合体形成过程示意图

② 目标分解。就是将综合标准化的目标分解为各相关要素的目标，分解的目标值应能保证实现所确定的综合标准化目标。应对各种可能的目标分解方案进行论证，从中选择最佳方案。

③ 编制标准综合体规划（草案）。根据系统分析和目标分解的结果，编制标准综合体规划（草案），明确标准综合体的构成。标准综合体规划（草案）内应包括保证综合标准化对象目标实现需要制修订的所有标准、每一个标准承担的使命和必须满足的技术要求以及必要的科研项目等。

④ 对标准综合体规划（草案）进行评审。评审的目的是确保规划切实可行并认定其为正式规划；评审的内容是确认规划能否确保最终目标实现，标准是否配套，总体是否协调，能否实现整体效益最佳等。

4.2.3　制定标准阶段

这一阶段的内容主要是制订工作计划和建立标准综合体。

① 制订工作计划。工作计划是规划的具体化。通过工作计划确定应制修订的标准以及对标准内容的要求；根据标准之间的内在联系，确定各标准之间的关系、制修订时间和顺序、承担单位与参加人员；分解的目标值均应在相应标准的有关指标中得到保证。

② 建立标准综合体。协调机构根据工作计划的要求，组织全部标准的起草和审定工作，完成标准综合体建设任务。制定工作守则和必要的规章制度，保证统一步调、互通信息、协调行动。

4.2.4　实施阶段

这一阶段的主要任务是组织标准实施和评价验收。

① 组织实施。是通过全套标准的实施，实现综合标准化目标。为此，要做好实施前的准备，实施过程的跟踪检查，记录相关数据，反馈相关信息或做局部调整等。

② 评价和验收。主管部门组织对标准综合体实施效果进行评价，并对整个综合标准化项目进行验收。

4.3　综合标准化特点

4.3.1　从整体目标出发考虑问题：整体性

传统标准化不仅单个地、孤立地制定每一个标准，而且单纯地追求每个标准的最佳效果。这样的最佳标准，在独立应用时常常能发挥出很好的功能。然而，用这类标准去处理系统性问题，即要把许多这样的标准组织起来共同去解决问题时，它们却很难“组织起来”。因为当初制定每一个标准时，并不知道将来会被“组织起来”，也不知道会参加什么样的“组织”，更不可能知道“组织”将分配它承担什么任务、发挥什么作用。即使它单独存在时是个优秀标准，到了这时可能并不符合“组织”的需要。这就是所谓的“见树不见林”，也就是不见“整体”、不见“系统”，因此无法“组织”。这就是传统标准化到了解决综合性问题时遇到的困难。

综合标准化是遵照系统科学的原理发展起来的。系统理论的首要原则是整体性原则，系统科学方法论的首要特点就是整体性。所谓“整体性”，从认识论和方法论的角度来说，就是从整体出发考虑问题，或者是用系统观点考虑问题。例如，在研究大系统时，对每个子系统的着眼点不在于它们各自可能发挥的作用，而着眼于它们保证整个系统最有效地运转的功能。这就是系统方法从整体出发考虑局部，这也就是所谓的“见树先见林”；而传统的方法是离开整体孤立地考察局部，这就是“见树不见林”。这是综合标准化与传统标准化在方法论上的本质区别。

综合标准化过程中建立的标准综合体，其中的每一个标准，从形式上看虽然也是分散的、单个的，并且是由不同的人分别制定出来的，但实际上它们是围绕一个共同的整体目标，遵照统一的规划，在限定的时间内，按事先规定的分目标和应满足的要求制定的。每个标准虽然都有各自的目标和功能，但它们的目标和功能既不是任意的也不是孤立的，一切都是从保证整体目标实现和整体目标最佳为出发点确定下来的。它只要求每个标准承担起整体目标所赋予它的功能，并不刻意追求每个标准都达到最高水平。就是制定每个标准时，着眼点也不在于它们各自可能发挥的作用，而是着眼于它们保证整个系统最有效运转的功能，这就是综合标准化的整体观或系统观。

4.3.2 以解决问题为目标：目的性

综合标准化的目的性非常突出，这也是它与传统标准化的重要区别。不是说传统标准化就没有目的了，传统标准化也是有目的的活动，但两者的目的是有区别的。

传统的标准化的目的有时是比较抽象和笼统的，如加强企业管理、促进对外贸易、保护生态环境等。这类宏观、抽象的目的，很难转化为具体指标落实到标准上。那些孤立、分散、单个制定的标准，也不能说都是盲目制定的，它们各有各的适用范围，各有各的目的或目标。这些目的有时能达到，有时达不到，但这都不是最主要的，最主要的是追求每个标准形式上的完美和指标先进。通常是越先进越好，渐渐地把这个也转化为标准制定者追求的目的或目标。总的来说，传统标准化是有目的的标准化，但它们的目的是互相独立的、分散的、各自为政的，把多个标准集中起来便不知道什么是它们共同的目的或目标了。

综合标准化是多个标准围绕一个目标，它不容许分散，更不容许各自为政。标准综合体中不论包括多少标准，都必须服从一个总目标。标准综合体中的每一个标准虽然也有各自的目标，但这些目标都是为保证总目标的实现而确立的。

综合标准化是以解决问题为己任的标准化，解决问题就是它的目的。为使目标更加清晰，还需明确解决什么问题，达到什么要求。如果综合标准化对象是产品，通常还要规定参数和参数值。只有标准化的目的和目标非常明确、非常具体，相关活动才能有所遵循。为实现标准化的目的，为保证目标实现制定相关标准才有所依据。否则便不可能知道要制定哪些标准，标准中做何规定，规定到什么程度。

综合标准化不仅一开始就有明确的目的，并将目的转化为总目标，而且还要将这个总目标分解为若干分目标并分别落实到相关标准的制定任务中。在对所有标准进行系统处理、整体协调时，也要以能否保证总目标实现为准则。直到最后阶段对综合标准化项目进行验收时，还要以是否达到了预定目标为判定标准。这个目标自始至终引领着综合标准化全过程，因此才说综合标准化是目标导向的标准化。

目的性和目标性这个特点，听起来很平常，也很容易理解，但要真正做到、做得彻底是很不容易的。只要仔细观察和分析就会发现，许多标准化活动和标准的制定是在目的并不明确或根本就没有明确目的和目标的情况下进行的，这种盲目的标准化随处可见。诸如制定出来的标准无人用、出版的标准没人买、庞大的标准体系成了摆设等，其中的原因，多数情况下就是最初的目的不明确，或虽有目的，但目的是虚幻的，根本起不到导向作用，最后必定是目的和行动分离。越是高层的、大规模的标准化活动，越是容易发生这类问题。所谓的“一开始就要把事情做对”，这个“一开始”应该就是目的和目标问题。国际标准化组织（ISO）提出的“制标三原则”，其中第一原则就是目的性原则，讲的就是这个道理。

4.3.3　用一套系列标准解决问题：成套性

综合标准化不是一次只制定一个标准，而是在限定时间内制定一整套对实现既定目标起保证作用的标准，这叫标准的成套性。

这种成套制定标准的方法有什么意义呢？简单地说就是它能有效地保证标准化整体目标的实现。也就是说，这个成套性是由综合标准化的整体性和目标性这两个特点决定的。整体性告诉我们，综合标准化的对象不是孤立的个体，而是一个整体、一个系统。例如，我们把提高某种产品的质量指标作为综合标准化的目标，这个目标是不可能自我实现的，它受到诸如原材料、工艺装备、操作方法、设备、环境条件、生产管理等一系列因素的制约，质量目标同这些影响因素之间由于存在内在联系，它们便结成了一个系统，成为一个整体。这样一来，标准化的任务就由当初提高某一产品的质量指标，演变为处理一个系统的整体性问题。也就是说，必须把这些影响因素同要达到的质量目标一起考虑，相关标准一起制定、一起实施，才能最终解决问题。这就是综合标准化必须成套制定标准的原因。

标准是怎样成套的呢？当标准化的对象和总目标确定之后，经过系统分析、目标分解，建立起一个由分目标组成的体系。这个体系中的每一个要素都是保证总目标实现所不可或缺的；然后依据每个要素（分目标）的要求，在整体协调的基础上量身定制每一个标准，这样的标准自然成套。

成套性不仅仅是标准齐全、应有尽有，更重要的是全套标准互相关联、密切配合，形成一个有机整体。每套标准都有特定的用途和明确的目的，每个标准都有针对性，从解决具体问题的角度来看，这种量身定做成套标准，是解决具体问题最理想、最有效的方法。苏联标准化学者在分析了两种标准化方法之后认为“国家标准化工作的全部注意力，不应当放在一些个别产品标准的制定上，而应当放在相互联系的成套系列的编制上”。这一观点是一个非常值得探讨的问题。

4.3.4　标准相互依赖：敏感性

什么是敏感性？苏联学者 A. K. 加斯切夫认为，具有整体性特征的标准系统是一个十分敏感的综合体。这就是说，如果我们所建立的标准综合体是一个有机整体，它就一定是个敏感的综合体，即其中的任何一个标准（尤其是处于核心地位的标准）的变更，必将明显地影响到整个综合体，要求综合体做出反应——对其他标准进行相应调整，这就是标准综合体的敏感性特征。

标准综合体的敏感性是怎么产生的呢？很显然，这种敏感性是标准综合体整体协调造成的。因为是整体协调才把标准综合体变成一个有机整体，具备了整体性方才有了敏感性。未经整体协调的标准不可能成为一个有机整体，也就无所谓敏感性。

标准综合体的敏感性有什么意义呢？最重要的意义是使标准综合体具有动态适应

性，也就是对环境的应变性。当我们用整体性原则考察标准系统时，必须把环境放到系统之中通盘考虑，因为系统是离不开环境的。按订单开发的标准综合体，也是离不开用户环境和市场环境的。我们不仅要在建立标准综合体时充分考虑环境的要求，使所建立的标准综合体与环境相适应，而且要在标准系统建成之后，同环境保持信息沟通（系统应有这个功能），一旦环境发生变化（尤其是市场需求变化），原有标准系统不能满足需要时，标准系统必须快速反应、及时应变。由于我们所处的环境是一个多变的环境，这就决定了我们所建的标准综合体必须是能适时调整，具有动态特征的系统。标准系统的敏感性恰是使标准系统能够适时调整并具有动态特征的原因。这可以看作（有人参与的）标准系统的自适应和自组织功能。

这个自适应和自组织功能非常重要，一个组织的标准系统有了这种功能，便可适时调整、持续有效，否则便是短命的。综合标准化之所以能使标准系统具有自适应和自组织功能，起关键作用的有两点：一是标准系统的模块化结构；二是模块的管理权下放，采取集权和分权相结合的管理体制。前者令标准系统简化，使系统调整变得容易，即变集中统一调整为分散调整，变大系统的调整为小系统的调整；后者调动起基层管理者管标准、用标准的积极性，使标准系统成为有人参与的系统，使人在系统中起作用。使用标准的人能及时得到反馈信息，能及时提出调整的意见和要求，并且知道该如何调整。不采取这样的管理体制，标准系统是不可能实现自适应和自组织的，也就是说它不可能具有敏感性。

延伸阅读

匈牙利标准化局主席 N. 奥拉热什说："科学技术革命决定了一些标准很快就陈旧了，在开展综合标准化时，经常是上百个标准共同发生作用，因此标准的任何部分如果陈旧，这就意味着与其相关的整个标准综合体已陈旧。根据这一观点来看，传统标准化对于时间因素并不如此敏感。根据我们的经验，相对于技术发展而言，综合标准化比传统标准化更有活力，这就是综合标准化的新性质之一，它对标准化的效果和产品质量的改善可以施加直接的影响。例如，现代汽车已经达到的高速度，要求改善充气轮胎的质量。为此化工部门就必须实施重大的技术发展措施，而实施这类措施，就需要制定和修订一整套有关耐磨性、耐热性和使用寿命的标准，只有这样才能生产出高质量的充气轮胎。"

4.3.5 标准的全过程管理（闭环控制）

标准化是一个活动过程，这个过程是由一系列互相关联的活动组成的，我们通常把标准制定、标准实施和信息反馈这三个环节组成的连续过程视为标准化的基本过程。

所谓"全过程管理"，是指综合标准化不仅通过标准的制定建立标准综合体，而且还要实施这个标准综合体，实施中或实施后都要通过监督检查反馈信息，对标准进行调整和修订，直至达到预定目标，实现标准化的目的。

从理论上讲，不论采取何种方法，只要是开展标准化，就应该包括这些过程。但是，实际工作要比理论复杂得多。例如，国家制定的标准，都是很重要的标准，制定的目的当然是希望得到普遍的实施，以体现标准化的效益。但标准的实施是企业的事，尤其是推荐性标准的实施更是企业自愿的事。如果国家标准化机构能投入大量的人力、财力对标准加以宣传推广，就会有更多的企业实施这些标准。但是这很难做到，原因就是国家标准化的人力、财力资源不足，只能把有限的资源主要用在标准的制定上，这就出现了实施不力的情况。标准中存在的问题，有许多是要等到实施时才会暴露出来，由于实施管理不到位，相关的信息也不能及时反馈，这就不利于对标准的及时调整和修订，有时还会造成经济损失。这就是传统标准化活动中常常会出现的“重制定、轻实施、无反馈”的现象。

综合标准化是全过程的标准化。综合标准化从本质上就决定了它不以制定标准为目的，而以解决实际问题为目的。因此，综合标准化的工作程序和活动内容，与传统的标准制定程序有很大的不同。建立标准综合体不是目的而是手段，综合体建立之后，接着就要组织实施，并在实施过程中跟踪检查、收集信息、反馈信息，发现问题及时调整，直到实现预定目标。这才是“全过程”，这才把标准化真正地“化”起来了。

4.3.6　计划性和风险性

综合标准化的计划性特点，主要体现在前期的标准综合体规划、中期的标准制修订工作计划和后期的实施计划上面。可见综合标准化的每个主要阶段都有相应的计划，并且一环扣一环，成为综合标准化工作的具体路线图和每一步工作的依据。它把一个有许多人、许多单位参与的复杂庞大的工程规划得井井有条。例如，通过编制标准综合体规划，明确综合标准化对象及其相关要素、需要制修订的全部标准（课题）、每个标准的最终目标和相关要求、必要的科研项目等；通过标准制修订工作计划，落实制修订标准的名称、标准的适用范围、对该标准的要求、该标准与其他标准的关系、承担单位与负责人、参加单位与参加人员、起止时间等；通过技术组织计划和科研计划，明确规定必须提前进行的科研课题和调查项目，设立相关的组织，落实规划技术措施和经费等；通过标准综合体实施计划，明确实施的方式（是否试点或试行）、组织领导、任务和工作内容、日程、过程的跟踪记录、信息传递等。如此庞大的标准系统工程，如果没有科学周密的计划保证，是不可能在限定时间内完成的。

综合标准化与传统标准化相比，可以说综合标准化是高风险的标准化。综合标准化的高风险，是它自身所固有的。也就是说，当初设计的这个标准化模式就是一个充满风险的模式。

首先，综合标准化的对象通常是个复杂系统，综合标准化的目标通常也是难度极高且充满不确定性。不论工作如何细致也难免有考虑不周之处，不能保证最终目标一定实现，这是综合标准化的最大风险。

其次，上面提到的那些环环相扣的规划和计划，都涉及众多单位和个人，一旦计划失控，产生脱节，就可能产生不良后果，失败的风险概率很高。

最后，是技术上的困难。开展综合标准化，技术上的最大困难是，必须同时保证所有相关标准中所包括的大量参数、要求和特性的最佳协调。经过协调成为有机整体的标准综合体，是一个非常敏感的系统，某些参数的改变可以导致成百上千其他参数也必须改变，使参数协调这一任务只有使用电子计算机才能完成。相比之下，那种以制定标准为目的、以积累标准为特征的传统标准化，就省事许多。它基本不过问标准是否被实施，也不担心目标是否实现，多年积累的“刚性”系统，对外界的变化又不敏感，也就没有什么风险了。

但是，高风险常常伴随着高效益，伴随着国家和企业的重大经济利益。这个风险既是标准化工作者肩上的巨大压力，也是促进标准化工作者一丝不苟地做好每一步工作的推动力，它激励着标准化工作者有所作为和建功立业，推动着人们去思考、去创造。

传统标准化和综合标准化的区别见表 4-1。

表 4-1　传统标准化与综合标准化的区别

传统标准化	综合标准化
制定标准为主导	应用为主导
追求标准数量	追求解决实际问题
按行业、专业分工	跨行业、跨专业、跨领域
单个、孤立制定标准	针对具体问题成套制定
追求单个标准优秀	追求全套标准整体协调
注重单个标准效益	注重系统整体效益
制定库存备用标准	按项目制定“量体裁衣”标准
标准制定与实施分离	为实施而制定，全过程管理
面上的标准化(抓基础)	点上的标准化(抓重点、抓关键)
以重复性事物为对象	常以非重复性事物为对象
难度小，风险低	难度大，风险高

4.4　综合标准化的现实意义

4.4.1　适应经济技术发展的新趋势和新要求

传统标准化是大工业时代的产物。大工业时代的一个显著特点是明确而细致的分工以及生产的高度专业化，相应地出现了行业和部门林立的状况。它们相互之间的边界清楚、内涵明确，各有各的生产领域，各有各的管辖范围。与这一生产管理体制相适应的标准体制，也自然地复制了这一模式。整个国家的标准也同样地按行业或部门分工，各有各的领域，各有各的管辖范围。每个行业都自成体系制定本行业的标准，形成了条块分割、体系丛生的格局。

随着全球经济一体化和科技进步的加快，市场竞争形势日益严峻，出现了不同行业、不同专业、不同学科之间互相融合的新趋势。现今任何一种现代产品的生产，都不可能由哪个企业、哪个行业自己独立完成，强烈要求打破生产经营上的条块分割和自成体系。中国经济 30 多年的体制改革和“大部制”的政府职能改革，成功地实现了这一艰难的变革，不仅为市场经济的发育扫除了障碍，而且为现代科学技术和现代工业产品的开发生产创造了体制上的环境。但是，现行的标准体制和相互独立的标准体系，在应对日益增多的复杂大系统，解决跨行业、跨学科、跨领域的综合性问题时，难以发挥出标准化的应有作用。在科学技术日益走向综合的时代，越是强化这种体制，便会越加巩固条条、块块和企业之间的技术壁垒。从理论上讲，这是同经济技术发展的大趋势相悖的。

基于高科技产业供应链全球化所带来的巨大挑战，基于产业结构和生产结构变革的客观要求，基于现代工业产品跨行业、跨领域、跨学科高度综合的特点和趋势，国家标准化管理委员会于 2012 年提出把综合标准化作为工作的“重中之重”，这是一个重要决策。它意味着中国的标准化工作者，不仅意识到当今经济技术综合化趋势的挑战，决心应对这个时代的挑战，而且准备好了应对挑战的武器——《综合标准化工作指南》（GB/T 12366—2009）。标准颁布后，工业和信息化部提出了“通过试点探索综合标准化工作模式，同步开展产业链上各环节、各类产品标准的制定，形成重要领域标准全面覆盖和配套的局面”。它意味着产业部门已经站到大系统的高度关注产业链各环节的综合协调问题；标准化必将顺应经济技术发展的新形势，做出新贡献。

延伸阅读

IEC 于 2011 年发布了《IEC 发展纲要》，提出 IEC 将实质性推广运用“系统标准化方法”。这是基于“技术多样性以及许多新兴市场中的技术融合，特别是那些大型基础设施建设领域，现在需要由上至下的方法开展标准化，首先从系统或系统架构层面开展工作，而非以往的从产品层面开展工作。系统标准在多个领域的需求将快速增长，包括环境、安全和健康”。一些主流新兴社会不仅驱动新技术发展，还进一步刺激了技术交叉和融合。特别是先进技术和相关应用领域均存在这种现象，例如信息技术领域。2013 年 5 月又发布了 IEC 系统活动报告，对 2011 年的《IEC 发展纲要》做出回应。报告提出成立与常规技术委员会平行的系统委员会，它是在系统层面而非产品层面开展标准化的特殊委员会。报告描述了系统标准化活动的结构和过程，系统委员会的系统，标准化活动通常是针对横跨几个 TC/SC 的综合性项目，并与相关的 TC/SC 合作。IEC 的系统标准化方法，在许多方面与综合标准化有共同之处，这主要是因为它们都是基于同样的经济技术背景、依据共同的系统理论。

4.4.2 促进传统企业的管理体制转型

中国企业的管理体制和经营模式，最初是从苏联学来的。它的最显著标志就是“大而全”“小而全”“纵向一体化”。其主导思想是，每个企业都拥有一整套生产资源，可以独立完成产品各构成要素的生产制造；企业管理的任务则着重考虑企业内资源的利用问题，较少考虑企业以外的资源对企业竞争力的影响；企业生产系统的设计，只考虑本企业那一段生产过程本身，忽略客观上已经存在的整个供应链的要求和影响。这些企业所制定的标准也毫不例外地服从这些特征。纵向一体化的企业标准体系，又恰好是维护这种管理体制的强势工具。在计划经济年代，达到了相当牢固的程度。

改革开放以来，原有的管理体制遇到了前所未有的挑战。面对挑战，许多企业走上了强化管理之路。试图通过不断强化内部管理、提高运作效率和工作质量，增强企业的竞争优势，结果是纵向一体化的体制不但未能削弱，反而日益强化，企业管理标准又将这一过程进一步加以固化。整个企业职责清楚、分工明确、任务具体、纪律严谨、赏罚分明。企业管理水平的确有了提高，也能见到一些效果，但由于它始终没有跳出“本企业”的狭小圈子，无论如何加强内部管理，也难以达到各方面都最优秀的程度。这种单打独斗的竞争方式已经不能应对当今的市场形势。纵向一体化的管理体制开始向横向一体化演变。

20 世纪 80 年代兴起的全球制造链以及由此产生的供应链管理，就是横向一体化的典型形式。这种管理模式一经出现就显示出其巨大优势。到了 80 年代中后期，工业发达国家中便有 80%的企业放弃纵向一体化模式，转向全球制造和全球供应链管理这一新的经营模式（即横向一体化）。它突破了“每个企业只顾自己围墙内的事”的限制，从整个供应链的大视野，以协同商务、协同竞争和双赢原则为基础，由客户、供应商、研发中心、制造商、经销商和服务商等合作伙伴组成的供应链，去同另一个供应链展开竞争。供应链每个节点上的企业都有自己的专长，都是精通相关业务的优秀企业。整个供应链是经过整体优化的系统，因而形成任何一个优秀企业都不具备的竞争优势。一个企业参与的供应链规模越大，运作效率越高，这个企业的竞争力和生命力就越强。这种极具竞争力的战略联盟是全球经济一体化的产物，是企业应对全球化竞争的必然选择。

供应链管理在我国虽然推广了多年，但真正的“链”并不很多。由于许多企业还没有完全摆脱原有体制的束缚，即使认识到横向一体化的优越性，想转型也不容易。综合化恰是一个突破口，或者叫转型的切入点。如果企业以其主导产品为核心开展综合标准化，将上下游的企业纳入其中，各自淡化本企业的概念，结成战略联盟或利益共同体，建立起确保主导产品竞争优势的标准综合体，将供应链整体优化，实现共赢的目标，就有可能为企业向供应链管理转型过渡积累经验并打下基础。

4.4.3 把标准化提升到系统水平，发挥系统效应

现代意义的标准，最初是在资本主义工厂里诞生的，这是一个了不起的创造。人们创造标准的目的，是建立以分工为特征的生产秩序。传统标准化方法上的显著特征就是单个地制定标准，企业每逢遇到具体的技术问题或取得了某种经验，便制定一项标准。企业乃至国家标准化的普遍方式就是不断地积累标准，这种积累方式的一个显著特征是零星、分散、孤立地制定标准，且每一个标准都有其各自的背景、目的和功能。

积累标准只是标准化工作的一种方式或表现，绝不是标准化工作的目的。制定标准和积累标准的目的都是要用标准解决实际问题，这就是标准化的目的性原理。

当我们要解决新的综合性问题，把这类标准拿来应用时，不仅单个标准不能完全解决问题，即便把已有的许多标准集中起来，也难以满足要求。问题出在以往积累的那些标准，当初制定时各自针对不同的问题，各有不同的背景，这些不同背景下制定的标准，同当前要解决的问题不可能完全相符，甚至差别巨大，这就是逐个积累的标准到应用时遇到的难题。

综合标准化恰是针对传统标准化的不足而创造出来的。它不再像传统标准化那样孤立地、分散地制定单个标准，而是制定一个标准综合体。这个标准综合体是在限定时间内，围绕一个共同的目标，经过整体协调优化的成套标准。用系统论的观点审视这个综

合体，它全面具备系统的要件。所以，综合标准化虽然是从传统标准化的基础上发展起来的，甚至不能完全独立于传统标准化，但是从传统标准化到综合标准化实现了质的飞跃，其最突出的表现就是使标准由个体水平上升到系统水平（标准综合体是个系统），它产生的是系统的功能，发挥的是系统效应。

综合标准化的系统功能和系统效应极大地改变了标准化的地位和作用。它所特有的组织和协调能力，能把各方面的资源加以整合并系统优化，以最恰当、最经济的标准组合，创造出最佳的整体效益；它所采取的统筹规划和整体协调的方法，能较好地解决标准内容之间的协调优化问题，保证标准及时配套，这恰好能满足新兴高技术产业的急需；它使标准化工作与事关国家和企业的重大经济利益或关键性技术课题深度融合，并在其中起导向作用。所有这一切都为标准化树立了一个新的里程碑——现代标准化。

4.5 先进电池智能制造综合标准化

4.5.1 总体要求

(1) 指导思想

以《国家智能制造标准体系建设指南（2021 版）》为指导，紧密围绕制造强国、网络强国、战略，加强智能制造标准的统筹规划，加速推进电池行业高质量发展，结合电池行业智能制造发展现状及标准化需求，建立涵盖基础共性和关键技术的智能制造标准体系，充分发挥标准化在推进国家治理体系和治理能力现代化中的基础性、引领性作用，保障电池行业智能制造健康有序发展。

(2) 基本原则

① 坚持全面统一标准，延展更新。

形成完整的、全面的电池智能制造综合标准化体系，指导行业生产，提高质量与效率，实现标准服务产业发展。同时应符合可扩展性原则，适应市场规律，建立政府标准与市场标准相互补充动态发展的，能够满足电池行业智能制造不同阶段标准化需求的标准体系。

② 坚持先导性、适用性并重。

结合电池行业发展现状和趋势，防止由于标准建立迟缓而造成浪费、滞后，无法指导现实生产，充分考虑标准的先导性，贴合实际情况，注重标准适用性，构建能够有效指导行业和企业实现智能制造的标准体系。

③ 坚持行业特性与节能环保相结合。

电池智能制造综合标准化体系，应在满足共性技术基本要求的条件下，突出电池制造行业的特性，特别是涉及电池制造安全的影响因素。同时，电池的需求量日益增大，避免使用过程中造成巨大浪费，应将行业特性与节能环保相结合，推动电池智能制造综合标准化体系长久有效的发展。

（3）建设目标

到2025年，初步建立电池行业智能制造综合标准化体系，制定不少于20项相关标准，对于电池智能制造设备领域，实现智能装备、智能工业区块链、智能工厂、智能服务、智能赋能技术、工业网络等标准有所覆盖；优先制定基础标准、智能装备标准；实现重要关键技术标准在行业示范应用。

到2028年，建立较为完善的电池行业智能制造综合标准化体系，实现标准供给由政府主导向政府与市场主导并重转变，标准化发展由数量规模型向质量效益型转变。制修订不少于80项相关标准，其中新制定70项（强制性标准2项、推荐性标准68项），修订推荐性标准10项，总体上推动电池智能制造综合标准体系逐步完善，实现智能制造标准在电池行业广泛应用。

4.5.2 建设内容

（1）电池行业智能制造综合标准化体系结构

电池行业智能装备综合标准化体系包括基础共性、关键技术两部分，如图4-2所示。其中关键技术涵盖了电池行业智能制造核心标准，适用于指导浆料、极片、芯包、电芯、注液、化成分容、检测设备、制造系统集成等细分环节开展智能制造标准研制工作。具体内容如下：

① 基础共性标准包括通用、安全、可靠性、检测、评价、人员能力六大部分，属于通用标准，适用于整个电池行业。

② 关键技术标准包括智能装备、智能工业区块链、智能工厂、智能服务、智能赋

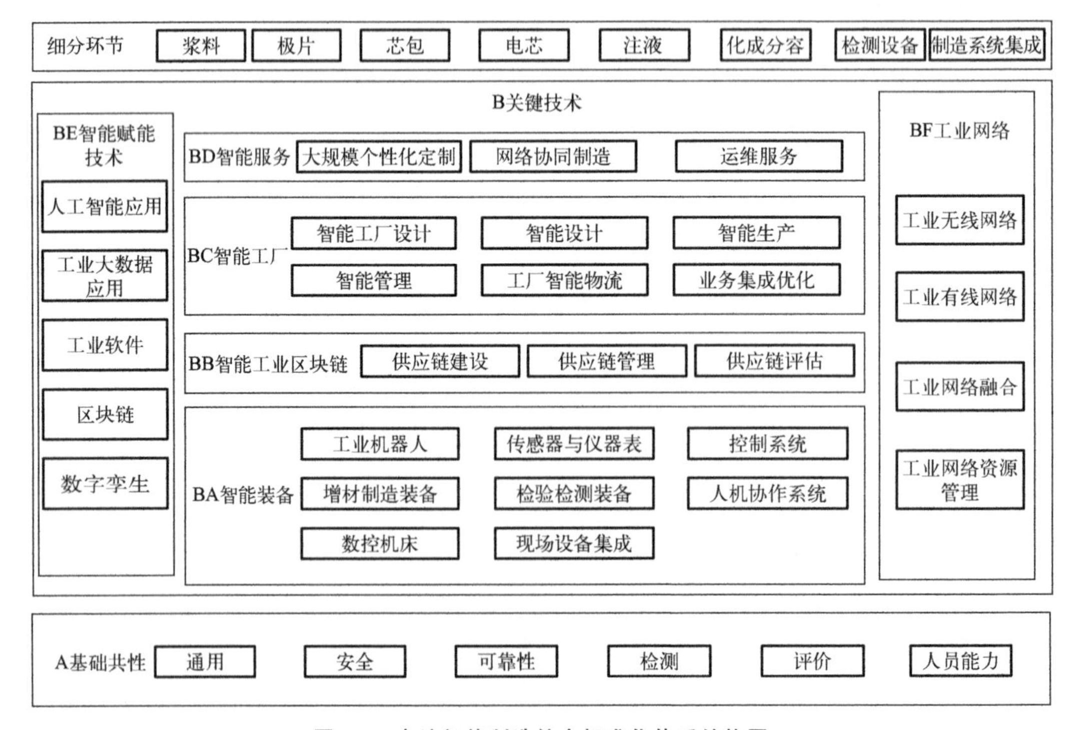

图4-2 电池智能制造综合标准化体系结构图

能技术、工业网络六大部分，是电池行业智能综合标准化体系的核心组成部分。

（2）电池智能制造综合标准化体系框架

现行国家标准中有关电池智能制造的标准，只有《锂离子电池生产设备通用技术要求》（GB/T 38331—2019）一项，作为电池智能制造领域的基础标准，它对标准体系的建立以及相关标准的制定工作具有重要的指导意义，同时对电池的制造也具有重要的参考价值。另外，《动力电池数字化车间集成　第 1 部分：通用要求》《动力电池数字化车间集成　第 2 部分：数据字典》《动力电池数字化车间集成　第 3 部分：制造过程数据集成规范》三项标准已于 2024 年 4 月 25 日发布，并于 2024 年 11 月 1 日实施。

行业标准中有关电池智能制造的标准，只有《锂离子电芯卷绕设备》（JB/T 12763—2015）、《锂电子电池和电池组充放电测试设备规范》（SJ/T 11807—2022）两项，作为电池智能制造装备领域已发布的两项行业标准，除了能起到规范电池卷绕设备的设计、制造、检验的作用外，对电池智能制造装备领域其他设备的标准化也具有借鉴和指导作用。另外，《锂离子电池极片涂布机》《锂离子电芯卷绕设备》《锂电子电池用辊压机》三项行业标准已上报标准主管部门批准，同时《锂离子电池浆料高速分散设备》等 7 项电池智能制造装备相关的行业标准已获工业和信息化部批准立项，《锂离子电池极片涂覆均匀度测量方法》也在制定过程中。

从整个电池智能制造行业来看，国家与行业标准非常匮乏，急需建立高质量的电池智能制造综合标准化体系引领电池制造行业朝规范化、标准化方向发展。

电池智能制造综合标准化体系以电池制造工艺为基础，以智能制造关键技术标准为核心来进行构建，电池智能制造装备标准体系由浆料制备装备标准、极片制备装备标准、芯包制备装备标准、电芯装配装备标准、干燥注液装备标准、化成分容装备标准、检测设备标准、制造系统集成标准八大部分组成，如图 4-3、图 4-4 所示。结合锂电智能装备发展现状及实际需求，逐步开展智能制造标准研制工作。

（3）智能制造基础标准

先进电池智能制造的基础标准主要包括先进电池制造通用要求、电池制造安全、制造系统的可靠性、制造检测、制造评价及制造人员要求等，这些要求与其他行业基本类

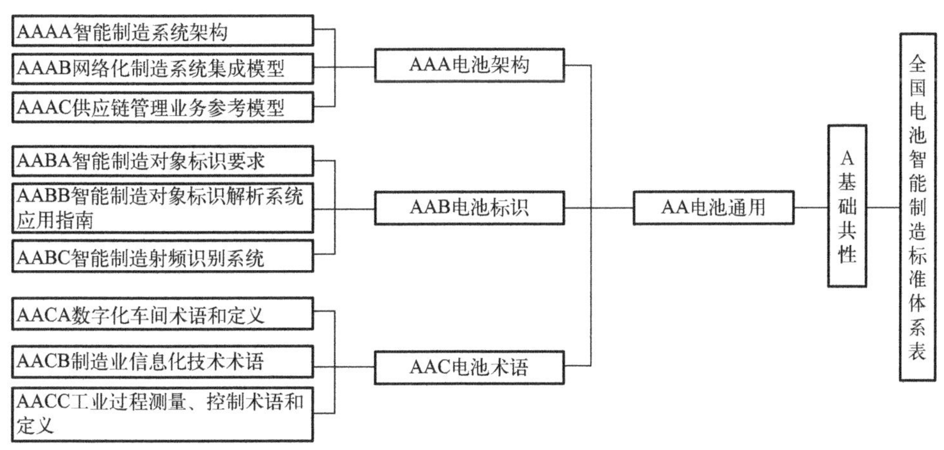

图 4-3

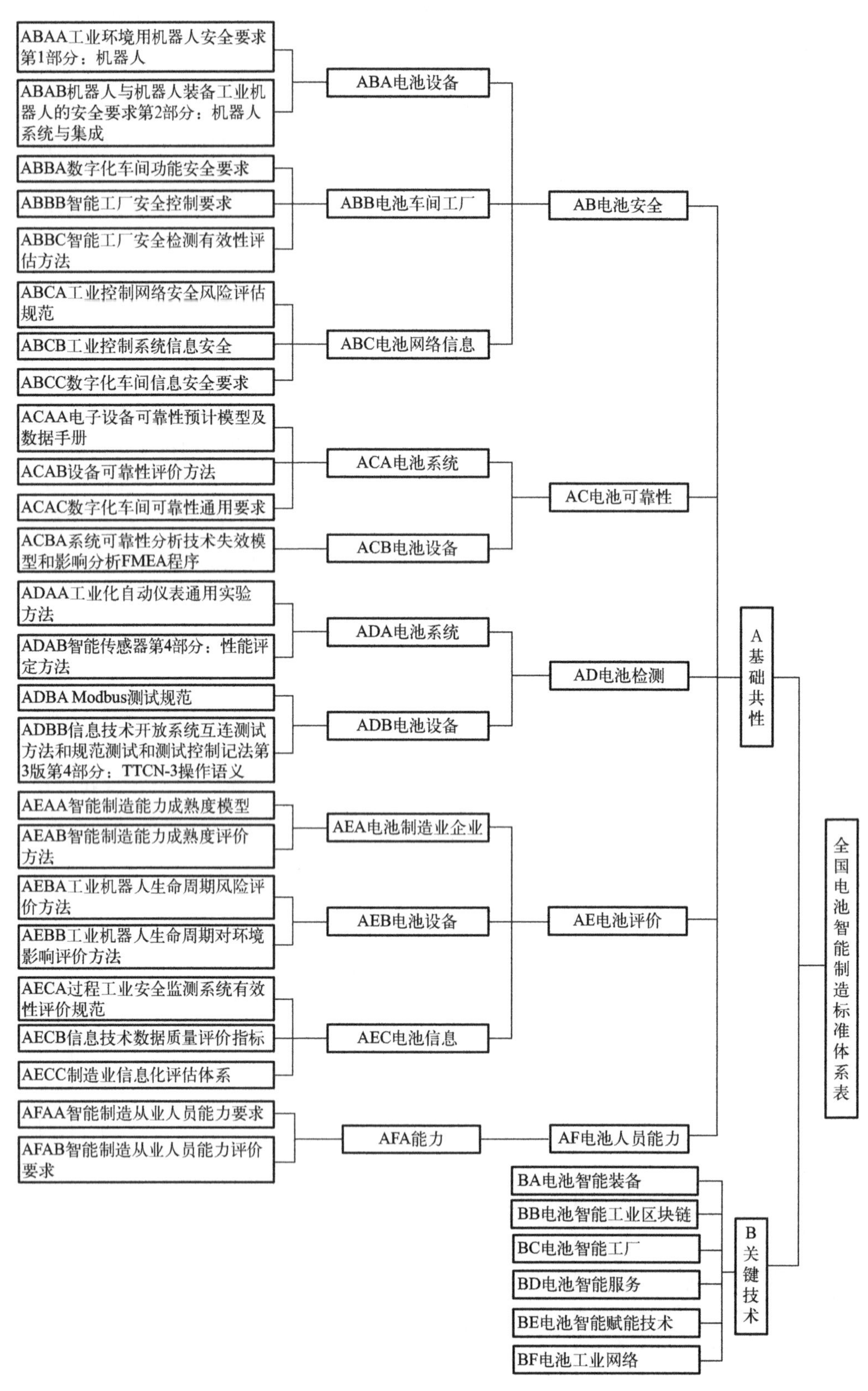

图 4-3　电池智能制造综合标准化体系框架——基础共性标准

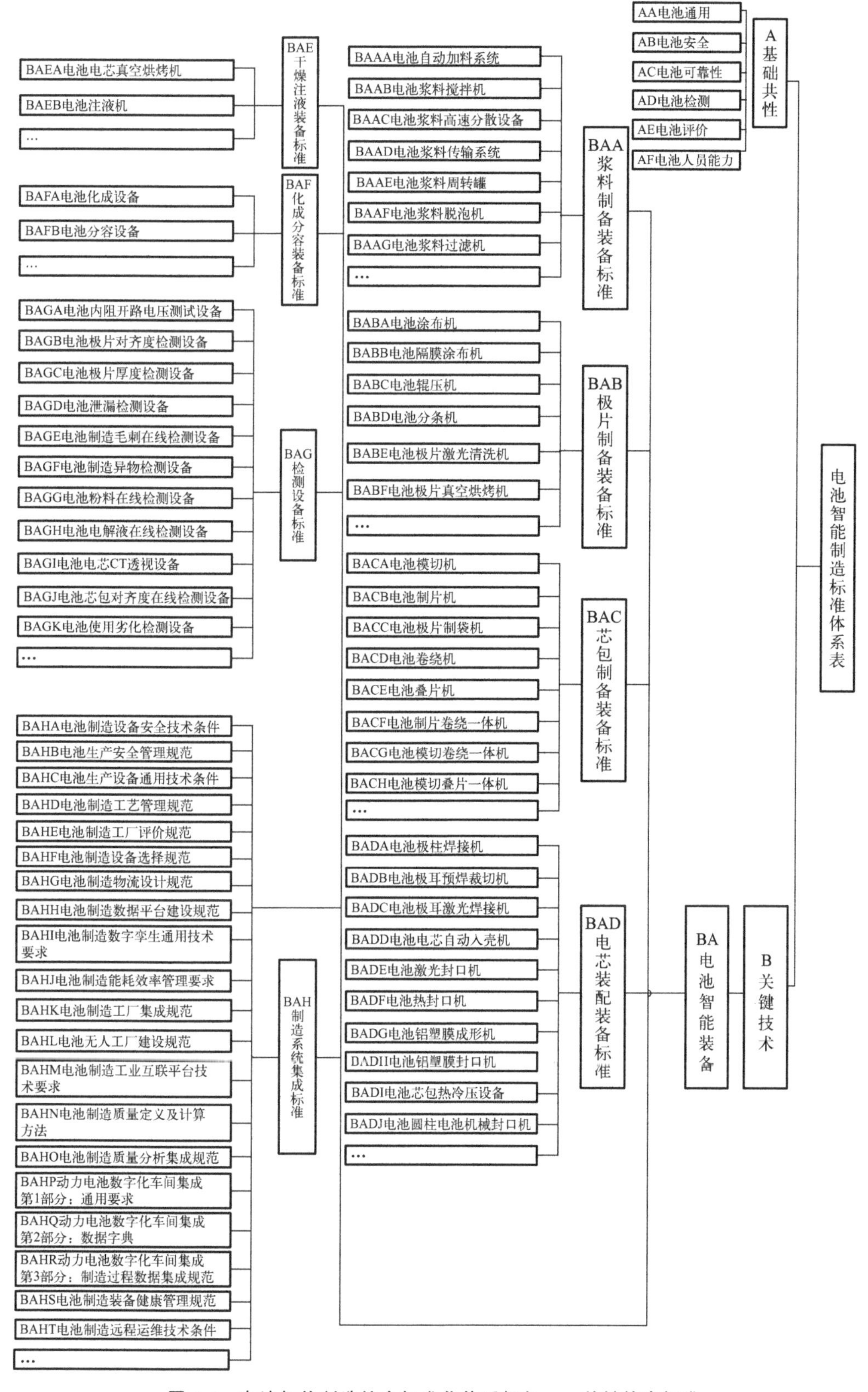

图 4-4　电池智能制造综合标准化体系框架——关键技术标准

似，只是制造安全、制造环境管控方面有更高的要求。

（4）智能制造关键技术工艺标准

先进电池制造工艺标准属于关键技术标准，除了一些通用工艺要求外，先进电池制造的细节工艺是电池企业的核心商业秘密，但随着电池产能的不断扩大，电池材料、电池结构逐步走向成熟，特别是智能制造通用标准规范的完善和实施，一些基本工艺要求变得通用，这为提升整个行业的制造质量创造了有利条件。

1）浆料制备工艺

合浆工序制备的浆料是整个先进电池极片制造过程中最关键的因素。先进电池浆料是由活性物质、导电剂、黏结剂通过搅拌均匀分散于溶剂中形成，属于典型的高黏稠的固液两相悬浮体系统。先进电池浆料要求分散均匀，如果浆料分散不均，有严重的团聚现象，先进电池的电化学性能将受到影响：

① 若导电剂分布不均匀，电极在充放电过程中，各处电导率不同，会发生不同的电化学反应，负极处可能产生较复杂的SEI膜，可逆容量减小，并伴有局部的过充过放现象或导致析锂，形成安全隐患。

② 若黏结剂分布不均，颗粒之间、颗粒与集流体之间黏结力出现过大或过小的情况，过大部位出现部分团聚导致结块以及挂带现象，过小部位电极内阻大甚至会掉料，最终影响整个先进电池容量的一致性。

浆料制备工艺的标准化，对于浆料质量的提高有重要的意义。在浆料制备工艺标准制定过程中，应重点关注浆料的黏度、流变特性、温度、固含量等工艺参数要求。

2）涂布工艺

极片在涂布、干燥完成后，活性物质与集流体的剥离强度很低，此时需要对其进行辊压，增强活性物质与箔材的黏结强度，以防在电解液浸泡或电池使用过程中脱落。极片表面涂层材料的压实密度与先进电池的电化学性能有很重要的关系，合理的压实密度可有效提高先进电池的电化学性能，降低电极的接触电阻和交流阻抗，增加参与电化学反应的活性材料面积。涂布工艺的标准化主要针对来料参数、工艺过程控制及运输质量控制等形成统一的规范和要求。

3）辊压分切工艺

辊压分切作为先进电池制造的重要环节，对电池的质量有重要影响，辊压分切工艺的标准化对先进电池制造有重要作用。在辊压分切工序的标准化过程中，应重点关注以下方面：

① 保证极片表面光滑和平整，防止涂层表面的毛刺刺穿隔膜引发先进电池内短路；

② 对极片涂层材料进行压实，降低极片的体积，以提高电池的能量密度；

③ 使活性物质、导电剂颗粒接触更加紧密，提高电子导电率；

④ 增强涂层材料与集流体的结合强度，减少电池板片在循环过程中掉粉情况的发生，延长先进电池的循环寿命和提高安全性能；

⑤ 应具备生产尺寸一致的极片的功能，在设备上宜安装有检测尺寸的装置；

⑥ 在运行过程中应确保不会伤害极片，极片的毛刺应控制在工艺要求的范围内；

⑦ 应具备对产生的粉尘及切割废边料进行处理的功能。

4）芯包制造工艺

现有先进电池芯包的制造工艺主要分为卷绕和叠片两种，卷绕就是通过控制极片的速度、张力、尺寸、偏差等因素，将分条后尺寸相匹配的正极极片、负极极片及隔膜、终止胶带等卷成卷芯的一种芯包生产工艺。目前圆柱和方形先进电池主要采用卷绕工艺生产，由于卷绕工艺可以通过旋转实现芯包的高速生产，所以现阶段在芯包生产速率方面，卷绕工艺具有比较明显的优势，这也是目前国内各大先进电池制造厂家大多数都采用卷绕工艺来制造先进电池芯包的主要原因。叠片则是通过送片机构将正极极片、负极极片与隔膜交替堆叠在一起，最终完成多层叠片芯包的一种生产工艺。目前软包先进电池的制造主要采用叠片工艺，将切割好的单个极片层叠在一起。相比卷绕工艺，叠片工艺能有效避免卷绕工艺中由于极片、隔膜折弯而产生的掉粉、缝隙等芯包缺陷，比较符合锂离子均匀运动的原理，芯包质量能得到有效提高，先进电池的整体能量密度也有一定提升，但在极片堆叠过程中，由于要将单个的正极极片、负极极片循环交叉堆叠在一起，相对卷绕工艺在芯包生产速率上较慢。

不管是卷绕工艺，还是叠片工艺，在标准化过程中应注意以下方面：

① 应具备控制芯包制造过程中的极片张力、隔膜张力及对齐度的功能，并确保张力变化满足先进电池工艺的要求；

② 对极片的切割及分切的毛刺、掉粉应控制在先进电池工艺要求的范围内；

③ 易损件、备件应规定具体的使用寿命指标，建立使用及维护规范；

④ 应具备对产生的粉尘及切割废料边料进行处理的功能，确保不会导致二次污染；

⑤ 应具备确保制造产品的质量和一致性的功能；

⑥ 在设备上宜安装有检测相关质量参数和尺寸的装置。

5）电芯装配工艺

电芯装配就是将芯包装配成电芯的过程，包括芯包的热压、X 射线检测、极耳预焊、极耳与连接片焊接、盖板焊接、合芯包膜贴胶、入壳等工序。电芯装配细项工序较多，工序较长，需要控制的因素也较多，是电芯成型的关键步骤，对电池最终的质量和电池安全性能都有着十分重要的影响。

电芯装配工艺的标准化，对电池的制造速度和质量的提升有着至关重要的影响。在电芯装配工艺的标准化过程中，应重点注意以下关键点的控制：

① 应具备防范芯包在传输、组装过程中变形、错位、刮伤、擦伤、夹伤和挤伤的功能；

② 应具备对加工过程产生的粉尘及切割废料边料进行处理的功能，具备对芯包的连接、组合、组装操作过程进行监控的功能；

③ 宜安装有检测相关质量参数和尺寸的装置；

④ 热压过程中应根据芯包材料的类型合理设置热压的时间、温度、压力等；

⑤ 热压完成后，芯包应进行短路测试；

⑥ 焊接时应对制造空间进行实时抽尘，保证金属粉尘不洒落在芯包表面；

⑦ 电芯与盖板组装工位设有来料防呆装置，防止正负极装反；

⑧ 在装配过程中应保证盖板、防爆阀及注液孔不被损伤；

⑨ 在芯包入壳前应对壳体内部和口部进行吹气清扫清洁。

6）干燥注液工艺

干燥和注液是先进电池制造过程中较为重要的两个工序。特别是干燥过程中电芯水分值达不到标准要求，将会影响先进电池的使用性能和安全性能。电解液作为先进电池必不可少的一部分，是保证先进电池正常工作的“血液”，注液主要是将电解液加入烘烤后的电芯内部，为锂离子传输提供载体，其注液量会直接影响到先进电池的品质。

干燥注液工艺的标准化，应重点注意以下方面：

① 应具备注液前对电芯干燥过程进行检测的功能，并监测电芯内部的水分含量；

② 应具备对注液环境的湿度和粉尘进行监控的功能；

③ 应具备检测注入电池的电解液的重量的功能；

④ 应具备对注液前后电芯的电解液成分的稳定性进行监测的功能，以保证电解液能够充分润湿正负极材料；

⑤ 干燥过程应在一个密封的气体快速循环流动的动态回执环境空间中进行，应尽量让加热后的气体充分渗透到每一个角落，避免出现干燥死角。

7）化成分容工艺

注液完成后一定要静置一段时间，让电解液可以充分浸润极片，然后再进行化成。在化成这一工序中，会第一次对锂离子电池进行小电流充电，将其内部正负极活性物质激活，在负极表面形成一层 SEI 膜。SEI 膜只允许锂离子通过，不允许有机溶剂通过，故而可以防止电解液侵蚀电极，使负极电极在电解液中可以稳定存在，从而大大提高了电池的循环性能和延长了使用寿命；分容可以简单地理解为容量分选、性能筛选分级，主要通过使用电池充放电设备（分容自动化设备）对每一只成品电池进行充放电测试和定容，即在设备上按工艺设定的充放电工序进行充满电、放空电（满电截止电压、空电截止电压），放完电所用的时间乘以放电电流就是电池的容量。只有电池的测试容量大于或等于设计容量，电池才是合格的，而当测试容量小于设计容量时，则电池不合格。这个通过容量测试筛选出合格电池的过程叫分容，分容时若是容量测试不准确，会导致电池组的容量一致性较差。

根据上述分析，先进电池化成分容工艺标准化过程中应重点关注以下方面：

① 输出电流、电压的精度、稳定性应满足电池工艺的要求；

② 应具备对环境温度均衡性进行检测的功能；

③ 应具备对化成参数进行优化的功能；

④ 必须严格控制车间湿度、温度，先进电池的放电容量也会有所差异；

⑤ 电池极柱与测试顶针需要接触良好，若接触不好、异常未及时处理，会使电流电压不稳定，影响采集数据的准确性，造成分容不准、电压不准甚至爆炸等安全隐患；

⑥ 在分容柜中装载电池的时候不能出现混批、乱批现象，否则容易造成 PACK 配组异常；

⑦ 在测量 OCV4 之前，电池的静置时间需要足够长，让正负极、隔膜、电解液等充分进行化学反应达到平衡，否则无法准确地判别电池的自放电情况，会导致异常电池

无法准确筛选。

8）先进电池模组组装工艺

模组组装就是先利用并联的方式提高电池容量，然后再利用串联的方式提高电池电压，总的来说，模组组装最重要的功能就是把单个电芯串并联在一起组成电池组。先进电池模组组装包括电芯入下支架、电芯极性判断、上支架合盖、极柱高度检测、清洗、汇流排安装及焊接、打胶、模组编码等工序。模组组装是先进电池成形的终端环节，对先进电池包的最终质量有重要影响。

在先进电池模组组装工艺标准化过程中应重点控制以下关键点：

① 是应具备对电池模组和电池包连接结果进行检测和控制的功能，保证连接的可靠性和稳定性；

② 应具备对电池模组和电池包生产过程的电气参数、机械参数等进行检测的功能，应满足检测精度要求。

9）电池回收工艺

先进电池的回收处理过程主要包括预处理、二次处理和深度处理。由于废旧先进电池中仍残留部分电量，所以预处理过程包括深度放电过程、破碎、物理分选；二次处理的目的在于实现正负极活性材料与基底的完全分离，常用热处理法、有机溶剂溶解法、碱液溶解法以及电解法等来实现二者的完全分离；深度处理主要包括浸出和分离提纯2个过程，提取出有价值的金属材料。先进电池回收再利用是先进电池生命周期的重要组成部分，也是使资源得到充分利用的重要手段。标准化的电池回收工艺会使先进电池回收效率更高，回收利用率更高，环保水平更高。

在先进电池回收工艺标准化的过程中应重点关注以下方面：

① 采取的拆解、回收、处理方法应该保证生产过程自身的环保要求，避免对环境产生新的污染；

② 对回收的材料应该进行彻底回收处理，避免废弃物产生更大的污染；

③ 应明确来料要求、适应来料范围和输出材料的性能等技术指标。

10）制造检测工艺

检测系统是先进电池制造过程中必不可少的一个系统，为先进电池的制造质量“保驾护航”，同时检测系统并不是单独存在，而是嵌入先进电池制造的各个环节当中，检测设备的灵敏度和精度、检测结果的准确性等都会对先进电池的最终质量产生重要的影响，检测设备的标准化对先进电池制造的质量具有重要的意义。因此，在检测系统标准化的过程中应重点关注以下方面：

① 检测设备的准确度应当至少高于被检测物理量一个数量级；

② 检测系统应满足设备数字化的要求；

③ 检测系统应适应先进电池生产环境的要求，并保证在生产环境下正常使用。

（5）智能制造技术装备标准

1）浆料制备装备标准

浆料制备装备是指在电池制造过程中，将活性物质、黏结剂、导电剂制成浆料的系列装备，具体包括电池自动加料系统、电池浆料搅拌机、电池浆料高速分散设备、电池浆料传输系统、电池浆料周转罐、电池浆料脱泡机、电池浆料过滤机等。

2）极片制备装备标准

极片制备装备是指在电池制造过程中，分别完成涂布、辊压、分条的系列设备，具体包括电池涂布机、电池隔膜涂布机、电池辊压机、电池分条机、电池极片激光清洗机、电池极片真空烘烤机、电池辊压分切一体机等。

3）芯包制备装备标准

芯包制备装备是指在电池制造过程中，完成从极片到芯包制成的系列设备，具体包括电池模切机、电池制片机、电池极片制袋机、电池卷绕机、电池叠片机、电池制片卷绕一体机、电池模切卷绕一体机、电池模切叠片一体机等。

4）电芯装配装备标准

电芯装配装备是指在电池制造过程中，完成从电池芯包到成型的电芯的系列设备，具体包括电池极柱焊接机、电池极耳预焊裁切机、电池极耳激光焊接机、电池电芯自动入壳机、圆柱电池机械封口机、电池激光封口机、电池热封口机、电池铝塑膜封口机、电池铝塑膜成形机、电池芯包热冷压设备、电池卷芯揉平机、电池卷芯包胶机、电池集流盘焊接机、电池极耳折弯合盖机、电池顶底封口机、电池自动套管机等。

5）干燥注液装备标准

干燥注液装备是指在电池制造过程中，将做成的电芯进行干燥，完成加注电解液的系列设备，具体包括电池电芯真空烘烤机、电池注液机等。

6）化成分容装备标准

化成分容装备是指在电池制造过程中，对注液后的电芯进行预充电、检测、分容确定电芯性能的系列设备，具体包括电池化成设备、电池分容设备等。

7）检测设备标准

检测设备是指在电池制造过程中，对电池制造过程中相关参数或指标进行检测的系列设备，具体包括电池内阻开路电压测试设备、电池极片对齐度检测设备、电池极片厚度检测设备、电池泄漏检测设备、电池制造毛刺在线检测设备、电池制造异物检测设备、电池粉料在线检测设备、电池电解液在线检测设备、电池电芯CT透视设备、电池芯包制造对齐度在线检测设备、电池使用劣化检测设备等。

8）制造系统集成标准

制造系统集成标准是指电池制造过程中的制造管理系统、数据接口规范、制造安全规范等方面的内容，具体包括电池生产设备通信接口规范、电池制造设备安全技术条件、电池制造安全管理规范、电池生产设备通用技术条件、电池制造工艺管理规范、电池制造工厂评价规范、锂电制造设备选择规范、电池制造物流设计规范、电池制造数据平台建设规范、电池制造数字孪生通用技术要求、电池制造能耗效率管理要求、电池制造工厂集成规范、电池无人工厂建设规范、电池制造工业互联平台技术要求、电池制造质量定义及统计规范、电池制造质量分析集成规范、动力电池数字化车间集成系列标准、电池制造装备健康管理规范、电池制造远程运维技术条件等。

4.5.3 标准的实施路径

(1) 加强组织协调，做好标准体系的交流与沟通

做好多部门、多标委会的统筹协同，凝聚各类标准化资源，引导行业内龙头企业、科研院所、社会团体、检测认证机构等积极参与标准化工作，形成技术研发、标准制定、产业发展、应用推广协同推进的工作格局。充分发挥行业协会、企业、科研院所及专家在电池智能制造综合标准化体系建设工作中的智库作用，定期交流，加强对电池智能制造综合标准化重大问题研究。

(2) 推进任务落实，加强标准制修订

充分释放市场主体标准化活力，优化政府颁布标准与市场自主制定标准二元结构，大幅提升市场自主制定标准的比重。按照科学合理、协调配套的原则，积极落实电池智能制造综合标准化技术体系中提出的标准制修订项目。加快建设协调统一的强制性国家标准，筑牢保障人身健康和生命财产安全的底线。根据产业发展需求，健全材料、零部件、工艺和运输等标准，及时修订更新相关技术标准。持续优化标准制流程和平台、工具，健全企业、消费者等相关方参与标准制修订的机制，加快标准升级迭代，提高标准质量水平。

(3) 政策法规引领，行业协会推动

建立法规引用标准制度，政策实施配套标准制度，在法规和政策文件制定时积极应用标准。推进以标准为依据开展宏观调控、产业调度和市场自主制定标准交易制度，加大标准版权保护力度。联合各行业协会、标准化技术委员会和标准化专业机构等组织，积极开展电池智能制造综合标准化的宣传、培训、推广等工作。引导企业实施智能制造标准，推进智能制造标准应用。保证标准的实用性和时效性。

(4) 加强国际合作

鼓励企业积极参与国际标准化组织的智能制造标准化活动。对标国际深度参与电池行业相关的智能装备、智能工厂、智能服务、智能赋能技术应用等重点关键技术标准的研究与制修订，总结国际智能制造发展新技术、新趋势，助力电池行业标准化工作高质量发展。

参考文献

[1] 李春田，房庆，王平．标准化概论［M］.6 版．北京：中国人民大学出版社，2014.

[2] 李春田，房庆，王平．标准化概论［M］.7 版．北京：中国人民大学出版社，2022.

[3] 范荣妹，邱克斌，解如风，等．标准化理论与综合应用［M］．重庆：重庆大学出版社．

[4] GB/T 12366—2009. 综合标准化工作指南．

[5] 陈钢．系统管理，重点突破，整体提升，推动标准化更加有效地服务科学发展-在全国标准化工作会议上的工作报告［R］.2012.

[6] 何振华，宣湘，张贵源．国家标准综合标准化导则说明与示例［M］．北京：中国标准出版社，1991.

[7] 全国综合标准化与专题研讨会论文集［C］．中国标准化综合研究所（内部资料），1989.

[8] 窦以松．俄罗斯联邦标准化［M］．北京：中国水利水电出版社，2006.
[9] 特卡钦科，等．综合标准化原理［C］．中国标准化综合研究所（内部资料），1982.
[10] “国家科委科技引导性项目-综合标准化”研究报告［R］．中国标准化与信息分类编码研究所（内部资料），1990.
[11] 季恒宽．全面贯彻综合标准积极推进彩电国产化［J］．电子工业标准化通讯，1989（4）：2-7.
[12] 张宝铭．彩电综合标准化计划工作经验综述［J］．电子工业标准化通讯，1989（4）：12-14.
[13] 张锡纯．标准化系统工程［M］．北京：北京航空航天大学出版社，1992.
[14] 金烈元．军用标准化基础［M］．北京：国防工业出版社，1995.
[15] 朱宏斌．型号工程标准化［M］．北京：航空工业出版社，2004.
[16] 袁俊．技术复杂产品研制与综合标准化［J］．中国标准导报，2009（3）：28-30.
[17] 袁俊．综合标准化与新一代民机研制［J］．中国标准化，2005（5）：24-27.
[18] 沈治平．造船综合标准化的现实途径［J］．标准科学，2010（1）：15-19.
[19] 荣丽智．企业标准化模式新探［J］．企业标准化，2005（12）：41-42.
[20] 杨辉．略论企业标准化管理创新及其实现途径［J］．中国标准导报，2009（5）：17-20.
[21] 任坤秀．变革中的企业标准化［J］．企业标准化，2005（4）：56-58.
[22] Matzler K，Hinterhunder H H，路琳．ISO 9000之利弊——国际性实证研发结果．［J］．工业工程与管理，1998（6）：32-36.

第5章 先进电池制造质量控制与智能制造

5.1 制造业质量管理

5.1.1 质量的概念和认知

质量是一切产品的基础，尤其是大规模制造的产品，质量更是其存在的生命线，质量更是成为中国制造业产品走到世界舞台，获得产业高质量发展的根基和重点。著名的质量管理大师朱兰博士曾讲过，“正如20世纪是生产率的世纪一样，21世纪将是质量的世纪”。在一个全球化的竞争性市场上，质量已经成为各类组织乃至一个国家取得成功的最重要的因素之一。人们现在已经深刻地认识到，质量是企业竞争力和国家竞争力的核心。质量是组织最重要的绩效因素之一，质量管理则是组织塑造其竞争力的最重要的途径。

(1) 质量的概念

“质量”是人们最常用的概念之一，也是质量管理中一个最基本的概念。在我国有些地区或有些场合下，人们常常也使用“品质”这一词汇来表达同一含义。这里的质量不同于物理学中的质量概念，也并非哲学意义上的“质”与“量”的组合。在各种文献资料中，存在着大量的关于质量的定义，反映了人们观察和认识事物的各种不同的角度和立场。这里谨以国际标准化组织（ISO）所给出的质量定义为依据来加以讨论，这也是影响最为广泛的一个定义。在《质量管理体系——基础和术语》（ISO 9000：2015）这一国际标准中，质量被定义为：一组固有特性满足要求的程度。

这一定义虽然看上去抽象而概括，但只要把握了“特性”和“要求”这两个关键词就很容易理解。这一定义是从“特性”和“要求”这两者之间关系的角度来描述质量的，亦即某种事物的“特性”满足某个群体“要求”的程度。满足的程度越高，就可以说这种事物的质量就越高或是越好，反之则认为该事物的质量低或差。

质量定义中的“特性”的载体，亦即质量概念所描述的对象，早期只是局限于产品，以后又逐渐延伸至服务，现今则不仅包括产品和服务，而且还扩展到了过程、活动、组织以及它们的结合。但是我们认为产品是根，是基础，不管产品的外延衍生到多么宽泛的程度，我们都应该且必须牢牢把握产品的根基，即实体产品的内在质量特性。

这里的特性指的是“可区分的特征”，ISO的质量定义中特别强调了用于描述事物质量的特性是“固有特性”，就是指某事或某物中本来就有的，尤其是那种永久的特性。“固有”的反义词是“赋予”或“外在”，事物的“赋予”特性如“价格”等，不属于质量的范畴。

质量定义中的“要求”是由各种不同的相关方，亦即与组织的绩效或成就有利益关系的个人或团体，如顾客、股东、雇员、供应商、银行、工会、合作伙伴或社区等所提出的。“要求”反映了人们对于质量概念所描述的对象的需要或期望。这些“要求”有时是明确规定的，如产品购销合同中对于产品性能的规定；也可以是隐含的或不言而喻的，如银行对客户存款的保密性，即使人们没有特别提出，也是必须保证的；还可以是由法律法规等强制规定的，如食品的卫生、电器的安全等。

（2）质量的认知

与质量概念密切相关而又常常引起混淆的一个概念是对于“档次”的认识。当人们惯用质量这一术语来表述卓越程度时，例如将五星级酒店同街道小旅馆相比较时，有时会引起歧义。在这种场合下，使用档次这一概念将有助于避免分歧。档次反映了同一用途或功能的事物为了满足不同层次的需要而对质量要求所做的有意识的区分。不同的档次意味着不同的购买能力或消费层次。质量的比较只有针对同一档次时才是有意义的。从这个意义上而言，酒店的星级并不等同于服务质量的卓越，小旅馆同样也可以提供非常优质的服务。

表 5-1 显示了“小质量观”与“大质量观”的对比。

表 5-1 “小质量观”与“大质量观”的对比

项目	小质量观	大质量观
产品	制造的有形产品	所有类型的产品，无论是否供销售
过程	直接与产品制造相关的过程	包括制造、支持和经营在内的所有过程
产业	制造业	包括制造、服务和政府机构在内的所有产业，无论是不是营利性的
质量被视为	技术和管理问题	经营问题
顾客	购买产品的主顾	所有受影响的人，不论内外
如何认识质量	以职能部门“小质量观”文化为基础	基于具有普遍意义的三部曲
质量目标体现在	工厂目标之中	公司的经营计划当中
不良质量的成本	与不良的加工产品有关的成本	若每件事情都能够完美的话，将会消失的所有那些成本
质量的评价主要基于	与工厂规格、程序和标准的符合性	与顾客需要的对应
改进针对于	部门绩效	公司绩效
质量管理培训	集中在质量部门	全公司范围
协调者	质量经理	高层主管构成的质量委员会

资料来源：[美] 约瑟夫 • 朱兰．朱兰质量手册．5 版．北京：中国人民大学出版社，2003.

对制造业而言，“小质量”是指企业制造产品的质量，小质量是基础，是根本，是制造业的生命，如产品的性能制造、可靠性、制造合格率、制造成本等；“大质量”是指企业运营的总体质量，如企业的经营质量、经营规模、利润总额、企业的社会价值等。对于制造业而言，“小质量”是企业的生命，只有把产品本身的质量做好了企业才有可能有经营质量的提升、经营规模的扩大和利润的提升，然而在制造业，往往忽略制造质量，过度重视“大质量”，只注重规模效益，忽略了产品质量提升带来的价值，忽略了利润率。一些人鼓吹的“合适的质量”就是这种现象的代表，我们看到政府出台了很多高质量发展政策、措施和行动计划，但这里很少强调影响企业经营根本的产品质量，而认为高质量发展的内涵是高效率增长、有效供给性增长、中高端结构增长、绿色增长、可持续增长、和谐增长，就是没有提到产品高质量，并作为根本，令人费解。由于产品质量的基础不够，整体后劲不足，难以真正实现高质量发展，其结果是耗费资源，耗费人力，企业效益不佳，市场不好，恶性竞争，内卷严重。

5.1.2 质量管理

在阐述质量管理之前，有必要对“管理”这一术语做一简单的分析。管理就是指一定组织中的管理者，通过实施计划、组织、领导和控制来协调人们的活动，带领人们实现组织目标的过程。计划、组织、领导和控制这几项活动称为管理的职能。计划就是要确立组织所追求的目标以及实现目标的途径。组织活动指的是对于群体活动的分工和协作。领导则意味着对人们施加影响以使人们全心全意地去实现组织目标的过程。控制就是随时纠正实施过程中的偏差，确保事情按计划进行。

可以认为，质量管理就是为了实现组织的质量目标而进行的计划、组织、领导与控制的活动。

在 ISO 9000:2015 标准中，质量管理被定义为：在质量方面指挥和控制组织协调一致的活动。

在该定义的注解中进一步说明：在质量方面的指挥和控制活动通常包括制定质量方针和质量目标以及质量策划、质量控制、质量保证和质量改进。这里质量策划致力于制定质量目标并规定必要的运行过程和相关资源以实现质量目标；质量控制致力于满足质量要求；质量保证致力于提供质量要求会得到满足的信任；质量改进致力于增强满足质量要求的能力。

(1) 朱兰质量管理三部曲

著名的质量管理专家朱兰博士的主张有助于我们把握质量管理的全貌，他认为“要获得质量，最好从建立组织的‘愿景’以及方针和目标开始。目标向成果的转化（使质量得以实现）是通过管理过程来进行的，过程也就是产生预期成果的一系列活动。在质量管理活动中频繁地应用着三个这样的管理过程，即质量计划、质量控制和质量改进”。这些过程被称为“朱兰三部曲”。这也就是说，质量计划、质量控制和质量改进这三个管理过程构成了质量管理的主要内容。

朱兰质量管理三部曲的具体内容如表 5-2 所列。

表 5-2　朱兰质量管理三部曲的具体内容

质量计划	质量控制	质量改进
①设定质量目标 ②辨识顾客是谁 ③确定顾客的需要 ④开发应对顾客需要的产品特征 ⑤建立过程控制措施，将计划转入实施阶段	①评价实际绩效 ②将实际绩效与质量目标对比 ③对差异采取措施	①提出改进的必要性 ②做好改进的基础工作 ③确定改进项目 ④建立项目小组 ⑤为小组提供资源、培训和激励以便诊断原因、设想纠正措施、建立控制措施以巩固成果

还应当指出的是，上述三个管理过程要能够有效地实施必须具备一个前提，这就是组织必须建立起一个完善有效的质量管理体系。

（2）全面质量管理

全面质量管理（TQM）是现代质量管理发展的最高境界。TQM 定义为“一个组织以质量为中心，以全员参与为基础，目的在于通过让顾客满意和本组织所有成员及社会受益而达到长期成功的管理途径”。这里的管理途径是英文的“a approach to management”这一短语。这意味着，全面质量管理就是以质量为中心的一种企业管理的方式或道路。

全面质量管理的有效性在过去半个多世纪被世界各国的实践所证明。日本在第二次世界大战以后，通过全面深入地开展全面质量管理，用了近 20 年的时间成为全球第二大经济强国。还是运用全面质量管理，日本成功应对了 20 世纪 70 年代的能源危机和日元升值的挑战。美国在 20 世纪 70～80 年代的国际竞争中处于劣势，通过 80～90 年代广泛深入的质量运动，美国产业界扭转了颓势，重新夺回全球产业霸主地位。改革开放以后，尤其是我国加入世界贸易组织（WTO）之后，全面质量管理在我国也得到了广泛深入的推行。一大批先进企业通过全面质量管理使产品质量赶上或超过发达国家产品的水准，巩固了企业的竞争地位。可以说，自泰罗制以来的 100 多年中，从未有哪种管理举措受全面质量管理影响如此普遍和深入，取得了如此显著而持久的成功。

（3）质量管理的八项原则

国际标准化组织（ISO）在综合提炼当代质量管理的实践经验及理论分析的基础上，确立了“八项质量管理原则”，以帮助各类组织利用这些原则来建立质量管理体系并进行绩效改进。这些原则可以认为是对全面质量管理的基本特征或基本理念的最权威的概括。可以认为，无论是由各国质量奖所体现的卓越绩效模式，还是近年来在全球企业界普遍遵循的 ISO 9000 族标准，或是其他各种形式的质量管理模式，如六西格玛管理等，均体现了质量管理的八项原则。质量管理的八项原则构成了现代质量管理的各种模式的精神实质。这些质量管理原则是对过去一个世纪中全球质量管理发展的经验和教训的总结，也是对戴明、朱兰等质量先驱的管理理念的进一步提炼。以下将对这些原则做一简明的阐述。

1）原则 1：以顾客为关注焦点

关注顾客或以顾客为中心是全面质量管理的一个最基本的概念。组织只有为顾客提供产品和服务才能生存。从顾客的角度出发来思考问题，这是管理企业的一个立场问题，是思考其他问题的出发点和前提。企业经营的过程就是了解顾客需要，提供相关的产品和服务，实现顾客满意的过程。

2）原则2：领导作用

领导作用就是要在组织中形成一种“上下同欲”的状态，创造一个让员工为实现组织目标充分发挥作用的积极的内部环境。这意味着组织的领导者首先要确立组织的方向，要同组织中的全体成员进行有效的沟通，还要在组织中营造一种能够让人们全力以赴的环境以动员整个组织的力量。

3）原则3：全员参与

组织是人的集合。企业组织要实现向以顾客满意为宗旨的组织转变，没有人员的转变是不可想象的。企业的管理当局必须通过营造适当的环境来激发人们的热情和主动精神，使人们懂得并愿意高效地工作，从而极大地促进组织的彻底转变。员工的参与是全面质量管理的最基本特征之一。

4）原则4：过程方法

将活动和相关的资源作为过程进行管理，可以更高效地得到期望的结果。过程即一整套共同为顾客创造价值的首尾相连的活动。除非能够把所有的努力都整合起来，否则就很难实现企业所渴望的结果。要成功地管理这些过程，就必须采取一种团队的方式，团队成员要求具有新的技能，具有对于公司的战略、目标和竞争者的新的认识，具有完成工作所必需的新的工具。

5）原则5：管理的系统方法

相互关联的过程的集合构成了组织系统。将相互关联的过程作为系统加以识别、理解和管理，有助于提高组织的有效性和效率。全面质量管理的基本思路就是通过建立、实施和改进质量管理体系的方式来实现质量的改进、成本的降低和生产率的提高。

6）原则6：持续改进

经营企业犹如逆水行舟，不进则退。改进已经成为当今企业界的一种生活方式。有关改进的文献可以说是浩如烟海。这些改进发生在制造公司、医院、通信企业、政府机构、各种类型的服务性公司以及学校。有关改进的各种方法日益为人们所熟悉。

7）原则7：基于事实的决策方法

有效的决策建立在数据和信息分析的基础上。管理者的正确决策建立在把握事实的基础之上。以事实为依据来决策，也就是人们常说的“一切用数据说话”，这是全面质量管理的最主要的特征之一。

8）原则8：与供方互利的关系

组织与供方是相互依存的，互利的关系可增强双方创造价值的能力。只有当供应商被视为与顾客追求共同目标的伙伴，而非讨价还价的敌手时，只有当组织与供应商关系建立在合作和信任的基础上时，才能成为一种“互利共赢”的关系。

上述八项原则之间存在着内在的逻辑关系。要实现成功转型，首先要解决一个立场问题，这体现了原则1的要求（以顾客为关注焦点）。在明确了立场的基础上，管理当局要带领（原则2的“领导作用”）全体成员（原则3的“全员参与”）去实现这种转变。上下同欲的努力还必须有正确的方法论（原则 4 的“过程方法”和原则 5 的“管理的系统方法”）。因为存在激烈的竞争，同时顾客的期望也在不断地升高，因而所建立起来的管理系统必须加以持续不断改进（原则 6）。基于事实的决策方法（原则 7）是持续改进的最有力的武器。这种改进仅仅局限于组织内部所能够取得的成果，因此还是非常有限的，组织还必须与自己的顾客和供应商进行紧密的合作才有可能取得更大的成功（原则 8）。

5.1.3 标准化在质量管理中的作用

5.1.3.1 国家质量基础设施

2005 年，联合国贸易发展会议（UNCTAD）和世界贸易组织（WTO）首次提出“国家质量基础设施（NQI）”的概念，即计量、标准、检测、认证、认可。2006 年，联合国工业发展组织（UNIDO）和国际标准化组织（ISO）在总结质量领域 100 多年实践经验基础上，正式提出计量、标准、合格评定共同构成国家质量基础（图 5-1），是未来经济可持续发展的三大支柱。其中，计量是基准，是控制质量的基础；标准化是依据，用以引领质量提升；合格评定是手段，控制质量并建立质量信任。三者构成一条完整的链条，是保护消费者权利、提高企业生产力和产品质量、保护环境、维护生命健康安全的重要技术手段，能够有效支撑国际贸易和可持续发展。

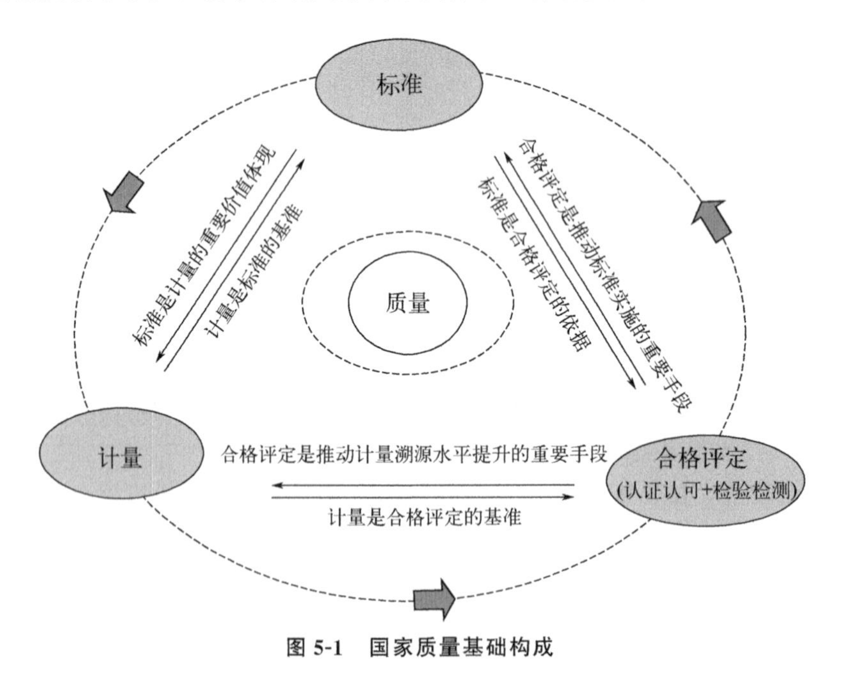

图 5-1 国家质量基础构成

在国家质量基础设施中，标准与质量之间存在密切的关系。标准是质量的外在规定，它为产品或服务的质量提供了明确的指导和要求。标准是经过公认机构批准的、供共同和重复使用的一种规范性文件，它以科学、技术和经验的综合成果为基础，以促进最佳社会效益为目的。

标准在质量中的作用主要体现在以下几个方面。

① 引导质量提升：标准通过规定产品或服务的质量要求和性能指标，引导企业不断提升产品或服务的质量水平，以满足市场需求和顾客期望。

② 控制质量：标准作为产品或服务质量的衡量尺度，可以帮助企业控制产品或服务的质量，确保其符合规定的要求和性能指标。

③ 建立质量信任：标准通过认证认可和检验检测等手段，对产品或服务的质量进行验证和确认，从而建立质量信任，提高消费者对产品或服务的信心和满意度。

总之，标准是 NQI 的重要组成部分，它与质量之间存在密切的关系。标准是质量的外在规定和引导，它为产品或服务的质量提供了明确的指导和要求，并通过控制质量和建立质量信任等手段，推动质量的提升和发展。

标准化在质量计划、质量控制和质量改进这三个质量管理的普遍过程中均发挥着巨大的作用。

质量计划意味着确立目标、辨识顾客、确定顾客的需要、开发应对顾客需要的产品特征、开发能够生产这些产品特征的过程并建立起过程控制措施，将计划转入实施阶段。很容易看出，在质量计划活动中，确定产品特征和建立产出产品的过程这些工作在很大程度上就是在实行标准化。

质量控制就是要使管理的对象不折不扣地符合预期的要求或目标。控制性的管理活动通常具有重复性。实现目标的方法和条件一经设定，管理的任务就是要采用同样的方法，在同样的条件下，重复进行同样的活动，从而获得同样的结果。

改进性管理活动就是要打破现状，使管理的对象比原先的水准更好，如合格品率更高、产品成本更低等。在实施改进时，要通过试错和探索的方式来寻求实现目标的途径。因而，改进活动是一种攻关式或项目式的活动，具有一次性的特征，改进目标一旦实现，活动也就宣告结束。即使如此，改进活动也仍然同标准有着密切的关系。人们实施改进的程序、在改进活动中应用的方法等往往是标准化的，改进以现有标准为出发点，改进目标的实现则意味着要在新的标准下进行控制。改进使得企业生产经营活动的水准能够不断提高。

由此可见，质量管理活动与标准化密不可分。在质量管理中主动地开展标准化将使得一个个孤立的个人的经验蓄积为组织的财富，也将使得组织的运营对个人的依赖降到最低的限度。若是不具备这种标准化的意识，管理者在遇到问题时，第一反应往往就是追究某人的责任。如果管理者习惯于这种“对人不对事”的方式，长此以往就会促使人们在问题面前首先考虑到的是要保护自己，逃避责任，而不是如何去解决问题。在这种情况下，即使追究了责任，但由于导致问题发生的原因依然存在，类似的问题总有一天会不可避免地再次发生。具有标准化意识的管理者采用的是一种“对事不对人”的管理方式，遇到问题，他们关注的是找出产生问题的原因，针对原因制定解决问题的对策。如果对策是有效的，则通过标准化将之固定下来，成为新的工作方式，从而彻底消除同类问题再次发生的根源。

5.1.3.2　质量管理的标准化

在长期的质量管理实践中，人们总结和提炼出诸多的标准化的质量管理方法论。其中，ISO 9000族国际标准无疑是最为人们所熟知的，它构成了本书专门一章的内容。本节主要讨论另一种标准化的质量管理方法论，这便是六西格玛管理和标杆分析。

（1）六西格玛管理

六西格玛管理是近年来得到广泛普及的一种质量改进活动，这种做法最早起源于美国摩托罗拉公司。20世纪70年代后期，在日本企业的强大攻势下，几乎所有的美国产业都面临着巨大的竞争压力。在这种形势下，摩托罗拉公司从1980年开始了“质量振兴计划”，内容包括加快产品开发、大幅度提高产品质量以及通过调整生产过程来降低成本等，希望以此来提升企业的竞争力，从而能够同竞争对手抗衡。六西格玛管理构成了实施这一计划的关键方法论。这一举措在摩托罗拉取得了显著成果，摩托罗拉公司由于其在质量方面的显著表现而于1988年荣获了美国马尔科姆·鲍德里奇国家质量奖。此后，许多著名企业如通用电气、爱立信、IBM、ABB、索尼、NEC、柯达等纷纷开展这一活动，近几年则更普及到了众多的一般企业当中，成为继ISO 9000之后的又一管理热潮。六西格玛管理得到如此广泛的普及，与其形式上的标准化不无关联。

六西格玛管理的实质是对过程的持续改进，它是一种持续改进的方法论。六西格玛管理活动体现了“只有能够衡量，才可以实施改进”的思想。摩托罗拉公司在开发六西格玛管理方法论时，首先确定了用以衡量企业各方面质量的一种通用的、可横向比较的测量尺度，在此基础上设定了企业质量改进的奋斗目标，进而提出了实现质量目标的一套系统化的步骤或程序。

现代质量管理是通过对过程进行改进来实现高质量、低成本和高生产率的。实现六西格玛质量目标便是要对过程进行持续不断的改进。持续改进是通过六个步骤的循环来实现的。这六个步骤分别为：

① 明确你所提供的产品或服务是什么。这里的“你”代表组织的过程链条上的任意一个环节。可以是一个部门、一道工序或一个团队等。这里的“产品或服务”指的便是这一特定环节的输出。通过这个步骤，要明确你所提供的产品和服务是什么，同时也要确定评价你的产品或服务的单位。

② 明确你的顾客是谁，他们的需要是什么。这里的顾客是指过程链上的“你”的下一个环节，你的产品或服务质量的优劣是由你的顾客来判定的。在这一步骤中，要明确你的顾客，明确顾客的关键需要，并要同顾客就这些关键需要达成共识。

③ 为了向顾客提供使他们满意的产品和服务，你需要什么。这是要明确为了满足你的顾客的需要，你需要什么，谁来满足你的需要。从过程链的角度来看，这是要明确“你”的上一个环节，以及为了使你能够满足顾客的需要，他们应当为你提供什么条件。

④ 明确你的过程。在这一步骤中，通常要借助流程图将过程的现状描绘出来。

⑤ 纠正过程中的错误，杜绝无用功。在上一步对过程的现状充分认识的基础上，分析过程中的错误和冗余，制定纠错后的理想流程图。

⑥ 对过程进行测量、分析、改进和控制，确保改进的持续进行。

计算过程的百万机会缺陷数（DPMO）及相应的西格玛水平，制定并实施用新过程取代旧过程的改进计划，将取得的成果与他人分享。通过周而复始地实施这六个步骤，企业就可以实现持续改进，逐步实现六西格玛质量水平。

六西格玛管理方法论蕴含着丰富的思想内涵。以顾客为关注焦点、领导作用、全员参与、过程方法、管理的系统方法、持续改进、基于事实的决策方法和与供方互利的关系这八项现代质量管理的基本原则在六西格玛管理活动中得到了充分的体现。

（2）标杆分析

标杆分析（benchmarking）是近年来被企业界及其他各类组织广泛采用和实施的一种质量改进方法论。在我国，这一方法还有标杆法、水平对比法、基准评价法、标杆管理法、基准化、对标管理等多种译名。标杆分析方法是美国施乐公司于20世纪70年代末首创的。当时，施乐公司在竞争对手的强大攻势下，市场地位不断下滑，危机重重。通过全面开展这一活动，施乐公司的竞争地位得到了显著的恢复，并于1989年荣获了美国马尔科姆·鲍德里奇国家质量奖。以后这一方法逐渐为越来越多的企业及其他各种类型的组织所接受，成为一种获得普遍应用的威力强大的管理工具。

所谓标杆分析就是通过对比和分析先进组织的行事方式，对本组织的产品、服务、过程等关键的成功因素进行改进和变革，使之成为同业最佳的系统性过程。标杆（benchmark）一词原意是测量学中的“水准基点”，在此引申为在某一方面的“行事最佳者”或“同业之最”，也就是所要学习和超越的榜样。

标杆分析的实质是对组织的变革，是对因循守旧、抱残守缺、按部就班、不思进取等陋习的围剿，它必然伴随着组织原有秩序的改变。要在组织中导入标杆分析活动，组织的高层管理者必须是勇于变革的人。

在开展标杆分析活动时，通常是采用小组或团队的方式来进行。小组成员应当具备相应领域的专业知识以及把握问题、分析问题的能力和技能，应当具备较强的合作精神。

标杆分析活动一般由以下五个步骤构成。

第一步，确定实施标杆分析的领域或对象。组织的资源和时间是有限的，因此开展标杆分析活动应当集中于那些对改进组织的绩效和顾客的满意最具影响的因素，这些因素通常称为关键成功因素。

第二步，明确自身的现状。标杆分析主要通过调查、观察和内部数据分析，真正了解自己的现状。在这一步骤中，小组必须绘制出详细的流程图将本组织在该领域中的当前状况描绘出来。这项工作对于标杆分析活动的成功是至关重要的，一张详细的流程图有助于小组就当前过程的运行方式、所需的时间和成本、存在的缺点和失误等达成共识。

第三步，确定谁是最佳者，也就是选择标杆分析的标杆。要根据各方面的信息来源确定所选领域中的标杆。通常有四种类型的标杆，即本组织内部的不同部门、直接的竞争对手、同行组织和全球范围内的领先者。许多组织在刚开始推行标杆分析活动时，通常都是从内部的标杆开始的。这样有利于积累经验，锻炼队伍。面向全球领先者的标杆分析是开展这一活动的最高境界。

第四步，明确标杆是怎样做的。通过收集和分析所选定的标杆的信息，形成准确反映其能力和长处的完整材料，找出其优于自己并成为行业之最的能力和特长之所在。

第五步，确定并实施改进方案。在详细分析内外部资料的基础上，由项目小组和有关人员提出并优选改进方案，在组织内部达成共识，推动方案的有效实施。

5.1.3.3 质量的衡量与质量改进目标

要改进质量，首先必须能够衡量质量。摩托罗拉公司创造性地引入了一个衡量质量的通用指标，称为“百万机会缺陷数”（defects per million opportunity，DPMO）。这里的缺陷是指所有导致顾客不满的情况。一般而言，缺陷率、合格率等指标无法在不同产品、不同部门之间进行横向比较，因为不同产品、不同种类的工作其复杂程度不同。对象越复杂，出错误的机会也就越多，反之出错就会少一些。但相对于同样的出错机会而言却是能够比较的。因而利用出错机会作为通用的衡量尺度是符合逻辑的。

依据这一尺度，摩托罗拉公司确立了其质量改进的目标，就是要将 DPMO 降至 3.4。这个数字的意义可以理解为，如果面临着 100 万次出错的可能性的话，实际出错只允许有 3.4 次。

由于 DPMO 是一个比值，从而可以将之与正态曲线上的一定 σ（西格玛）范围内所包含的面积相对应，每一个 DPMO 的取值都可以用一个相应的西格玛值来表示，反之也一样（注：在将 DPMO 与西格玛值进行对应时，正态曲线设定为离中心值有 1.5 个西格玛的偏移）。DPMO 的值越小，则其相对应的西格玛值就越大，意味着质量水平就越高。因此，从这个角度来说，西格玛值可以用于度量质量水平。4 个西格玛的质量水平对应着的 DPMO 为 6210，5 个西格玛的质量水平对应着的 DPMO 为 233，而 6 个西格玛的质量水平便对应着 DPMO 为 3.4 这一目标。这也便是“六西格玛管理”这一名称的由来。

对于制造业而言，六西格玛质量水平对应着过程能力指数为 2 的情况。这一目标可以说达到了一种近乎完美的境界。

5.1.4 卓越绩效模式——TQM 的标准化

所谓卓越绩效模式就是由美国马尔科姆 · 鲍德里奇国家质量奖和欧洲质量奖等著名质量奖项所体现的一套综合的管理模式，它是一套标准化的全面质量管理实施办法。在吸收各国的经验并结合我国企业实践的基础上，我国于 2004 年 8 月正式发布了国家标准《卓越绩效评价准则》（GB/T 19580—2004），这标志着“卓越绩效”在我国的推广进入了一个新的阶段，亦标志着全面质量管理（total quality management，TQM）在我国的实践上升到了一个新的层次。此后，我国又于 2012 年 3 月发布了该标准的修订版《卓越绩效评价准则》（GB/T 19580—2012）。

(1)“卓越绩效”的由来与实质

在有关卓越绩效的各种模式中，美国马尔科姆 · 鲍德里奇国家质量奖最具代表性。20 世纪 80 年代，在极大的竞争压力下，美国的工商企业界对于质量活动呈现出了与日俱增的兴趣，许多有识之士都主张通过设立国家质量奖来促进美国公司的质量活动，这当然是受到了日本的做法的启示。1987 年 1 月 6 日，美国通过了马尔科姆 · 鲍德里奇国家质量改进法案，规定了马尔科姆·鲍德里奇国家质量奖计划的设立。其第一步便是建立一套评价标准，即卓越绩效准则（criteria for performance excellence）。由这套准则所体现的管理模式便称为“卓越绩效”模式。随后，欧洲质量奖于 1992 年诞生。由于其在提升各国的竞争力方面所表现出的突出效果，这种做法逐渐在全世界蔓延开来。绝大多数情况下，各国的质量奖计划都是以美国马尔科姆·鲍德里奇国家质量奖或欧洲质量奖为范本来建立评奖方式和评奖标准的。这些评奖标准已经成为企业经营管理中事实上的国际标准。

就其实质而言，卓越绩效准则是 TQM 的一种实施细则，是对以往的全面质量管理实践的标准化、条理化和具体化。“卓越绩效”这四个字已不再只是其字面上的简单含义，而成了一个特定的术语，亦即“一种综合的组织绩效管理方式”（美国国家标准与技术研究院的定义）。

卓越绩效准则为各类组织实施 TQM 提供了一种更加有效的手段。用农业上的灌溉术语来类比的话，传统的推行 TQM 的方式可以认为是一种“漫灌”的方式，声势很大，但效果未必令人满意。而通过卓越绩效准则来实施 TQM 的方式则是一种“滴灌”的方式，每一份努力都被输送到了最需要的地方。

（2）卓越绩效模式的基本构成

在卓越绩效模式的知识体系中，最核心的是一套价值观和一套评价准则，分别体现了卓越绩效模式的“道”和“术”两个层次。以下我们依据美国马尔科姆·鲍德里奇国家质量奖 2013～2014 年的卓越绩效准则来对卓越绩效模式的基本构成做一简要说明。

从“道”的角度来看，卓越绩效准则是一套相互关联的价值观的载体。如果把这套评价准则看作一个注射器的话，则其所承载的这些价值观便是治病救人、强身壮体的“灵丹妙药”。卓越绩效模式的价值观共有 11 项，分别为：前瞻性领导；顾客驱动的卓越；组织的和个人的学习；重视雇员和合作伙伴；敏捷性；注重未来；促进创新的管理；基于事实的管理；社会责任；注重结果和创造价值；系统的视野。这些价值观可以看作对 TQM 的本质特征或 TQM 所持的根本信念的描述。

从“术”的角度来看，卓越绩效准则是由总分值为 1000 分的七个类目的“要求”构成的一套评价准则，这七个类目分别是领导，战略计划，顾客，测量、分析和知识管理，员工，运营，结果。卓越绩效准则的框架如图 5-2 所示。

其中的领导、战略计划以及顾客代表领导的三要素。这几个方面放在一起旨在强调聚焦于战略和顾客的领导的重要性。员工、运营和结果代表结果的三要素。组织产出结果的工作是由组织的成员和伙伴通过其关键过程来实现的。组织所有的行动都指向结果，这里的结果是由顾客方面的结果、财务的以及非财务的结果所构成的一个综合体，其中还包括人力资源和社会责任方面的结果。测量、分析和知识管理则构成了组织绩效管理系统的基础。

卓越绩效准则的七个类目（categories）又可以进一步细分为 18 个条目（items）。每个条目中又包括了一个或多个要点（areas to address），其构成如表 5-3 所列。

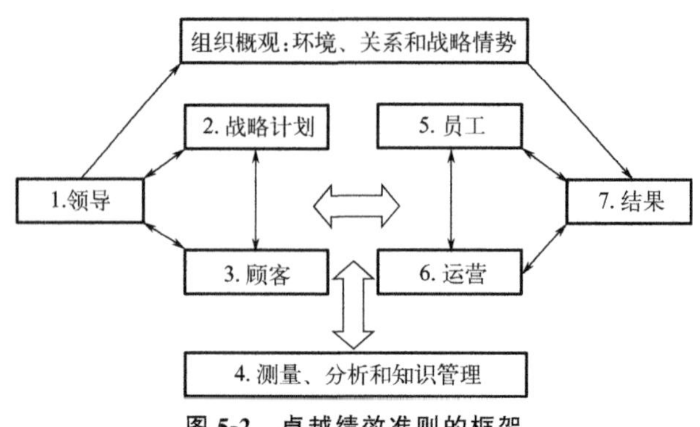

图 5-2　卓越绩效准则的框架

表 5-3　2013-2014 年逐月绩效准则的结构

类目(categories)	条目(items)
1. 领导	1.1　高层领导
	1.2　治理与社会责任
2. 战略计划	2.1　战略制定
	2.2　战略展开
3. 顾客	3.1　顾客意见
	3.2　顾客联系
4. 测量、分析和知识管理	4.1　组织绩效的测量、分析与改进
	4.2　知识管理、信息与信息技术
5. 员工	5.1　员工环境
	5.2　员工参与
6. 运营	6.1　工作过程
	6.2　运营效果
7. 结果	7.1　产品和过程结果
	7.2　顾客结果
	7.3　员工结果
	7.4　领导和治理结果
	7.5　过程有效性结果
	7.6　财务和市场结果

多年来人们对 TQM 的认识可以说是“横看成岭侧成峰，远近高低各不同”，这种状况大大影响了开展 TQM 的有效性。而卓越绩效准则如此具体、详尽地勾勒出了 TQM 的轮廓，从而为人们更加有效地开展 TQM 提供了指南和依据。标准化的威力在此得到了印证。

(3) 卓越绩效准则的作用与用法

卓越绩效准则的作用可以从以下 4 个方面来理解。

① 卓越绩效准则是将 TQM 的理念注入组织中的一种有效手段。卓越绩效准则犹如一个注射器，它承载了以 11 项价值观为主要内容的 TQM 的核心理念。在实施准则

的过程中，这些理念同时也被注入组织的机体中，渗透到了组织成员的思想和行为中。

② 卓越绩效准则为指导组织的计划工作提供了一种框架。它是一种“卓越绩效”的设计图，为组织勾勒出了必须重视的各个主要方面。

③ 它是使企业以及其他各种组织认清现状、发现长处、找出不足、知己知彼的一个听诊器或诊疗仪。它有助于人们认清自身的强弱之所在，使得人们能够明确自身相对于他人的位置，明确需要改进的领域以及实施改进措施的效果。

④ 它还是在组织的管理中驾驭复杂性的一个仪表盘。一个组织是一个复杂的系统，其管理必须有一个系统的思路。卓越绩效准则有助于实现管理的重点突出与全面兼顾的结合，有利于正确地评价和引导组织中的各个部门和全体成员的行为，从而使得管理层的努力能够真正用到引导组织成功的正确方向上。

5.2 先进电池制造的高质量发展

5.2.1 产品质量是高质量发展的基石

产品质量和高质量发展是现代制造业中至关重要的概念。产品质量是指产品在设计、生产、销售和使用过程中所具备的各项性能和特征，包括可靠性、耐久性、安全性、功能性等方面。高质量发展则是指在经济、社会和环境可持续发展的基础上，通过提高产品质量和技术创新，实现经济增长和社会进步的目标。

(1) 世界制造业产品质量现状

随着全球经济的不断发展，产品质量成为制造业发展的重要指标之一。在这个以市场竞争为导向的时代，高质量的产品不仅能够提升企业竞争力，还能够满足消费者对品质的需求。当谈论世界范围内制造产品的质量时，必须意识到这是一个复杂而多样化的话题，不同国家在制造产品质量方面有着不同的优势和挑战。国际上产品合格率标准是98%，产品的合格率＝一批产品中的合格产品数量÷这批产品的总数量×100%，一般认为产品制造的合格率达到98%即可大规模生产。

有一些国家以其出色的制造工艺和严格的质量控制而闻名于世。例如，德国以其精密的工程和高质量的汽车、机械设备而闻名，日本也以其精细的制造工艺和高品质的电子产品而备受赞誉，瑞士则以其钟表和精密仪器的制造质量而享有盛誉。这些国家在制造过程中注重细节和精确度，致力于提供持久耐用且高性能的产品。

其他国家如韩国、意大利、美国等也在产品制造质量方面有着自己的优势。韩国的电子产品、意大利的时尚和家居产品、美国的航空航天和高科技设备等都在全球市场上享有良好的声誉。

不能忽视的是还有一部分国家正在产品制造质量方面做出巨大努力。其中，中国作为全球最大的制造业国家，近年来在提高产品质量方面取得了显著的进展。中国的制造企业不断加强质量管理体系，提高工艺水平，并且在一些领域中已经达到了国际水平。许多知名品牌的产品在中国制造，其质量得到了广泛认可。

然而，必须承认的是全球范围内仍存在一些产品制造质量不佳的问题。一些国家在追求低成本和大规模生产的同时，可能会忽视质量控制和监管。这可能导致产品的可靠性和耐用性下降，给消费者带来不便和风险。由此看来，世界范围内制造产品的质量情况是多样化的，不同国家在产品制造质量方面有着各自的优势和挑战。

随着全球贸易和技术的发展，越来越多的国家和企业开始重视产品质量。这些国家和企业加强了质量管理体系的建设，提高了生产工艺和技术水平，加强了质量检测和监控。一些国际标准和认证机构也发挥着重要的作用，帮助企业确保产品符合质量标准和要求。然而，全球化和供应链的发展使得产品制造变得更加复杂，技术的快速进步导致产品的更新迭代，消费者的高要求以及质量管理体系和标准的制定、完善，使得在提高质量方面需要不断进步、发展。全球制造业仍需不断努力，加强质量管理和监管，以确保产品的高质量和安全性，满足消费者的需求。

（2）中国制造业产品的质量现状

中国制造业产品的质量现状一直备受关注。过去几十年来，中国制造业以其高效率和低成本而闻名于世，取得了巨大的发展和进步，成为全球最大的制造业国家。据《上海市质量状况白皮书（2020年）》报告，图5-3为2015～2019年全国及上海市制造业产品质量合格率，可以看出上海是我国制造业质量的高地，2015～2019年制造业产品质量合格率超过96%，而全中国制造业产品质量合格率不到94%。根据2023年2月6日，中共中央、国务院印发的文件《质量强国建设纲要》，到2025年，农产品质量例行安全检测合格率和食品抽检合格率均达到98%以上，制造业产品质量合格率达到94%。从这些数据看，我国制造业虽然产品量大，但与世界其他拥有高产品质量的国家相比，我国制造产品的质量合格率还有较大差距，也面临着质量问题的挑战。

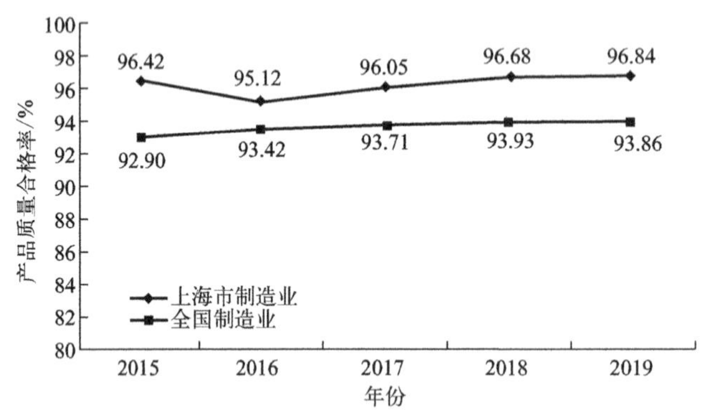

图5-3　2015～2019年全国及上海市制造业产品质量合格率

中国制造业产品的质量现状在不同领域和行业中仍存在差异。

一方面，中国制造业在一些领域已经取得了显著的进步，产品质量得到了大幅提升。例如，中国的高铁技术和制造水平在世界上处于领先地位，中国制造的高铁列车在速度、安全性和舒适性方面都具有很高的水平。此外，中国在电子产品、汽车、家电等领域也取得了长足的发展，产品质量得到了广泛认可。

另一方面，中国制造业部分产品的质量问题也不容忽视。一些低端产品和劣质产品的存在给中国制造业的整体形象带来了一定的负面影响。这些产品往往存在质量不稳定、耐用性差、安全隐患等问题。例如，一些廉价的玩具、食品和电子产品可能存在有害物质超标、易损坏等质量问题，给消费者带来了安全隐患和经济损失。

与世界其他高产品质量国家相比，中国制造业产品的质量仍存在一定差距。一些发达国家在产品设计、工艺技术和质量管理方面具有较高水平，能够生产出更加精密、耐用、安全的产品。同时，他们更加注重环境保护和社会责任等方面，产品生产过程中的环境污染和劳工权益问题得到了更好的控制和解决。这些因素使得他们的产品在全球市场上享有较高的声誉和竞争力。

然而，中国制造业也正在积极采取措施来提升产品质量。政府加大了对产品质量的监管力度，出台了一系列法律法规，加强了对产品质量的监督和管理。例如，实施了《中华人民共和国产品质量法》，加强了对产品质量的监督和检验。还建立了一系列质量认证和检测机构，加强了对产品质量的检测和评估。这些措施有助于提高产品质量，减少假冒伪劣产品的流通。并且，一些企业也意识到了质量的重要性，越来越多的企业开始注重产品质量，加强了质量管理体系的建设。许多企业引进了国际先进的质量管理标准，如 ISO 9001 质量管理体系认证，通过严格的质量控制和管理，提高了产品的质量稳定性。还加大了对员工的培训力度以及研发和创新的投入，提高了员工的技术水平和质量意识，提升了产品的竞争力和附加值。通过引进和消化吸收国外先进技术，不断提升产品的技术水平和创新能力，使得中国制造业的产品在技术含量和品质上得到了显著提升。此外，中国制造业也在加强与国际标准的对接和认证。通过与国际标准组织合作，中国的产品质量标准逐渐与国际接轨，提高了产品的质量可靠性和国际竞争力。同时，中国也积极参与国际质量认证体系，提升产品的国际认可度。

总的来说，中国制造业产品的质量现状正在逐步好转，政府和企业都意识到了产品质量对企业发展的重要性。然而，与世界其他高产品质量国家相比，中国制造业产品的质量仍存在一定差距，还是需要持续努力，加强学习先进国家制造质量理念和制造哲学，以提高产品质量水平，赢得更广阔的市场和竞争优势。

(3) 先进国家制造质量理念或制造哲学

当谈到先进国家的制造质量理念或制造哲学时有几个国家的做法值得关注和学习。这些国家在制造业中展现出卓越的表现，并在产品质量和高质量发展方面取得了显著的优势。

① 日本的精益生产（lean production）　精益生产是一种以减少浪费为核心的制造理念。它强调通过优化流程、提高效率和质量来实现生产的最大化价值。日本企业如丰田和本田在实施精益生产方面取得了巨大成功。通过持续改进、员工参与和质量控制来提高产品质量，同时降低成本和提高生产效率。

② 德国的工匠精神（crafts manship）　德国制造业以其高度精细和精湛的工艺而闻名。德国企业注重细节和精确度，追求卓越的工艺和品质。他们注重培养技术人才，提供高质量的培训和教育，以确保员工具备专业知识和技能。德国制造业的成功在于其对质量的执着追求和对工艺的高度重视。

③ 瑞士的精密制造（precision manufacturing）　瑞士以钟表和精密仪器制造而闻

名于世。瑞士制造业在精密度、可靠性和创新方面具有显著优势。他们注重精确的工艺控制和高质量的材料选择，以确保产品的精密度和可靠性。瑞士制造业的成功在于其对细节的极致关注和对技术的持续创新。

这些先进国家的制造质量理念和哲学强调质量的重要性。它们将质量视为核心价值，注重产品的可靠性、耐久性等性能。通过严格的质量控制和持续改进，这些国家的企业能够提供高质量的产品，赢得消费者的信任和口碑。并且，注重对效率和生产流程的优化。强调消除浪费、提高生产效率和降低成本。通过精益生产、工艺改进和流程优化，实现高效的生产，提高产品交付速度和灵活性。他们还注重员工参与和技术培训。鼓励员工参与质量控制和持续改进的过程，提高员工的技术能力和专业知识水平。这种注重员工参与和技术培训的文化有助于提高产品质量和创新能力。

他们通过不断追求卓越的质量和持续的改进，为企业赢得了市场竞争优势，并为消费者提供了高品质的产品和服务。先进国家制造质量理念或制造哲学在产品质量和高质量发展方面发挥着重要作用，为其他国家提供了宝贵的借鉴和启示，促进了全球制造业的发展和进步。

(4) 中国制造业的未来

随着全球经济的不断发展，中国制造业正迎来一个全新的时代。在过去几十年里，中国制造业以其高效率和低成本而闻名于世，但随着市场竞争的加剧和消费者需求的变化，中国制造业正面临着新的挑战和机遇。

中国制造业的未来将紧密关注产品质量。过去，中国制造业在追求数量和速度方面取得了巨大成功，但对产品质量问题关注较少。随着技术的进步和消费者对品质的要求提高，中国制造业正逐渐转向注重质量的发展。企业开始加强质量管理体系，提高产品设计和制造工艺，以确保产品的可靠性和持久性。这种转变将使中国制造业在全球市场上赢得更多的信任和认可。

高质量发展也是中国制造业转型升级的关键。政府和企业已经提出了一系列政策和措施，以促进制造业的高质量发展。这些措施包括加大科技创新投入，推动新技术的应用和研发，以提高产品的质量和竞争力；进一步完善质量管理体系，加强质量控制和质量监督，建立健全的质量标准和认证体系。通过严格的质量管理，确保产品符合国际标准和客户需求，提升产品的可靠性和品牌形象；加强对制造业人才的培养和引进，提高员工的技能水平和专业素质。通过培训和教育，提升员工的质量意识和技术能力，推动制造业向高端、智能化方向发展；注重环境保护和可持续发展，推动绿色制造的发展。通过采用清洁能源、节能减排和循环利用等措施，减少对环境的影响，提高产品的环境友好性；加强创新驱动，鼓励企业进行技术创新和产品创新。政府将提供支持和鼓励创新的政策和资金，推动企业加大研发投入，培育具有核心竞争力的高新技术企业。通过这些举措，中国制造业将能够提高产品的附加值和竞争力，提升中国制造业的竞争力和国际声誉，实现从“制造”到“智造”的转变。

但是中国制造业的未来可能受到一些发展趋势的影响。首先，人工智能和大数据技术的应用将进一步推动制造业的智能化和自动化。机器人和自动化设备的广泛应用将提高生产效率和质量稳定性。其次，绿色制造和可持续发展将成为中国制造业的重要发展方向。减少能源消耗和环境污染，推动循环经济和资源回收利用，将成为中国制造业转型的重要任务。

综上所述，中国制造业的未来将是质量与高质量发展的融合。通过加强质量管理和提高产品质量，中国制造业将赢得更多的市场份额和消费者信任，中国应该且必须把工业产品的质量目标定义在 98%以上，并且全体制造人为之努力奋斗。同时，通过推动高质量发展和适应发展趋势，中国制造业将实现转型升级，迈向更加智能、绿色和可持续的发展道路。中国制造业的未来充满希望和机遇，将为全球经济的发展做出更大的贡献。

5.2.2　制造业产品的高质量发展

(1) 产品质量的真实内涵

在传统定义中，产品质量通常被视为产品的外在特征和性能表现。而在追求高质量发展的背景下，真实的产品质量内涵还包括产品的性能、可靠性、耐久性、安全性等特征，是一个综合性的概念，涉及多个维度的评判标准。重视产品质量对国家和企业来说至关重要，它不仅能够赢得消费者的信任和忠诚度，还能够提升企业的声誉和竞争力。

① 性能　产品的性能是衡量产品质量的重要指标之一。性能包括产品的功能是否完备、操作是否便捷、使用效果是否符合预期等。一个高质量的产品应该能够稳定地提供所需的功能，并且在使用过程中表现出良好的性能。

② 可靠性　可靠性是指产品在一定的使用条件下，能够持续稳定地工作的能力。一个高质量的产品应该具备较高的可靠性，能够在长时间使用中不出现故障或失效。可靠性的提升需要从产品设计、材料选择、制造工艺等方面进行全面考虑。

③ 耐久性　耐久性是指产品在正常使用条件下，能够经受住时间和使用频率的考验，保持良好的性能和外观。一个高质量的产品应该具备较长的使用寿命，并且在使用过程中不易损坏或磨损。耐久性的提升需要选用高质量的材料、合理的结构设计以及严格的制造工艺。

④ 安全性　安全性是指产品在正常使用过程中，不会对用户或环境造成伤害或危害。一个高质量的产品应该符合相关的安全标准和法规要求，并且在设计、制造和使用过程中考虑到安全因素。安全性的提升需要进行全面的风险评估和安全设计，确保产品在各种情况下都能保持安全可靠。

事实上，产品质量的真实内涵还包括用户体验、环境友好性、售后服务等方面。一个高质量的产品应该能够提供良好的用户体验，满足用户的期望和需求。同时，产品还应该考虑环境友好性，减少对环境的负面影响。此外，一个高质量的产品还应该提供优质的售后服务，及时解决用户的问题和反馈。

想要制造出高质量的产品，需要从产品设计、材料选择、制造工艺、质量控制等方面进行全面考虑和把控。产品设计要充分考虑用户需求和使用场景，确保产品具备良好的性能和易用性。材料选择要注重质量和可靠性，选用符合标准的材料，避免使用次品或劣质材料。制造工艺要严格控制，确保产品在生产过程中不出现质量问题。要建立完善的质量控制体系，包括原材料检验、生产过程控制、成品检测等，确保产品符合质量标准和要求。

（2）产品质量的影响因素

影响产品质量的因素也是多方面的。

① 设计过程是影响产品质量的重要因素之一。一个好的产品设计应该考虑到用户的需求和期望，注重功能性、易用性和美观性。设计阶段的合理性和创新性决定了产品的核心竞争力和市场接受度。同时，设计中的工艺和材料选择也直接影响产品的质量和性能。

② 制造过程对产品质量的影响也不可忽视。制造过程中的工艺控制、设备精度、原材料选择以及操作人员的技术水平都会对产品的质量产生重要影响。严格的质量控制体系和标准化操作流程能够有效地提高产品的一致性和稳定性。

③ 供应链管理也是影响产品质量的关键因素。供应链中的每个环节都需要保证质量的可追溯性和稳定性，包括原材料的采购、运输、仓储和配送等。合理的供应链管理能够降低产品质量风险，确保产品的稳定供应和一致性。

④ 用户反馈和售后服务也对产品质量有着重要影响。用户的反馈可以帮助企业及时发现产品存在的问题，并进行改进和优化。而良好的售后服务能够提高用户的满意度，增强产品的口碑和品牌形象。

（3）制造业产品高质量发展举措

制造业是一个国家经济发展的重要支柱，对一个国家的经济繁荣和社会进步起着至关重要的作用。随着全球经济的不断发展和竞争的加剧，制造业高质量发展成了各国企业争相追求的目标。在这个过程中，企业需要严格把控以下几个主要方面：

① 技术创新是制造业高质量发展的关键。通过引入新的技术和工艺来提升产品质量，改善产品的设计、制造和检测过程，提高产品的稳定性、可靠性和安全性；通过引入先进的生产设备和智能化的生产系统来提高生产效率，实现生产过程的自动化和智能化，提高生产效率和生产能力；通过技术创新推动产业升级和转型升级，开发新的产品和服务，拓展新的市场领域，实现产业结构的优化和升级。因此，制造企业应该加大对技术创新的投入，加强与科研机构和高校的合作，培养和引进高素质的技术人才，不断推动技术创新在制造业中的应用，实现高质量发展。只有不断创新，才能在激烈的市场竞争中立于不败之地，实现可持续发展。

② 质量管理是制造业高质量发展的基础。它直接影响产品的质量。高质量的产品能够满足客户的需求和期望，提高客户的信任和忠诚度。相反，低质量的产品会导致客户的不满和投诉，损害企业的声誉和市场地位；同时，质量管理也是制造业企业实现高效运作和持续改进的基础。通过建立科学的质量管理体系，规范和标准化生产过程，提高生产效率和产品质量稳定性。质量管理还可以帮助企业发现和纠正生产过程中的问题和缺陷，减少资源浪费和成本，提高生产效益。通过持续改进和创新，企业可以不断提升产品的质量和竞争力，实现高质量发展。因此，制造业企业还应将质量管理置于重要

位置，采取有效的质量管理举措，建立良好的质量文化，实现高质量发展。

③ 供应链管理是制造业高质量发展的重要环节。涉及从原材料采购到产品交付的整个过程，它的优化和协调对于提高制造业的效率、降低成本、提升产品质量具有重要意义。通过有效的供应链管理来帮助制造业实现资源的优化配置，实现对供应商的选择和评估，确保原材料和零部件的质量和可靠性；通过对供应链中各个环节的协调和优化来提升制造业的生产效率和交付能力，减少生产过程中的浪费和瓶颈，提高生产效率；通过建立有效的供应商评估和监控机制帮助制造业实现质量管理的全面提升，确保供应链中的每个环节都符合质量标准和要求。同时，供应链管理还可以帮助企业建立完善的质量管理体系，包括质量控制、质量检测和质量改进等方面，从而提高产品的质量稳定性和一致性。因此，制造业企业也应该重视供应链管理，加强与供应商的合作和沟通，不断提升供应链管理的水平，以推动制造业的高质量发展。

④ 人才培养和环境保护也是制造业高质量发展的重要因素。企业应该注重人才的引进、培养，建立健全的人才培养体系。通过加强对员工的培训和教育，提高员工的技能水平和专业素质，培养一支高素质、高技能的制造业人才队伍。同时，企业还应该注重人才的激励，提供良好的职业发展和晋升机会，吸引和留住优秀的人才，为高质量发展提供人才支持；也应该注重环境保护，加强对生产过程中的环境污染的控制和治理。通过采用清洁生产技术和节能减排措施，减少对环境的影响，推动绿色制造和可持续发展。同时，企业还应该积极参与环境保护的宣传和教育，提高员工和社会公众的环保意识，共同建设美丽的生态环境。

综上所述，制造业高质量发展需要企业严格把控技术创新、质量管理、供应链管理、人才培养和环境保护等方面。只有在这些方面做到严格把控，企业才能在激烈的市场竞争中立于不败之地，实现可持续发展。同时，政府也应该加大对制造业的支持力度，提供政策和资金的支持，共同推动制造业高质量发展，为国家经济的繁荣和社会的进步做出贡献。

（4）制造业产品质量是产业高质量发展的基石

在全球经济发展和竞争加剧的大环境下，制造业产品质量成了影响企业和国家竞争力的重要因素。高质量的产品不仅能够满足消费者的需求，还能够提升企业的声誉和市场份额。因此，制造业产品质量与高质量发展之间存在密切的关系。高质量发展是指以提高经济发展质量为核心，推动经济结构优化升级、提高全要素生产率、实现可持续发展的发展模式。而制造业产品质量是高质量发展的重要组成部分。

制造业产品质量是企业可持续发展的基石。它直接影响企业的市场竞争力。随着消费者对产品质量要求的提高，高质量的产品不仅能够满足消费者的需求，还能够提供更好的使用体验和性能表现，从而赢得消费者的青睐。其更低的售后服务和维修成本，还能提高企业的运营效率和利润率。制造业产品质量甚至与企业的声誉和口碑密切相关。在信息时代，消费者对产品的评价和反馈可以迅速传播，对企业的声誉和口碑产生重要影响。如果企业的产品质量不过关，消费者会对其进行负面评价，从而影响企业的形象和信誉。相反，如果企业能够提供高质量的产品，消费者会对其进行正面评价，增强企业的声誉和口碑。良好的声誉和口碑不仅能够吸引更多的消费者，还能够为企业带来更多的合作和业务拓展机会。

制造业产品质量与高质量发展之间存在良性循环的关系。高质量的产品能够提升企业的竞争力，吸引更多的消费者和订单。随着销售量的增加，企业可以获得更多的资金和资源，进一步提升产品质量和技术水平。同时，高质量的产品还能够吸引更多的人才加入企业，推动企业的创新和发展。因此，制造业产品质量与高质量发展形成了良性循环，相互促进。

此外，制造业产品质量提升与高质量发展还与国家经济发展密切相关。制造业是国民经济的重要支柱，产品质量的提升对国家经济的发展具有重要意义。高质量的产品能够提升国家的产业竞争力，促进经济增长和就业机会的增加。还能够提升国家的国际声誉和形象，吸引更多的外资和成就更多的国际合作。因此，制造业产品质量与高质量发展对国家经济的发展具有重要的战略意义。然而，要实现制造业产品质量与高质量发展之间的良性循环，需要企业、政府和社会各方的共同努力。企业应该加强内部管理，建立完善的质量管理体系，提升员工的质量意识和技术水平。政府应该出台相关政策和法规，加强对产品质量的监管和检测，提供支持和激励措施，推动企业实现高质量发展。社会各界应该加强对产品质量的监督和评价，提高消费者的质量意识和鉴别能力。

（5）制造业产品高质量发展面临的问题

制造业作为一个关键的经济领域，对国家的发展和竞争力提升具有重要意义。然而，要实现制造业的产品高质量发展并不容易，制造业在追求高质量发展的过程中面临着一系列的问题和挑战。但最重要的是质量第一的意识，做差异化优质产品，这是避免中国制造业内卷最重要的理念和方法，要摒弃“合适质量”“差不多质量”的意识，这样制造业才能真正走向产品高质量发展的道路。

技术创新和升级是制造业高质量发展的关键。随着科技的不断进步、新兴技术的涌现，制造业需要不断进行技术升级和创新，以适应市场的需求变化。然而，许多制造企业在技术研发和创新方面存在不足。缺乏先进的生产技术和设备，以及缺乏创新意识和能力，限制了制造业的发展潜力。此外，快速发展的科技领域也带来了新的技术挑战，如人工智能、大数据和物联网等，制造业需要积极应对这些挑战并加以应用。

人力资源问题也是制造业高质量发展的难题之一。随着技术的进步和产业结构的调整，制造业对高素质、高技能的人才需求越来越大，但目前制造业普遍存在人才短缺的问题。一方面，制造业的劳动强度较大，吸引力不高，导致年轻人对从事制造业的兴趣不高；另一方面，制造业的技术要求不断提高，需要具备高水平的技能和知识，但相关教育培训体系还不完善，无法满足制造业人才培养的需求。许多制造企业正面临着劳动力老龄化、缺乏技术工人和管理人才等挑战。解决人力资源问题需要加强职业教育培训，提高技术工人的技能水平，并制定吸引人才的政策和措施。

环境保护和可持续发展也是制造业高质量发展面临的重要问题。传统制造业往往存在资源浪费、能源消耗大和环境污染等问题，对生态环境造成了严重的影响。同时，资源的浪费也是制造业发展中的一个难题，包括原材料的浪费、能源的浪费等，这不仅增加了成本，也对可持续发展产生了负面影响。为了实现可持续发展，制造业需要加强环境管理和提高资源利用效率，推动绿色制造和循环经济的发展。

这些问题的存在严重阻碍了制造业的高质量发展。技术落后和缺乏创新意识将导致企业竞争力下降，无法适应市场需求的变化。人力资源问题将限制企业的发展和扩张，影响产业链的稳定运行。环境问题不仅会受到国内外监管的限制，还会损害企业的声誉和形象。

针对这些问题，可以提出一系列的方法来解决或者避免。首先，制造企业应加大对技术创新的投入，加强与科研机构的合作，引进先进的生产技术和设备，提高产品的质量和竞争力。在此基础上政府应加大对制造业的支持力度，提供相关的政策扶持和资金支持，鼓励企业进行技术创新和人才培养。同时，加强职业教育培训，提高制造业人才的素质和技能水平。此外，制造企业也应注重环境保护，推动绿色制造，采用清洁生产技术，减少污染物的排放，提高资源利用效率。

5.2.3　先进电池制造质量

(1) 先进电池是未来制造能源的基础

制造能源是指通过制造的方法，利用已有的资源，尤其是来源广阔、存量巨大的自然资源，解决人类能源需求问题，以持续地为人类提供可靠的能源。能源是现代社会发展和人类生活的基石，而制造能源则是满足未来能源需求的关键。随着全球能源需求的不断增长和对传统能源资源的限制，制造能源的重要性日益凸显。制造能源的过程涉及设计、生产、组装和安装各种能源设备，以及相关的供应链管理和维护工作。通过制造能源装备，我们能够利用自然资源转化为可再生能源，减少对传统能源的依赖，降低对环境的破坏，并为人类的可持续发展提供能源解决方案。

制造能源包括但不限于开发和生产太阳能电池、风能设备以及先进电池等。太阳能电池是一种将太阳光转化为电能的装置，通过制造高效的太阳能电池板，可以将太阳光转化为可用的电能，为人类提供清洁、可再生的能源。风能设备则利用风力驱动涡轮机转动进而产生电能。通过制造高效的风力发电机组，可以将风能转化为电能，为人类提供可再生的能源。先进电池则能够将电能储存起来，在需要时释放出来供应电力，为能源的稳定供应提供支持。

为了推动制造能源的发展，需要加强技术研究和创新，提高能源设备的效率和可靠性。同时，还需要加强对可再生能源的开发和利用，减少对传统能源资源的依赖，实现能源的可持续发展。制造能源不仅仅是满足能源需求，更是为了构建一个清洁、可持续的能源未来，为人类提供更加美好的生活环境。然而，制造能源也面临着一些挑战。其中之一就是电池制造质量的问题。作为储能设备的核心组件，电池的制造质量直接影响着能源的可靠性和利用效率。

(2) 电池制造质量现状

随着电动汽车和可再生能源的快速发展，电池制造质量成了一个备受关注的话题。电池作为储能装置的核心，其质量直接影响着电动汽车的性能、续航里程以及可靠性。

随着技术的不断进步，电池制造商在材料选择、生产工艺和质量控制方面取得了显著的进展。除了磷酸铁锂作为正极材料大行其道外，新一代的锂离子电池采用了更高能量密度的正极材料，如镍钴锰酸锂（NCM）、镍钴铝（NCA）以及无钴材料，以提高电池的能量存储能力。同时，制造商也在降低电池的内阻、提高循环寿命和安全性方面进行了大量研究和改进。

电池制造过程中的质量控制也得到了加强。制造商采用了更严格的检验和测试标准，以确保电池的一致性和可靠性。例如，通过X射线检测、红外热成像和电化学分析等技术手段，可以及时发现电池内部的缺陷或异常情况，并采取相应的措施，从而提高电池的性能和延长电池的寿命。这些努力使得现代电池在安全性和可靠性方面取得了巨大的突破。此外，制造商还加强了供应链管理，确保原材料的质量和稳定性，从根源上提升了电池的制造质量。

电池制造质量的提升也得益于行业标准的制定和推广。各国政府和行业组织纷纷出台了电池制造和使用的相关标准，规范了电池的设计、生产和测试要求。这些标准的制定促使制造商更加注重质量控制，提高了电池的一致性和可靠性。如图5-4是2020年我国在《节能与新能源汽车技术路线图2.0》中关于电池制造的技术路线图。该路线图对促进我国电池制造技术的发展起到积极的推动作用。

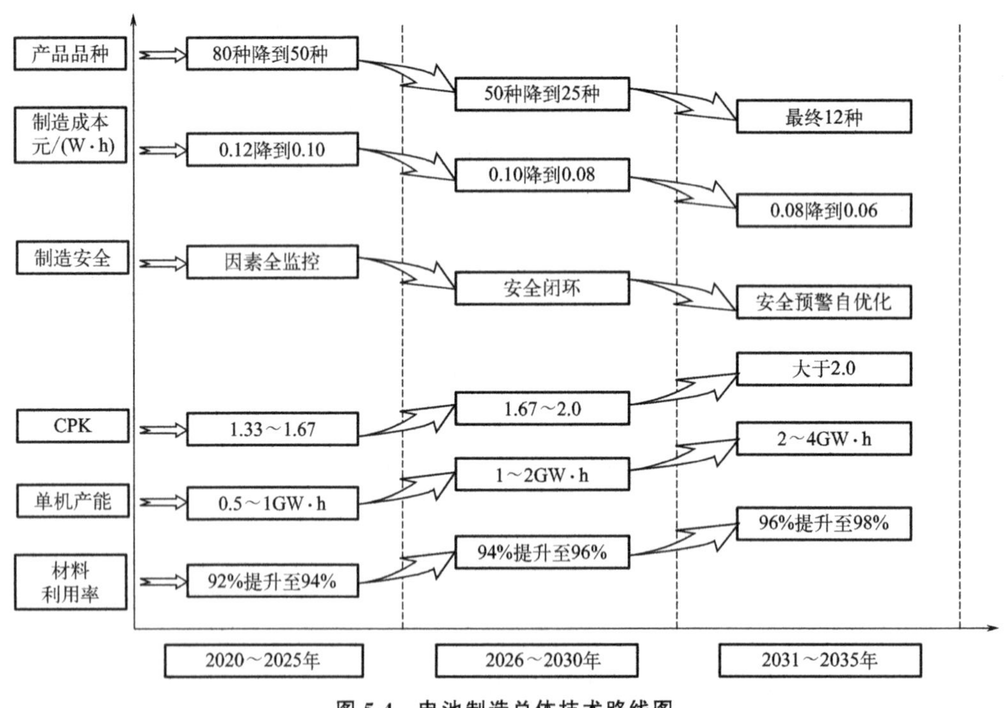

图5-4 电池制造总体技术路线图

CPK（complex process capability index）指电芯制程能力指标，是电芯核心工序产品质量特征KPC（key product characteristic）值的乘积，一般电芯的工序KPC值为20左右

虽然电池制造质量取得了显著的进步，但仍然存在一些挑战和改进空间。首先，电池企业制造电芯产品的合格率偏低，只有90%～94%，有的电池企业制造电芯的配组

合格率甚至低于 80%，这些数据低于中国制造业产品质量平均合格率，这导致电池成本较高，制造商需要大幅降低成本，以提高电动汽车的竞争力。其次，电池的安全性，尤其是电池的制造安全性，目前还没有完全可靠的手段解决电池制造过程中产生的安全隐患，对制造缺陷识别、对制造缺陷完全剔除的方法依然需要完善。再次，电池的循环寿命和快速充电能力仍然需要改进，以满足用户对长续航里程和快速充电的需求。此外，电池制造质量的现状也受到可持续发展的影响。随着全球对环境保护和可再生能源的关注度不断提高，电池制造商开始关注电池的可持续性和环境影响。他们致力于减少电池材料的使用量、提高回收利用率，并寻求更环保的生产工艺。这些努力有助于减少电池制造对环境的负面影响，并推动电池制造业向更可持续的方向发展。

综上所述，目前的电池制造质量处于不断提升的阶段。技术进步、质量控制和行业标准的推动，使得电池的可靠性等性能得到了显著提升。然而，仍然需要持续的研究和创新，以进一步改进电池的成本、循环寿命和环境友好性，推动电动汽车和可再生能源的可持续发展。

(3) 电池制造质量的内核

电池制造质量的内核是指影响电池性能和可靠性的关键因素，主要包括材料、工艺、质量控制、安全设计、循环寿命以及能量密度等。目前，电池制造质量的情况在不断改善和发展。随着技术的进步，电池制造商不断优化制造工艺和质量控制体系，以提高电池的性能和可靠性。同时，对于电池原材料的选择也越来越重视，追求更高纯度和更可靠的材料。此外，电池设计也在不断创新，以提高电池的能量密度和延长电池的循环寿命，并增强安全性能。总体而言，电池制造质量在不断提升，以满足不断增长的市场需求和应用场景的要求。

材料的选择是至关重要的。电池的核心是正极、负极和电解质，其材料必须具有高能量密度、良好的电导性和稳定的化学性质。例如，锂离子电池常用的正极材料是氧化钴、氧化镍和氧化锰，而负极材料则通常是石墨或硅。

制造过程的控制也是确保电池质量的关键。在电池制造过程中，需要严格控制材料的配比、温度、湿度和气氛等参数。任何制造过程中的偏差都可能导致电池性能下降或安全性问题。因此，制造商必须采取严格的质量控制措施，确保每个生产环节都符合标准。

电池的设计也对其质量起着重要作用。设计应考虑到电池的容量、循环寿命、充放电速率和安全性等因素。合理的设计可以最大限度地提高电池的性能和稳定性，同时减少能量损失和安全风险。

严格的测试和验证是确保电池质量的必要步骤。在生产过程中，应进行各种测试，如电池容量测试、循环寿命测试、温度和湿度测试以及安全性能测试。只有通过这些测试并符合相关标准的电池才能被认为是高质量的产品。

这些因素共同决定了电池的质量和性能，也是电池制造商需要格外关注的领域，保障这些因素才能确保生产出高质量、可靠的电池产品。

(4) 电池制造质量的衡量指标

为了能够判断电池的制造质量，制定和遵守严格的电池制造质量衡量标准变得至关重要。当评估电池制造质量时，能量密度、循环寿命、充电效率、安全性以及环境友好性可以用来判断其性能和可靠性。这些指标是根据电池的设计、材料和制造过程来确定的，可以有效地了解电池的性能和寿命情况。

能量密度作为一个重要衡量标准，指的是电池单位体积或单位质量所储存的能量。高能量密度的电池可以提供更长的续航时间和更高的功率输出。通常以安时（A·h）为单位进行衡量，容量越高，电池的使用时间就越长，是移动设备和电动汽车等领域主要的关注标准。

循环寿命也是评估电池质量的重要指标。指电池在一定条件下能够进行多少次充放电循环并且保持其性能不衰退。长循环寿命的电池具有更长的使用寿命和更稳定的性能，能够经受住长时间和频繁的使用。

另一个关键的衡量指标是充电效率。充电效率表示电池在充电过程中能够将输入的能量转化为储存能量的能力。高的充电效率能降低能量的浪费和充电的时间；

安全性也是关键考量因素，指的是电池具备防止过充、过放、短路和过热等安全保护机制，在使用过程中不发生过热、爆炸等危险情况，并能保持稳定的性能。电池应具备防过充、防过放、防短路等安全机制，以避免发生火灾、爆炸等危险情况。各国和各行业都制定了一系列安全标准，如 UN 38.3 等，以确保电池的安全性能。

环境友好性也是电池制造质量的重要方面。高质量的电池应尽量减少对环境的污染，降低有害物质的使用和排放，以及提供可持续的材料和回收方案。例如，欧盟的《关于限制在电子电气设备中使用某些有害成分的指令》（RoHS 指令）要求电池中的有害物质含量不得超过一定限值。

这些衡量指标在电池制造行业中被广泛采用，并且有一些已经制定或公开的文件来规范这些指标的评估方法。例如，国际电工委员会（IEC）发布了一系列的标准，用于评估锂离子电池和镍氢电池的性能和安全性。通过一系列的标准和评估方法来进行测量和评估，以确保电池具备高性能、长寿命和安全可靠的特性。

（5）提升电池制造质量的措施和方法

电池作为现代社会中不可或缺的能源存储设备，其制造质量的好坏直接影响着电池的性能和寿命，提升电池制造质量对于电池行业的可持续发展和用户体验至关重要。从电池的设计到生产的每个环节都会影响电池的性能。为了提升电池制造质量，需要加强质量管理，建立完善的质量控制体系，确保每个环节都符合标准要求。同时，优化材料选择和制造工艺，提高电池的能量密度和延长循环寿命，并加强安全性和稳定性的研究，开发新型材料和技术，提高电池的安全性和稳定性。从这些角度出发，制定相关措施和方法以提高电池制造质量。

1）材料选择和质量控制

电池的性能和寿命很大程度上取决于所使用的材料，因此选择高质量的材料，并进行严格的质量控制是至关重要的。这包括确保原材料的纯度、稳定性和一致性，制造过程中的质量控制，以及原材料检验、生产过程监控和最终产品测试等，以确保每个电池都符合规定的性能指标。制造商应该与可靠的供应商合作，确保所采购的材料符合严格的质量标准。

2）制造工艺优化

制造工艺对电池性能和可靠性有着重要影响。通过优化工艺流程，可以提高电池的一致性和稳定性。例如，控制温度、湿度和压力等环境参数，以确保生产过程的稳定性和可重复性。这也包括优化材料混合、电极涂覆、层叠和封装等关键步骤。通过使用先进的自动化设备和精确的控制系统，可以减少人为错误和变量，提高产品质量和一致性。

3）质量管理体系

建立完善的质量管理体系是提升电池制造质量的关键。这包括制定标准操作程序（SOP）、建立严格的质量控制流程、进行持续的监测和检测，并进行合适的纠正措施。同时，也应该遵循国际标准和行业规范，如 ISO 9001 质量管理体系，以确保产品符合质量要求。质量管理体系应包括从供应链管理到生产过程控制和最终产品检验的全面管理措施，以确保每个环节都符合质量标准，并及时发现和解决潜在的质量问题。

4）制造指令数据分析和反馈

通过收集和分析生产过程和产品性能的数据，制造商可以及时发现问题并采取纠正措施。数据分析可以帮助制造商了解生产过程中的潜在问题，并进行持续改进。此外，与用户的反馈和需求进行及时沟通，可以帮助制造商了解市场需求并改进产品设计和制造过程。

这些措施和方法的好处是多方面的。它们可以提高电池的性能和可靠性，延长电池的使用寿命，提高能源存储效率。还可以减少产品缺陷和故障率，降低售后服务成本，提高用户满意度。并且通过优化制造过程和管理体系，制造商可以提高生产效率，降低生产成本，增强竞争力。

（6）提升电池制造质量面临的问题

随着电动汽车、可再生能源和便携式电子设备的快速发展，电池作为能源存储的关键技术之一，其制造质量的提升变得尤为重要。然而，电池制造质量的提升并非一帆风顺，面临着一系列的挑战。

电池制造过程中的材料选择是一个重要的问题。它直接关系到电池的能量密度、循环寿命以及稳定性，需要综合考虑材料的性能、成本、可持续性和安全性等因素，以提升电池制造质量，满足不断增长的市场需求。目前，锂离子电池是最常用的电池类型，但其中的材料选择和配比需要精确控制。不合适的材料选择或配比可能导致电池容量下降、循环寿命缩短等问题。因此，研发更高性能的电池材料，建立准确的配比控制系统将会成为提升电池制造质量的关键，这需要全世界研发人员的共同努力来实现。通过科学合理的材料选择，才能生产出高性能、高可靠性的电池产品，推动能源储存技术的发展和应用。

电池制造过程中的工艺控制也是一个挑战。电池的制造过程涉及多个环节，包括电极制备、电解液注入、封装等。其中会涉及复杂的化学反应和物理过程，并且不同类型的电池，如锂离子电池、镍氢电池等，都有其独特的工艺要求。在制造过程中，需要控制反应温度、反应时间、电解液浓度等参数，以确保电池的性能和稳定性。这就要求制造商具备深厚的化学和物理知识，并且能够准确地控制每个环节，以避免不良反应和质量问题的发生。因此，建立完善的工艺控制系统，包括自动化生产线和实时监测技术，可以提高电池制造的一致性和稳定性。此外，工艺控制还面临着生产规模的挑战。随着电动汽车、可再生能源等领域的快速发展，对电池的需求量不断增加。这就要求电池制造商能够提高生产效率、降低成本，同时保证产品质量的稳定性和一致性。在大规模生产中，工艺控制的难度进一步增加，需要制定严格的质量管理体系和标准化操作流程，以确保每个生产批次的电池都符合要求。

电池的安全性也是一个重要的问题。电池内部的化学反应是一个潜在的安全隐患，正负极材料在充放电过程中会发生化学反应，产生热量和气体。如果设计不合理或制造过程中存在缺陷，可能导致过热、短路或电解液泄漏等问题，进而引发事故。过去几年中，电池爆炸和火灾事件时有发生，给人们的生命和财产安全带来了威胁。因此，提升电池制造质量的同时，必须注重电池的安全性。采用更安全的电池设计和制造工艺，加强电池的热管理和过充过放保护，以及建立完善的安全测试和认证体系，都是确保电池安全性的关键措施。

为解决上述问题，科技企业和研究机构正在积极开展相关研究和创新。例如，开发新型电池材料，如固态电池和锂硫电池，以提高电池的能量密度和延长电池的循环寿命。同时，引入人工智能和大数据分析技术，优化电池制造过程中的材料选择和工艺控制。此外，加强国际合作，制定统一的电池安全标准和测试方法，以确保电池的安全性和可靠性。

5.2.4 电池制造高质量发展的意义

（1）电池制造质量的重要性

在当今高度依赖电力的社会中，随着电子设备的普及和可再生能源的发展，电池作为电力存储和释放的关键组件，对各个行业的发展和运行起着至关重要的作用。它的重要性自然而然地在现代社会中变得越来越突出。

电动汽车行业是电池的一个重要应用领域。电动汽车的性能和续驶能力直接受制于电池的质量。高质量的电池能够提供更长的续驶里程和更快的充电速度，同时也能够提高电动汽车的安全性和可靠性。随着电池技术的不断进步，电动汽车的续驶里程不断延长，充电时间不断缩短，这使得电动汽车更具竞争力。而只有通过提高电池制造质量，才能实现这些技术突破和创新；并且电动汽车作为一种清洁能源交通工具，其核心是电池的使用。如果电池制造质量不过关，可能会导致电池寿命缩短，增加电池的报废量和废弃物处理问题，对环境造成负面影响。电池制造质量对整个电动汽车行业的发展和用户体验起着至关重要的作用。

可再生能源行业也对电池制造质量有着高度的依赖性。电池是可再生能源系统的关键组成部分之一。太阳能光伏发电和风能发电等可再生能源具有不稳定性，即能源的产生与消耗之间存在时间和空间上的不匹配。为了解决这一问题，电池被用作储能装置，可以将多余的能量储存起来，在需要时释放出来。高质量的电池能够有效地储存和释放能量，提供可靠的能源储备，确保可再生能源的持续供应。同时，更长的使用寿命和更高的能量密度，可以提供更长时间的储能和更高的能量输出。这意味着可再生能源系统可以更有效地利用电池的能量储备，减少能源浪费和成本开支。因此，不断提升电池制造质量，研发更先进的电池技术，将对可再生能源行业和电动汽车行业的可持续发展产生积极的影响。

移动通信行业也对电池制造质量有着重要需求。智能手机、平板电脑和其他移动设备的使用越来越广泛，用户对电池寿命和充电速度的要求也越来越高。一款优质的电池能够提供更长的使用时间，减少用户频繁充电的困扰，提高用户的满意度和使用体验。移动通信行业对电池的安全性也有着严格的要求，以确保设备的安全性和用户的人身财产安全。

总而言之，电池制造质量的重要性体现在安全性、性能稳定性、续驶能力和环境友好性等方面，并在多个行业中有着具体的重要性体现。无论是电动汽车、可再生能源还是移动通信领域，高质量的电池都是实现可持续发展和提升用户体验的关键因素。电池制造商应该注重质量控制，不断创新和改进，以满足不断增长的市场需求。

（2）电池质量对新能源产业的影响

电池产业对新能源产业的影响是不可忽视的。新能源产业是指以可再生能源为主要能源来源的产业，包括太阳能、风能、水能等。而电池作为新能源产业的重要组成部分，对其发展起到了至关重要的作用。

电池的质量直接影响着新能源设备的性能和效率。在储能技术上，电池作为储能装置，可以将不稳定的可再生能源转化为可靠的电力供应。通过储能技术，电池能够存储太阳能和风能等可再生能源的过剩电力，并在需要时释放出来，提供稳定的电力供应。例如，在太阳能、风能等发电系统中，能源的产生和消耗在时间和空间上存在差异。高质量的先进电池能够更好地储存和释放电能，为系统提供可靠的能源来源，确保系统在无光、无风或低光照条件下仍能正常运行。同时，较高的能源转化率，也能降低能源的浪费以及提高能源的利用效率。

电池的寿命和循环次数对新能源产业的可持续发展至关重要。较长的寿命和更多的循环次数，可以减少更换电池的频率，降低新能源设备的维护成本，提高整体经济效益。电池的循环次数也与环境保护密切相关，减少电池更换频率可以降低对资源的消耗和废弃电池的处理量，并且促进了能源从传统的化石燃料向可再生能源的转变。电池作为可再生能源的储能装置，可以减少对化石燃料的依赖，降低碳排放，推动能源的可持续发展。

电池的安全性也是影响新能源产业的重要因素。较高的安全性能，能够有效防止过充、过放、短路等安全问题的发生。这对于新能源设备的稳定运行和用户的安全至关重要。一旦电池发生安全问题，不仅会造成设备损坏和能源损失，还可能对环境和人身安全造成严重威胁，甚至引发火灾等事故。同时，电池也是电动汽车的核心部件，电动汽车的发展离不开高性能、高安全性的电池技术。高容量、稳定和安全的电池可以提高电动汽车的续驶里程、充电速度和安全性，推动电动汽车的普及和发展。

（3）电池制造质量与制造能源产业发展

制造能源产业是指涉及制造、开发和生产各种能源相关设备、技术和产品的行业。这些能源包括传统能源如石油、天然气和煤炭，以及可再生能源如太阳能、风能和水能等。制造能源产业涉及多个领域，包括能源生产设备制造、能源储存技术、能源转换技术和能源管理系统等。

电池制造质量对制造能源产业发展具有重要的影响。随着全球对可再生能源的需求不断增长，电池作为储能技术的核心组成部分，扮演着至关重要的角色。优质的电池制造质量不仅能够提高能源储存效率和可靠性，还能推动制造能源产业向可再生能源产业发展。

电池制造质量的提高可以增加能源储存效率。高质量的电池能够更有效地储存和释放能量，提高能源转换效率。这意味着更少的能源浪费和更高的能源利用率，从而减少对传统能源的依赖。通过提高电池的能量密度和延长电池的循环寿命，制造商可以生产更高效的电池，为可再生能源的大规模应用提供可靠的能源储存解决方案。

电池制造质量的提高可以推动制造能源产业向可再生能源产业发展。随着全球对可再生能源的需求不断增长，电池作为储能技术的关键组成部分，将在可再生能源的发展中发挥重要作用。优质的电池制造质量将吸引更多投资和创新，推动电池技术的进步。这将进一步降低电池的成本，提高可再生能源的竞争力，促进制造能源产业向可再生能源产业转型。

优质的电池制造质量会提高能源储存效率、增强能源系统的可靠性和推动可再生能源产业的发展，推动制造能源产业向可再生能源产业发展。这将为全球能源转型和可持续发展做出积极贡献。

5.3 先进电池制造质量与智能制造

5.3.1 智能化是解决制造质量的基本方法

智能制造解决制造问题的基本方法是用数据化解决制造过程的不确定性，实现对制造过程的质量、效率、成本和生产周期的控制，实现制造的最佳效益。智能制造解决制造问题的手段是制造全过程标准化、模型化、数字化和智能化。图 5-5 为智能制造解决问题的手段。

（1）标准化

标准是大规模制造的基础，标准规范使制造获得统一、规范、积累从而实现不断优化和提升。电池材料、产品、制造、装备、使用、回收都必须遵从标准规范、过程规范，这是制造的结晶。

目前，《国家智能制造标准体系建设指南》（2021 版，简称《指南》）已经发布，正如《指南》所讲：“智能制造是基于先进制造技术与新一代信息技术深度融合，贯穿于设计、生产、管理、服务等产品全生命周期，具有自感知、自决策、自执行、自适

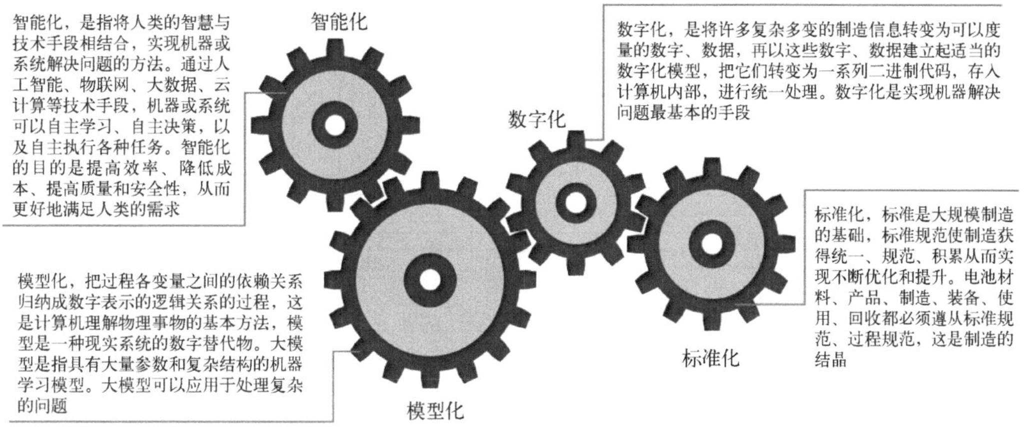

智能化，是指将人类的智慧与技术手段相结合，实现机器或系统解决问题的方法。通过人工智能、物联网、大数据、云计算等技术手段，机器或系统可以自主学习、自主决策，以及自主执行各种任务。智能化的目的是提高效率、降低成本、提高质量和安全性，从而更好地满足人类的需求

智能化

数字化，是将许多复杂多变的制造信息转变为可以度量的数字、数据，再以这些数字、数据建立起适当的数字化模型，把它们转变为一系列二进制代码，存入计算机内部，进行统一处理。数字化是实现机器解决问题最基本的手段

数字化

标准化，标准是大规模制造的基础，标准规范使制造获得统一、规范、积累从而实现不断优化和提升。电池材料、产品、制造、装备、使用、回收都必须遵从标准规范、过程规范，这是制造的结晶

模型化，把过程各变量之间的依赖关系归纳成数字表示的逻辑关系的过程，这是计算机理解物理事物的基本方法，模型是一种现实系统的数字替代物。大模型是指具有大量参数和复杂结构的机器学习模型。大模型可以应用于处理复杂的问题

标准化

模型化

图 5-5　智能制造解决问题的手段

应、自学习等特征，旨在提高制造业质量、效率效益和柔性的先进生产方式。”先进电池大规模制造需要采用标准化的手段，需要一系列标准体系的支撑。先进电池技术起步较晚，其设计、制造、检验、使用缺少完整标准，尤其针对锂电池行业装备的互联互通准则、集成接口、集成功能、集成能力标准，现场装备与系统集成、系统之间集成、系统互操作等集成标准严重缺少。面对先进电池智能制造发展的新形势、新机遇和新挑战，有必要系统梳理现有相关基础标准，明确先进电池制造集成的需求，从基础共性、关键技术以及先进电池行业应用等方面，建立一整套标准体系来支撑先进电池产业健康有序发展。

智能制造标准体系结构包括“A 基础共性”“B 关键技术”“C 行业应用”等 3 个部分，主要反映标准体系各部分的组成关系。智能制造标准体系结构如图 5-6 所示。

具体而言，A 基础共性标准包括通用、安全、可靠性、检测、评价、人员能力 6 大类，位于智能制造标准体系结构图的最底层，是 B 关键技术标准和 C 行业应用标准的支撑。B 关键技术标准是智能制造系统架构智能特征维度在生命周期维度和系统层级维度所组成的制造平面的投影，其中 BA 智能装备标准主要聚焦于智能特征维度的资源要素，BB 智能工厂标准主要聚焦于智能特征维度的资源要素和系统集成，BC 智慧供应链对应智能特征维度互联互通、融合共享和系统集成，BD 智能服务对应智能特征维度的新兴业态，BE 智能赋能技术对应智能特征维度的资源要素、互联互通、融合共享、系统集成和新兴业态，BF 工业网络对应智能特征维度的互联互通和系统集成。C 行业应用标准位于智能制造标准体系结构图的最顶层，面向行业具体需求，对 A 基础共性标准和 B 关键技术标准进行细化和落地，指导各行业推进智能制造。

首先要实现电池规格的标准化，目前国内 60 多家电池企业，生产 80 多种不同型号和规格的电池，意味着需要有 80 多种不同的生产工艺和生产线，这严重限制了先进电池大规模制造能力的提升。目前应该总结过去的经验及给我们产业造成的损失，尽快制定出先进电池尺寸规格标准，需要将电池规格型号限制在 12 种左右。

其次要实现先进电池设计及基础标准化，需要建立先进电池领域元数据标准，元数据是关于数据的数据，是先进电池设计、制造、应用的基础。《科技平台　元数据标准

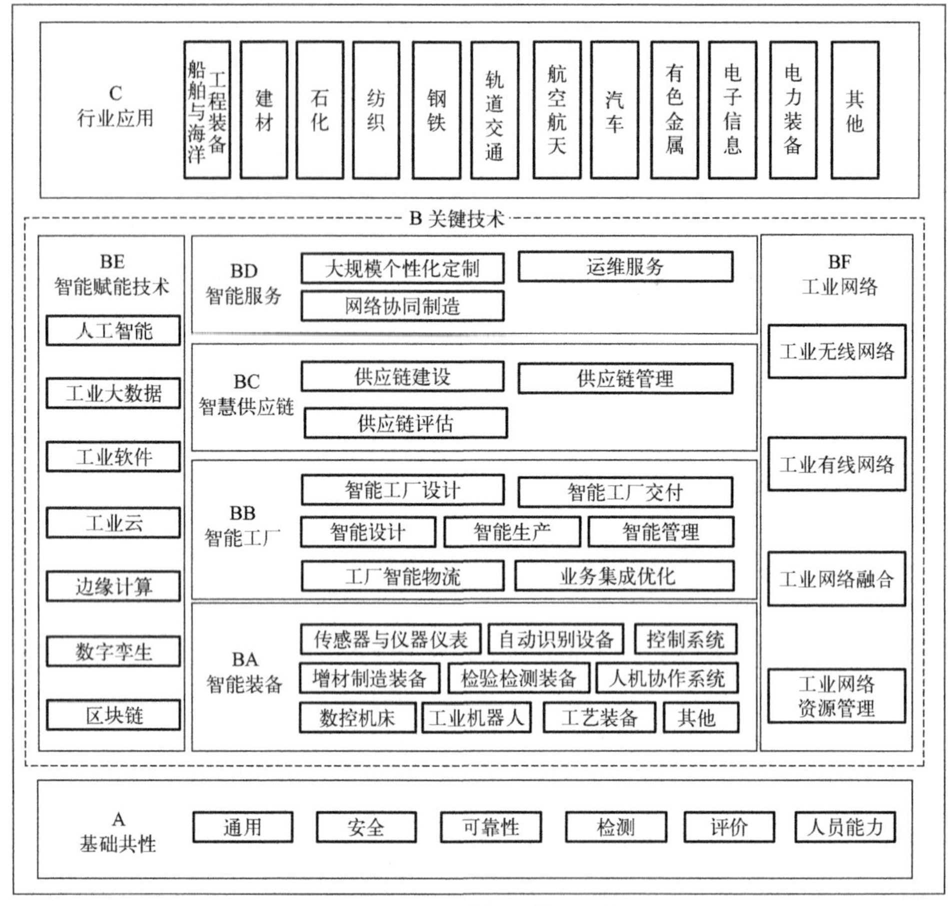

图 5-6 智能制造标准体系结构图

化基本原则与方法》（GB/T 30522—2014）规定了科技资源元数据的框架、标准化原则与流程、扩展原则与方法、编写要求与描述方法。

最后要实现先进电池制造标准化。电池制造过程复杂，工艺流程长，产线生产设备众多，而且同一条产线的生产设备往往来自不同的设备厂家，采用不同的通信接口和通信协议，设备之间缺乏互联互通互操作的基础。需要建立电池制造过程数据字典标准，统一设备模型，制定设备通信接口规范，进行数据治理，实现产线设备和企业信息化系统集成，实现运营技术（OT）与信息技术（IT）深度融合，利用工业互联网平台，实现企业内外部信息集成，优化电池制造资源配置及过程管控。

（2）数字化

数字化，是将许多复杂多变的制造信息转变为可以度量的数字、数据，再以这些数字、数据建立起适当的数字化模型，把它们转变为一系列二进制代码，存入计算机内部，进行统一处理。数字化是实现机器解决问题最基本的手段。

先进电池行业需要建立数字化研制体系，基础层面包括来料、过程、设备及加工结果的数字化，数字化的内容包括设计数字化、制造数字化、应用数字化及标准规范的数字化等全过程的数字化。图 5-7 为先进电池数字化研制体系。

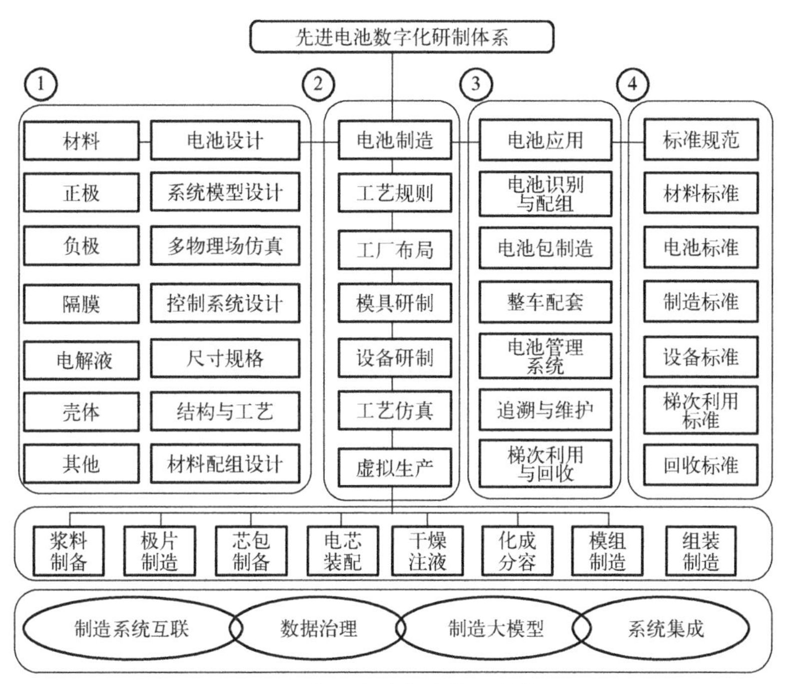

图 5-7　先进电池数字化研制体系

① 数字化设计　电池设计包括材料设计、结构设计及工艺设计等。电池设计过程需要应用专业的产品设计工具、结构设计工具，需要建立电化学仿真模型、电池寿命模型等。

② 数字化制造　包括工艺规划、设备研制、设备制造和运维、系统集成等。需要运用工厂仿真、过程仿真、虚拟调试等技术手段，建立起实际生产过程与虚拟生产过程的数字化双胞胎映射系统。设计人员利用软件提供的仿真环境，对产品及生产过程进行设计及优化，以缩短产品从构思到投产的周期，减少误操作，降低成本。

③ 数字化应用　包括电池质量控制、电池追溯系统的建立、产品大数据分析等。数字化应用需要建立先进电池设计、制造、质量追溯及梯次利用等全生命周期数据管理应用平台。

通过先进电池数字化设计、制造、应用全流程系统的建立，可以实现电池高效设计、高质量与低成本制造及可靠的安全管控。

（3）模型化

模型化，是把过程各变量之间的依赖关系归纳成数字表示的逻辑关系的过程，这是计算机理解物理事物的基本方法，模型是一种现实系统（或某个方面）的数字替代物。大模型是指具有大量参数和复杂结构的机器学习模型。大模型可以应用于处理复杂的问题。

智能制造谈到的模型是以数字化为基础，将制造过程的信息用数字表示，早期计算机解决问题的方法主要偏重将单个或几个物理过程数字表示（如电机的伺服闭环控制、多数 MES 系统等）成为数字模型，用计算机的计算能力解决问题；随着数字化技术的发展和现实系统的复杂性，单个和几个物理过程建立的模型已经不能准确、快速解决实际问题，这就是现代流行的制造大模型，其方法是利用制造全过程的数字化，选择制造过程的某一类（如工厂模型、产品模型、工艺模型、质量模型）或者全部问题，通过计算生成制造过程的输入、过程、输出关系的模型，这就是先进电池制造大模型，这个大模型可以随着制造过程的进展不断积累、不断优化，最后实现最佳的制造结果。未来制造大模型具有以下优点：

① 处理大规模数据能力强。大模型可以处理海量数据，从而提高机器学习模型的准确性和泛化能力。

② 处理复杂问题能力强。大模型具有更高的复杂度和更强的灵活性，可以处理更加复杂的问题。

③ 具有更高的准确率和性能。大模型具有更多的参数和更为复杂的结构，能够更加准确地表达数据分布和更复杂的特征，从而提高模型的准确率和性能。

先进电池制造过程工序复杂化，影响因素众多，数据关联复杂，正需要制造大模型这种复杂问题的处理能力。一个电芯多达6000～8000个质量影响点，可追溯的数据上万个，要解决电池的容量一致性、自放电问题，很难通过几个单一的模型或数据解决，必须考虑电池制造大模型。总之，大模型的引入为机器学习带来了更广泛的应用场景和更高的表现能力，同时也给电池制造带来更高的计算成本和存储成本，需要产业进一步努力才能大规模应用。

模型是智能化的基础，是把制造工厂、物料、机器、过程转化为计算机可以识别、优化、提升的基本手段。先进电池制造需要建立包括电池模型、工厂模型、设备模型、工艺模型、质量模型等，也可以是考虑各种因素的一个整体大模型。图5-8为先进电池制造模型体系。

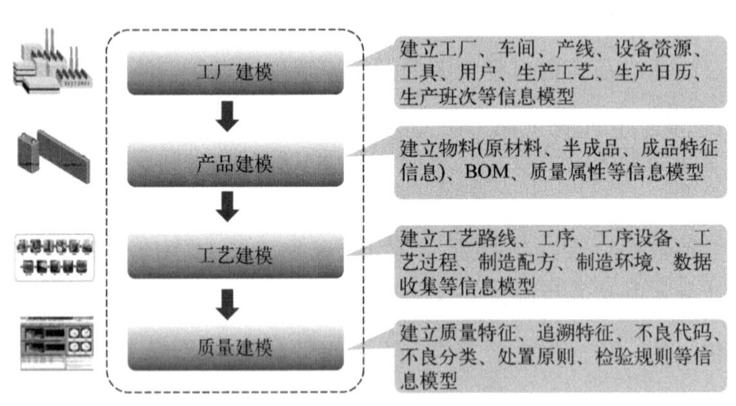

图5-8 先进电池制造模型体系

BOM—物料清单

（4）智能化

先进电池的智能制造其核心的方法是基于模型的数字化和基于大数据的智能化，首先是建立先进电池制造系统模型，将设备、物料、信息系统模型化，建立基于模型定义的企业（model base enterprise，MBE），有了数字化和模型化，就可以实现基于大数据的智能化。图 5-9 为基于大模型的智能制造系统。

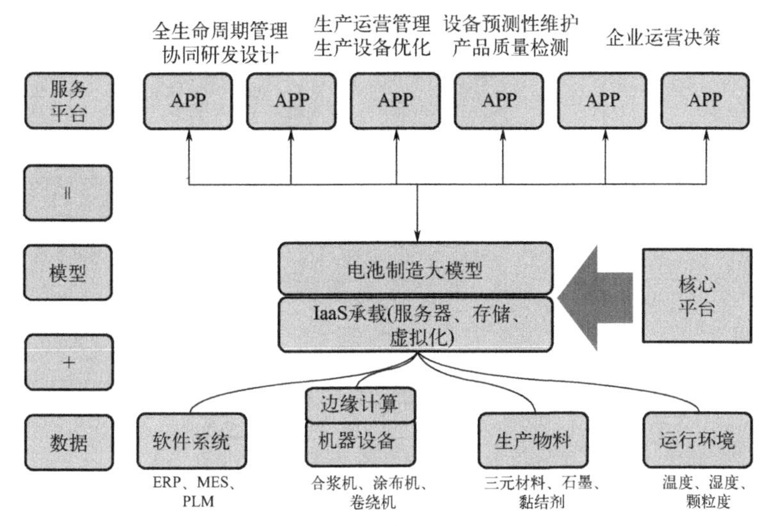

图 5-9　基于大模型的智能制造系统

ERP—企业资源计划；MES—基于模型定义的企业；PLM—产品生命周期管理

在制造业，在没有建模型的情况下，发现制造问题，根据个人的认知，优化人、机、料、法、环、测、维护的方式，调整影响要素，解决制造实际问题，最后结果实现依靠的是人的经验积累。基于模型的优化则不同，模型可以积累、可以不断优化，而且模型可以数字化，这就实现了数字化积累，就可以实现计算机自己积累优化和采取各种方法深度学习，这就是模型的智能化的魅力。基于模型的数字化智能制造路径演绎见图 5-10。

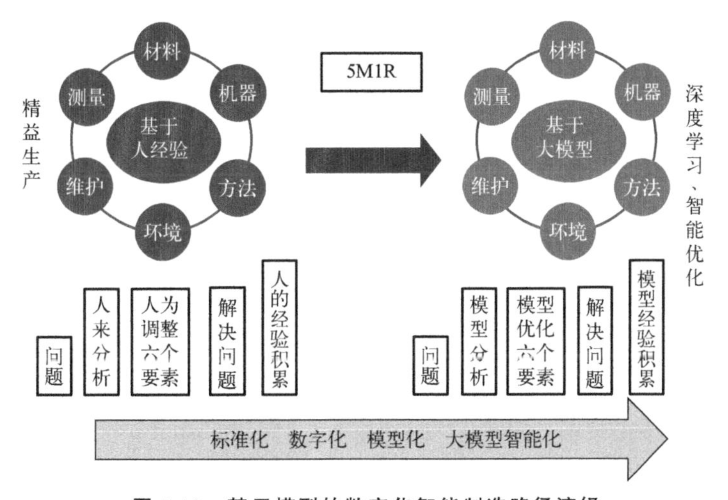

图 5-10　基于模型的数字化智能制造路径演绎

有了数据和模型，可以基于模型中影响质量的关键因素和关键质量控制点，控制关键因素获得最佳数值，这就是解决显性问题。有了数据，可以进行数字特征分析提取关键特征，实现预测性维护和健康管理，大大提升生产线运行的效率和合格率。不仅如此，还可以优化修正模型实现系统升级，进一步优化制造，这就是智能制造的本质。基于数据的智能化智能制造路径演绎如图 5-11 所示。

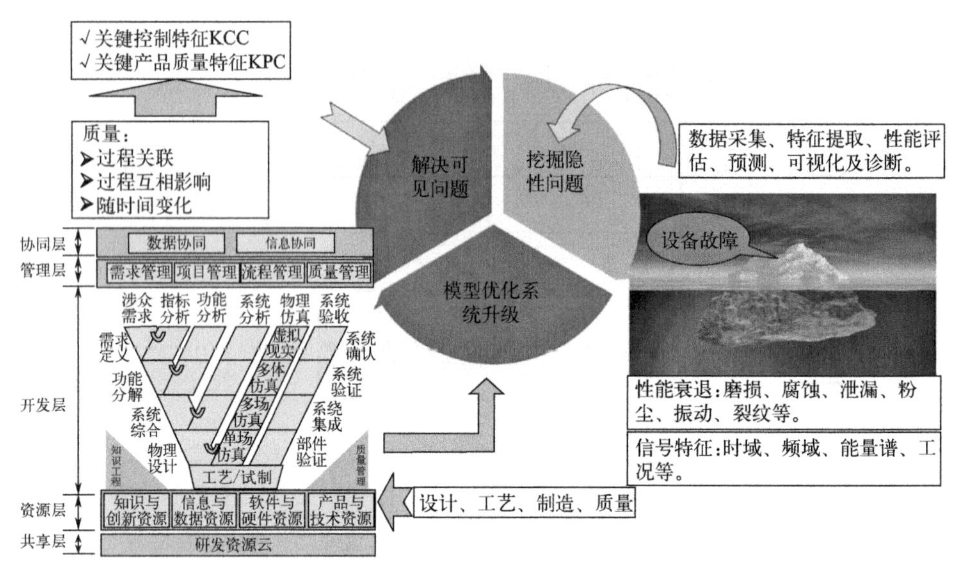

图 5-11　基于数据的智能化智能制造路径演绎

智能化指的是基于数据分析结果，挖掘隐形问题，生成描述、诊断、预测、决策、控制等不同应用，形成优化决策建议或产生直接控制指令，从而实现个性化定制、智能化生产、协同化组织和服务化制造等创新模式，并将结果以数据化形式存储下来，最终构成从数据采集到设备、生产现场及企业运营管理持续优化闭环，提高电池制造合格率、一致性和安全性。

概括而言，先进电池智能制造是要实现基于模型的数字化和基于数据的智能化，最后达到提升制造安全性、提升制造质量、降低制造成本的目标。这就是用数据化解电池制造过程中的不确定性，实现智能制造的方法。

5.3.2　电池的结构缺陷检测

在锂离子电池（LIB）装配线上识别有缺陷的电池是至关重要的，这也促进了严格的质量控制（QC）程序的发展。为了提高工业锂离子电池生产的整体成品率，使 QC 过程更加有效和高效，深入了解锂离子电池中各种结构缺陷的作用机制则至关重要。特别是识别不同类型的缺陷，识别它们各自的来源和形成机制，了解它们各自对电池健康状态（SOH）的影响是至关重要的。

美国国家加速器实验室（SLAC）的刘宜晋、Piero Pianetta，上海交通大学的李林森和北京新能源材料与器件重点实验室的禹习谦（共同通讯作者）等，通过使用一套最先进的实验技术来系统地研究 18650 型电池在结构上、化学上和形态上的缺陷。利用多尺度 X 射线断层扫描技术，识别和可视化了 18650 型电池中不同的结构缺陷，而这些缺陷未能被常规的装配线质量控制检测装置发现。在电化学循环之后，从 18650 型电池中提取感兴趣的缺陷区域，并进行一系列同步辐射的综合表征。特别是，确定了复合正极中不同的杂质颗粒，并揭示了它们在电池功能中的影响，结果表明，LIB 正极中的缺陷颗粒可以通过参与氧化还原反应直接影响局部化学反应，或者通过影响颗粒的自组装过程间接影响局部化学反应。本项研究对锂离子电池中的化学和形态缺陷的性质提出了见解，有助于改善工业规模的电池制造工艺。

(1) 用X射线微断层扫描技术鉴定电池缺陷

图5-12(a)是工业电池制造过程示意图，从原始电极材料加工开始，一直到电池分容和电池组组装。虽然这个示意图看起来很简单，但在实践过程中，这个流程中的每一个步骤都是非常复杂的。即使严格执行QC，也会在电池中诱发各种结构和化学缺陷。这些脆弱的缺陷很容易在装配线检查中漏掉，并在电池长时间运行期间滋生危险。另一个可能问题是材料中的杂质，这些杂质在LIB制造流程的许多步骤中都是相当普遍的。杂质可能只是没有重要功能的非活性相，也可能成为在循环过程中引发灾难性电池损伤的潜在诱因。除了工业电池制造过程的复杂性外，应用于电动汽车的商用LIB结构也非常复杂，具有多尺度层次结构，如图5-12(b)中的数据所示。期望的电池-系统级性能（例如优异的电化学性能、一致性、安全性）最终由电池的结构层次决定。例如，电化学氧化还原的不均匀性、机械强度以及不同结构成分（如活性材料、导电碳、黏结剂、相互连接的孔结构）之间的相互作用需要在微观和宏观尺度上加以解决。从根本上说，锂离子电池的电化学循环关系到锂离子在两个复合电极内部和之间的扩散。因此，原子尺度的材料性质（如阳离子混合、应变、晶格畸变、晶体缺陷、局部相变）对电池级的电化学性能有非常重要的影响。LIB的层次结构复杂性突出了对深入、多尺度和多模态实验研究的需要。

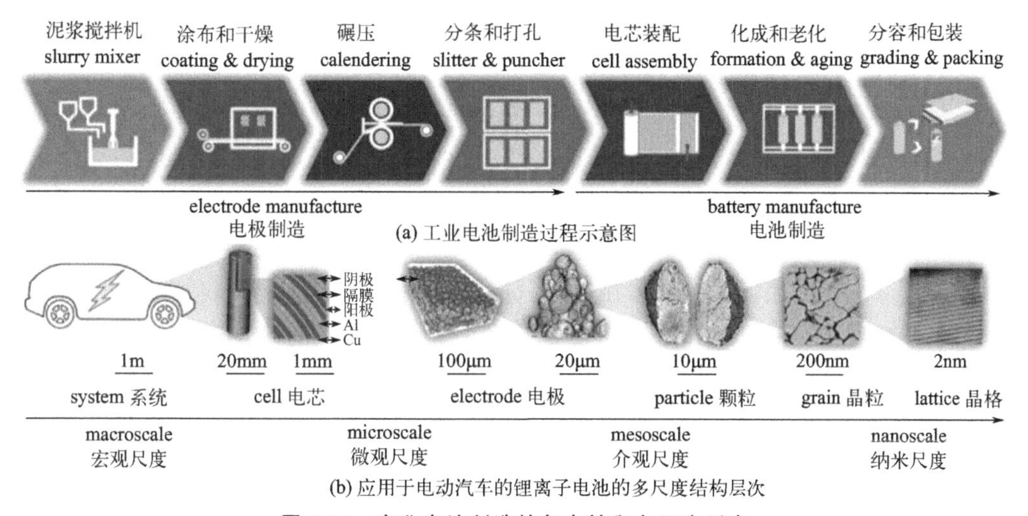

(a) 工业电池制造过程示意图

(b) 应用于电动汽车的锂离子电池的多尺度结构层次

图5-12 商业电池制造的复杂性和多尺度形态

笔者结合了一套最先进的X射线显微镜和光谱技术来研究一个有缺陷的18650型电池，该电池由于自放电效应问题而在QC检查过程中被挑出来。从宏观尺度出发，使用X射线计算机断层扫描技术对电池进行研究，提供了具有多尺度空间分辨率的无损三维（3D）成像能力。图5-13所示为研究电池中捕捉到了几个不同的结构缺陷。例如，负极的铜集流体在电池的正极附近明显偏转。同时还观察到负极片上存在毛刺，在正极和负极电极上都观察到随机和稀疏分布的材料杂质。最后，纳米分辨率同步辐射断层扫描还检测到了不均匀的活性粒子堆积和电极分层。所有这些缺陷都会在实际应用中深刻地影响到电池的性能。本工作选择将重点放在电池正极上，并研究杂质的直接和间接影响以及即时和长期的功能机制，这些杂质普遍存在于不同电池结构的 LIB 中。

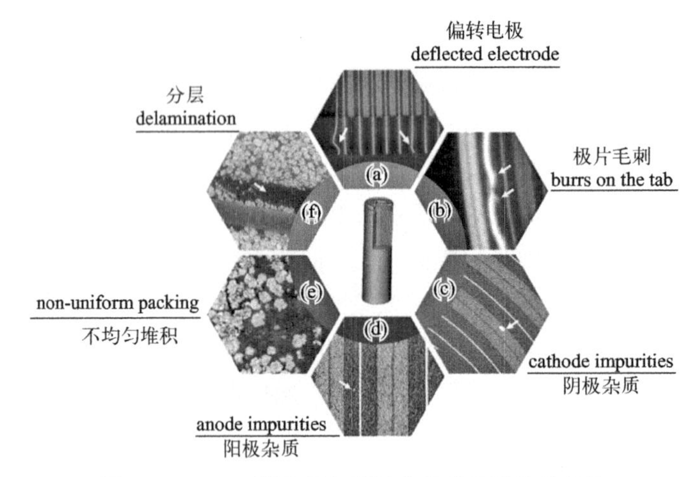

图 5-13　18650 型商用锂离子电池的各种结构缺陷

(a) 偏转铜集流体（电池组件变形的一个例子）；(b) 压片上的毛刺；(c)、(d) 正极和负极中存在杂质粒子；(e)、(f) 对正极不均匀堆积和分层的缺陷电极区域的高分辨率可视化

(2) 用 X 射线和拉曼光谱检测电极的缺陷

通过得到的数据，以 LiNi0.5Co0.2Mn0.3O_2（NMC532）为正极材料，以石墨为负极材料，在 18650 型圆柱形 LIB 中识别和定位了感兴趣的缺陷区域。根据断层扫描数据，从未卷起的电极上找到并切出了几个 1cm×30.5cm 的区域（图 5-14，书后另见彩图）。通过显微断层扫描对收获的正极样品进行了双重检查，以确认杂质和空隙缺陷的存在，并标记出其精确位置。在原始透射图像中，杂质的颜色比基线区域要深，这表明它是由具有强 X 射线衰减的元素组成。为了确定这些杂质的化学成分，对其进行了 X 射线荧光（XRF）表征，并聚焦在视场（FOV）内以确定缺陷颗粒。然后将基线光谱与来自杂质粒子中心的几个缺陷区域的信号进行了比较。有趣的是，从化学成分来看，主要存在两种杂质：一类是铁/铬基颗粒，它们中的一些只由 Fe 和 Cr 组成，其他的可能还包含额外的金属元素（例如 Cu 和 Zn），这类杂质可能来自原材料或生产过程中仪器的磨损。另一类杂质是 Zr 基颗粒，它也揭露了微量 Hf 的存在。这类杂质粒子可能是氧化锆化合物，可能是在生产 NMC 正极材料时使用氧化锆球时引入的。为了阐明这些杂质粒子的作用机制，利用深度依赖的同步辐射光谱技术对缺陷区域附近的镍价态进行了识别。对这些光谱的研究清楚地表明，Fe/Cr 基杂质具有化学活性，它们通过影响表面重建程度和诱导 NMC 正极局部放电来影响局部 Ni 价态，从而加剧了局部电化学氧化还原的不均匀性。

为了进一步支持上述推论，对样品进行了扫描电子显微镜（SEM)-拉曼（Raman）光谱表征（图 5-15，书后另见彩图）。通过大 FOV 能量分散 X 射线光谱（EDS）图，检测到一个特定的杂质颗粒集群，其中心是电极上约 3mm 的铁颗粒。一个强的铁信号

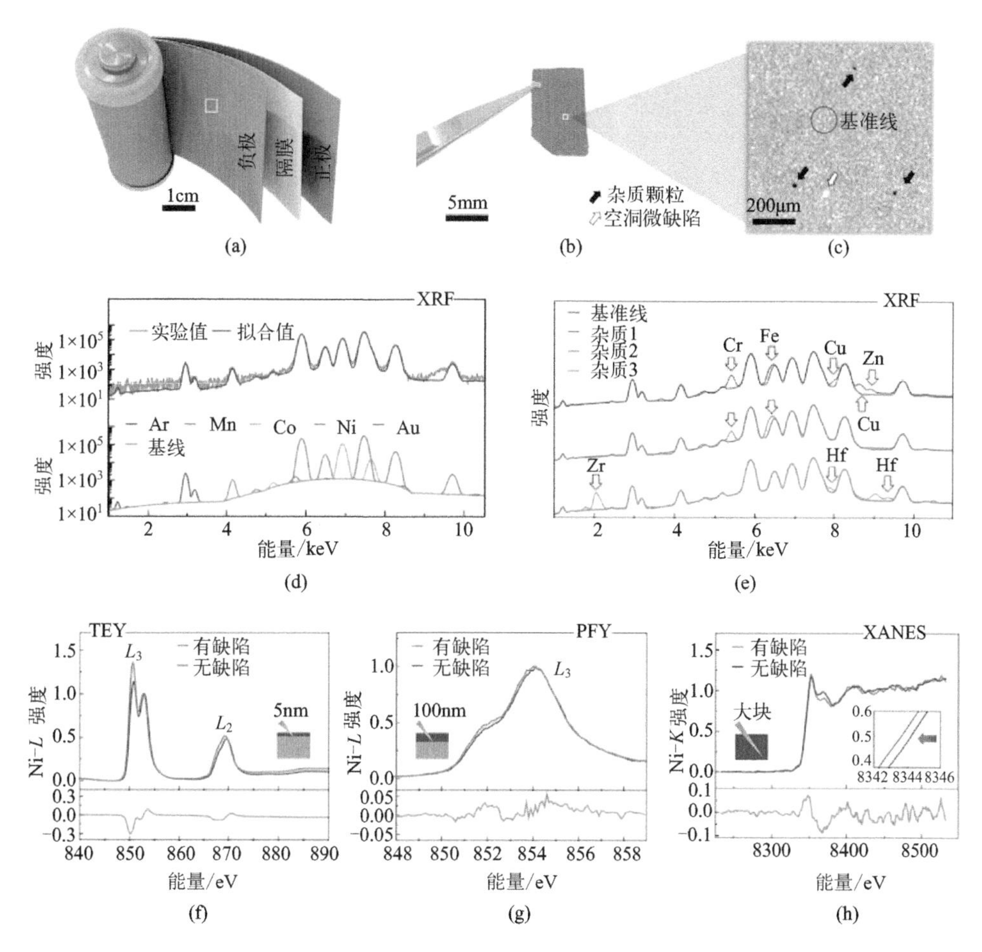

图 5-14　从 18650 型锂离子电池中获取感兴趣缺陷区域的实验过程示意图

(a) 从电池中提取的感兴趣区域 (ROI)；(b) 覆盖缺陷粒子的 ROI；(c) (b) 的微区 CT 图像（观察到杂质和空隙缺陷)；(d)、(e) 分离正极上不同化学成分杂质缺陷的 XRF 分析；(f)～(h) 通过深度依赖吸收光谱分析缺陷对正极的影响

和 O、Ni、Co 和 Mn 的弱信号可以被观察到，这表明它是一个金属铁簇，而不是铁氧化物。由于铁基杂质存在的不利影响，作者通过聚焦激光探针进行拉曼光谱评估其对局部 NMC 粒子的影响。这些拉曼特征表明，在 Fe 杂质附近的 NMC 粒子中存在较高的 Li 浓度，表明存在局部放电效应。从 SEM 图像可以看出，团簇中心的大铁颗粒形状不规则，位于正极-隔膜界面附近。由于多层结构非常紧凑，在电化学循环过程中容易发生膨胀，因此有可能引发微短路。

(3) 通过 X 射线纳米层析法观察电极缺陷的情况

通过使用纳米分辨率全息 X 射线计算机断层扫描（HXCT）进一步研究 NMC 复合正极的微形态，在有和没有上述结构缺陷（例如杂质颗粒）的几个区域进行了这种测量。图 5-16 展现了从一个有缺陷的 18650 型锂离子电池中回收的无杂质区域的随机选择三维渲染图（书后另见彩图）。经过定量相位检索和断层重建后，体素的灰度水平与

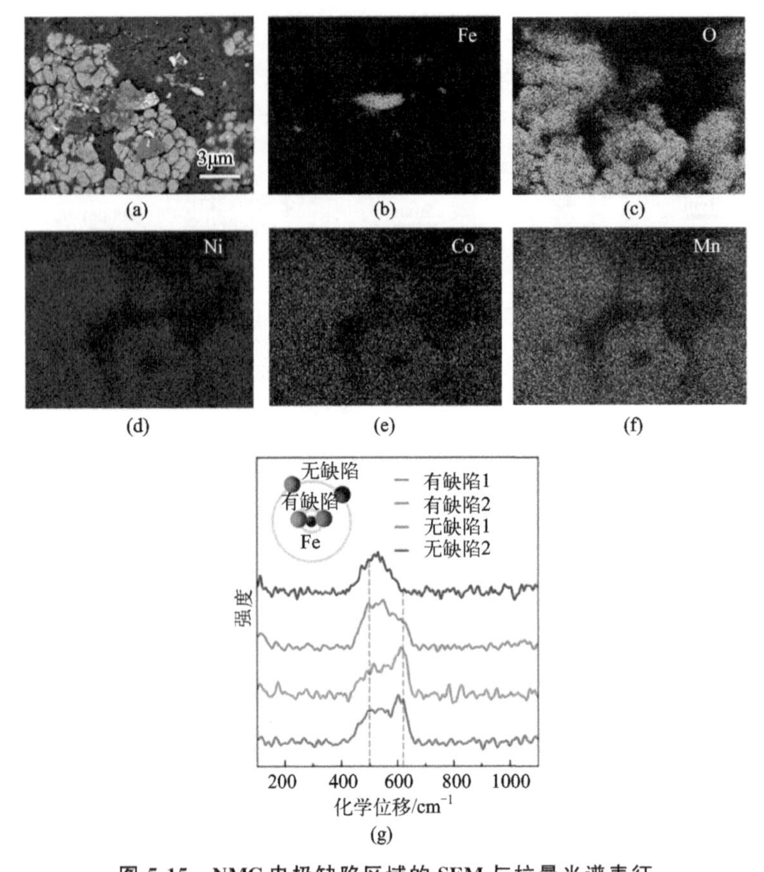

图 5-15　NMC 电极缺陷区域的 SEM 与拉曼光谱表征

(a) 缺陷区域的对比成像；(b)～(f) EDS 映射；(g) 缺陷区的拉曼光谱

局部电子密度成正比。明亮的灰色物质是 NMC 颗粒，而深灰色区域代表导电和多孔的碳黏结剂域（CBD）。如图 5-16(b)、(c) 的虚拟切片所示，在 4～5μm 处的不规则形状的 NMC 颗粒表现出非常不同的裂解程度。NMC 颗粒的结构解体不仅降低了电极的导电性和机械强度，而且还导致了液体电解质沿着相互连接的裂缝渗透，加剧了不利于电池的表面降解。

除了异质颗粒开裂外，从数据中还可以发现几种不同类型的杂质，如图 5-16(d)～(f) 所示。图 5-16(d) 显示了嵌入电极中的一个大的球形 NMC 颗粒，虽然这个大的 NMC 粒子的组成与电极中的其他活性正极粒子非常相似，但它会产生对局部粒子组装的明显和实质性影响。这与浆液干燥过程中正极粒子的自组装过程有关，这是一个动态的、高度复杂的过程，需要对电极凝固条件进行精细的控制。在图 5-16(f) 中也可以观察到类似的效果，而其中心是 Zr 基的大杂质颗粒。活性材料的局部堆积密度的异质性可能会使电极中的电荷异质性升级，这导致电池循环时对电极的利用程度不同。有缺陷的区域也可能表现出不平衡的电子和离子导电性，导致局部过充/放电和失活。为了提高活性粒子堆积的均匀性，作者计算了对应于图 5-16(d)、(e) 的区域的孔隙率的空间分布。视觉评估表明，与图 5-16(h) 相比，图 5-16(g) 有较大的颜色变化，这表明在存在大的杂质颗粒时，堆积密度更不均匀。这一观察结果在图 5-16(i) 中被进一步量化，揭示了图 5-16(d)、(e) 中颗粒周围局部堆积密度值的概率和分布。受大颗粒的影响，局部孔隙率分布呈现出较低的值和较高的变化。

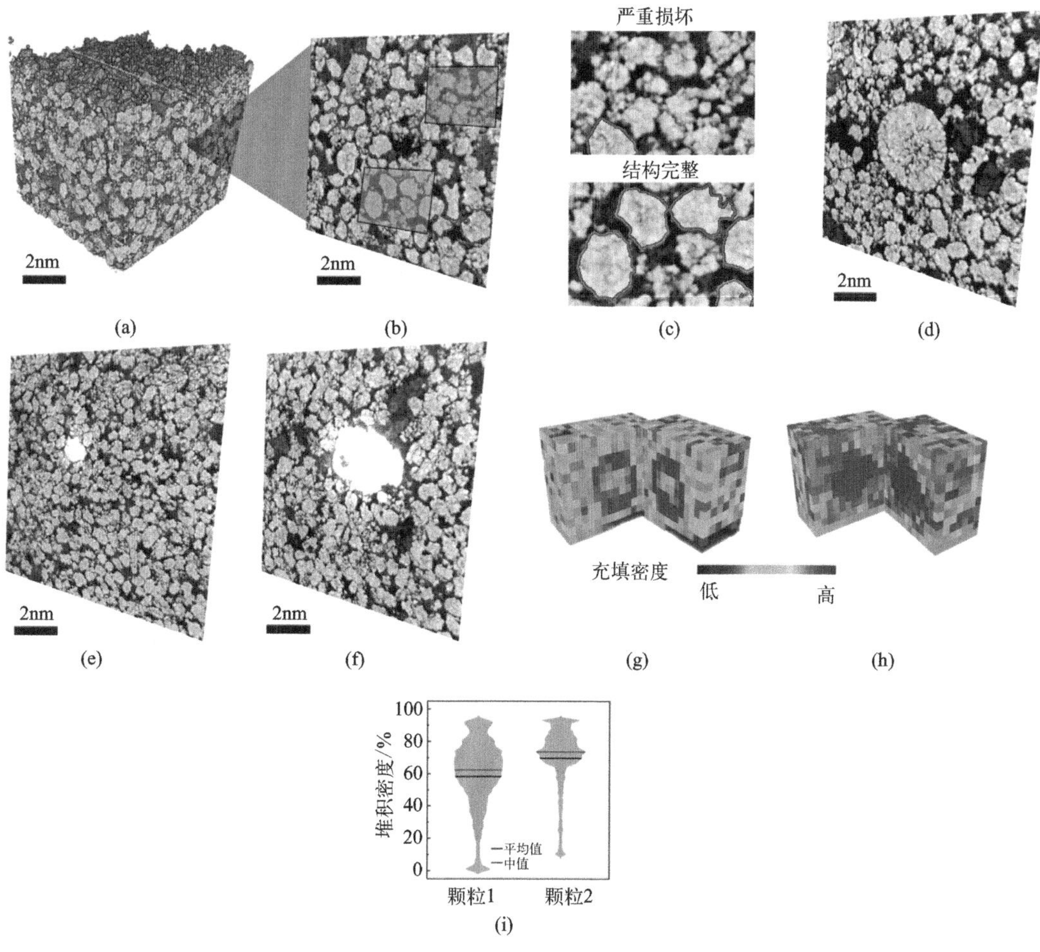

图 5-16　从有缺陷的 18650 型锂离子电池中回收的 NMC 复合正极的纳米分辨率 X 射线全息成像

(a) 随机选取区域的三维绘制图；(b) 显示 (a) 中心的切片；(c) 放大了 2 个不同损伤程度的 ROI；(d)～(f) 各种类型缺陷粒子的区域；(g)～(i) 分别为异常尺寸和正常尺寸颗粒周围的堆积密度

(4) 结论展望

综上所述，尽管人们一直认为 LIB 中普遍存在的结构缺陷和化学缺陷在功能上非常重要，但目前它们的影响机制尚不清楚。在这项研究中，笔者利用一套先进的 X 射线断层扫描、SEM-拉曼光谱和基于同步辐射的分析技术来研究商用 18650 型锂离子电池中的缺陷。基于多尺度和全面的实验，本研究总结了观察到的现象，并解释了与电池中存在的杂质相关的降解机制。实验结果表明，不同尺寸的粒子共存可能会导致自组装过程的复杂性。作者认为全面认识锂离子电池的结构缺陷和化学缺陷及其作用机理是一个具有科学和工业意义的前沿研究。本项目提供的系统研究为改进锂电池制造工艺提供了有价值的见解。

5.3.3 先进电池智能制造质量闭环

在先进电池制造底层数据完整定义的基础上（包括来料、设备、过程、质量属性），搭建电池制造车间全线拉通的统一的数据平台，以数据为基础实现电池制造纵向和横向双向分层级的数据闭环，实现电池制造质量的提升，这便是先进电池智能制造实现质量逐步提升，电芯制造质量的制程能力达到 CPK2.0 以上的基本思维方法和出发点。

纵向闭环指设备（工序）内部，从设备控制的基础底层开始，实现设备或者单机（组合单元）的逐级智能化，也可以认为是电池制造过程的一个核心工序，如合浆、涂布、卷绕等，纵向闭环主要以电池制造的工艺及装备为核心实现工序制造能力的提升。

横向闭环是指电池制造过程的前后工序闭环，是在纵向闭环的基础上，实现前后工序或几个工序组成一段，前后段形成整体闭环。横向闭环的最终目的是实现整体电芯或电池产品的质量提升，尤其是电池综合性能的优化提升。

(1) 先进电池智能制造质量纵向数据闭环

先进电池智能制造纵向闭环主要指电池装备的智能化，分成 5 个层级，为 L0～L4。

① L0 为基础结构级，这层构成设备的基础结构、电气元部件、传感器等。

② L1 为逻辑控制与检测级，设备具备基础结构，满足控制检测与逻辑控制，这时设备处于运动轴闭环控制状态（对加工质量依然处于开环，如机器运动轴的速度、位置闭环，机床、机器人的轨迹闭环等），不具备质量闭环功能。这个级别设备制造的工序合格率只有 80%～90%，相当于 4.0σ。

③ L2 为工艺模型级，这个级别设备引入了工艺模型，通过导入工艺模型，对制造过程的来料、过程、输出质量进行特征分析，部分参数局部闭环，实现工序制造合格率的提升，这时的工序合格率在 97%左右，相当于 4.5σ。

④ L3 为工艺模型优化闭环级，这个级别的装备实现制造工艺闭环，实现设备加工参数修正，工序质量全闭环，可以保证制造工序合格率达到 99.9%以上，相当于 5σ。

⑤ L4 为自学习循环提升级，这时设备通过工艺积累，判断来料和工艺过程的变化，自动修正参数，实现更高质量的加工，这时可以保证 99.99%以上的制造合格率，相当于 6σ 以上。

纵向闭环装备智能化的层级架构如图 5-17 所示。

具体来讲，首先是装备底层的控制（L1 级），主要是基于传感器和逻辑控制解决装备本身定位精度、效率及稳定性问题。这是最基础层，如卷绕机主轴、涂布箔材驱动轴的控制等，每台设备都有很多这样的控制环，这些控制环一般要求是实时的，随着制造精度和效率的不断提升，对底层控制的闭环周期时间要求越来越高，一般在毫秒（ms）级，有的要达到几十微秒（μs）级，这一层对于设备的控制性能和制造产品质量而言是开环的。

其次，是工艺闭环层（L3 级），对设备材料来料参数、过程参数、环境参数和加工产品质量参数进行工艺闭环，通过工艺闭环可以保证本工序质量闭环，工艺闭环的闭环

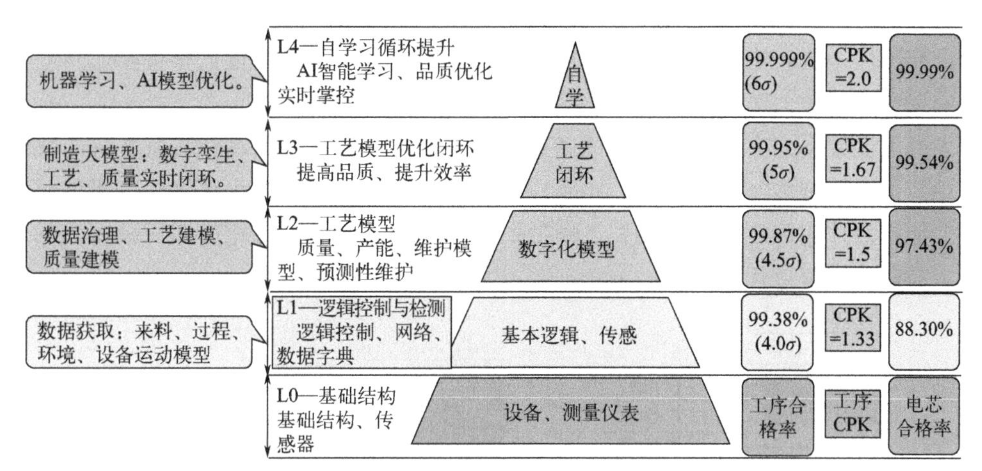

图 5-17　纵向闭环装备智能化的层级架构

周期一般在毫秒（ms）到几十毫秒级别。同时，工艺闭环也通过整体模型优化选择实现整体制造过程的大数据闭环，也就是第三层闭环。

(2) 先进电池制造质量横向过程闭环

从来料到极片制造到电芯制造，到模组、PACK 及电池包的过程，通过互联互通来实现 3000～8000 个数据监控进而实现电芯的失效模式分析和电池包的失效模式分析。先进电池制造质量横向闭环优化见图 5-18。

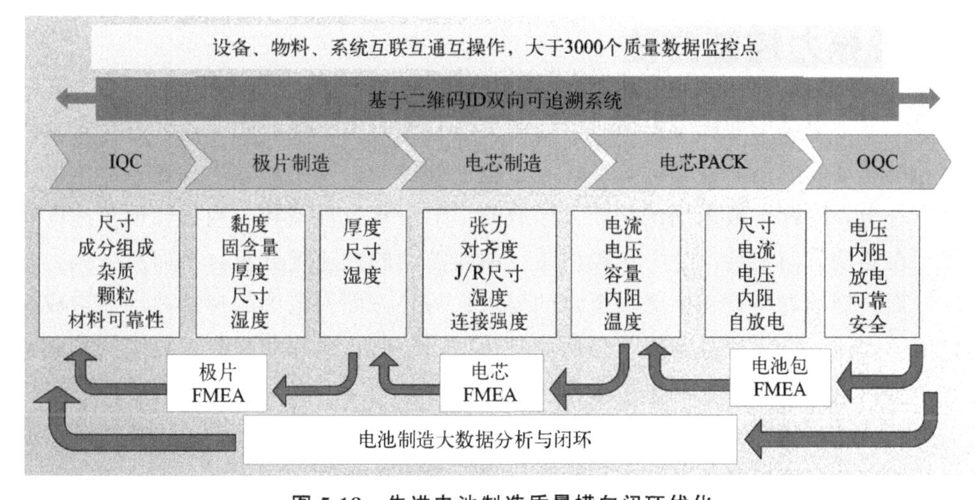

图 5-18　先进电池制造质量横向闭环优化

IQC—来料质量控制；OQC—出货检验；FMEA—失效模式分析；J/R—芯包

先进电池制造过程复杂，工艺流程长，主要分为极片制造单元、电芯制造单元和电池包（PACK）制造单元，全流程影响电池质量的关键控制点超过 3000 个，包括来料尺寸、黏度、固含量、张力、对齐度、温度、湿度等。为了有效控制电池生产质量，需要建立电池从原材料、电芯到电池包全流程完整的追溯体系，构造大数据质量闭环优化系统。首先需要按生产工段分别建立极片制造、电芯制造及电池包制造的质量数据闭环系统，实现产线数据闭环，在此基础上完成全流程数据集成，实现完整的电池制造大数据分析与闭环系统，通过闭环反馈、持续优化，不断提高电池制造从材料投入到电池包整体质量横向优化。

先进电池装备是实现智能制造的基础，首先要解决的问题是制造装备本身的智能化问题。装备解决智能制造的基本思路是应用闭环控制原理，设置优化算法，使控制目标达到最优；再应用闭环方法解决装备制造产品过程的不同层级优化问题。纵向闭环（装备）＋横向闭环（总体）的嵌套架构如图 5-19 所示。

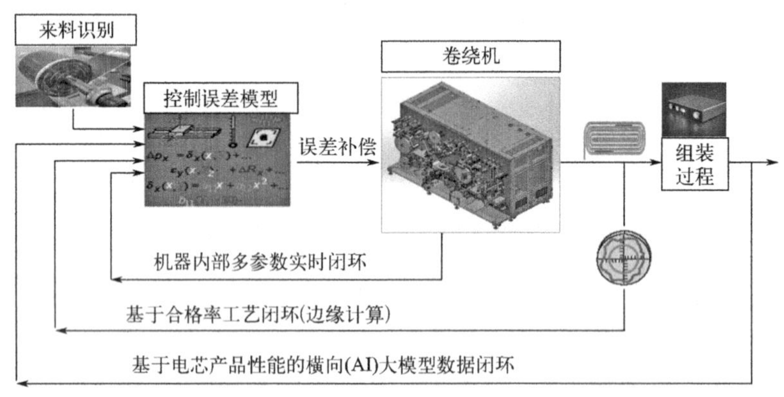

图 5-19 纵向闭环（装备)＋横向闭环（总体）的嵌套架构

5.4 智能化解决方案案例——基于模型的方形锂电池卷绕张力控制方法

锂离子电池电芯的卷绕是锂离子电池制造过程中的关键环节之一，其卷绕张力控制精度、卷绕速度、成品率等指标直接决定了电池的性能以及生产效率。在方形锂离子电池卷绕设备中，卷针一般采用的是长方形或菱形的特殊方形结构，当卷针恒角速度转动时，料带在卷绕方向上会产生一个类似正弦曲线波动的线速度分量，从而产生张力的波动。一方面会影响卷绕过程中张力恒定的要求；另一方面大范围的速度波动会造成极片张力过大。因此，卷绕设备不得不降低卷绕速度，以防止极片的损坏及隔膜的不正常拉伸，进一步影响锂离子电池的生产效率。

张力的波动不均匀会导致电芯在卷绕完成后，张力释放的过程中出现层间距的差异，具体表现为每层极片的贴合不均匀、褶皱、内圈塌陷等问题。在经过充放电等工艺处理后，电芯内部产生的膨胀会使得这些问题更加严重，使得电极无法伸展而产生扭曲变形。

因此，锂离子电池自动卷绕机的张力控制算法，将有助于适应电池行业的发展需要，提升电芯的制造质量，有效地扩大二次锂离子电池的生产规模，降低生产成本，增强竞争能力，从而迅速改善电池制造质量提升的问题。为我国在优质电池市场获得更大份额，在电池行业未来发展中占据主动，打下良好基础。

5.4.1　张力控制系统

(1) 张力控制的系统原理

张力控制指的是卷绕设备在各个运行阶段下，都必须保持着料带在输送时的张力一致。以方形锂离子电池卷绕机为例，受其收卷电机控制的方形卷针的特殊形状影响，造成了在收卷过程中过大的线速度波动范围，从而导致电芯严重变形。张力大小的不稳定、不均匀，会导致极片拉伸变形、断裂，并且影响材料层之间的贴合程度。

张力控制系统在本质上就是保证收卷电机和放卷电机这两处电机的线速度同步，再通过张力辊处张力值的反馈与放卷电机构成 PID（比例、积分、微分）闭环控制。整个张力控制系统由阴阳极片和上下隔膜四路放卷系统和一路收卷系统组成。料带从放卷电机处绕过若干过渡辊以及张力辊，最后卷绕在方形卷针上，其中张力辊的来回摆动用于控制放卷电机放料的速度。

张力控制系统的原理都是大同小异的，整体可以分为张力/速度检测装置、控制装置、执行机构和驱动器这三个部分。其中控制装置是控制系统的核心，它可以将传感器采集到的速度或张力等信号进行处理，并与设定的控制指标进行对比，按照一定的控制策略和方式进行数据计算以及分析，再实时调整输出控制信号，通过驱动器来控制执行机构以达到控制张力和速度的目的。在实际的生产中，卷绕机构的张力控制可通过三种主要方式实现：

① 直接控制法：通过直接测量张力或线速度，实现数据闭环控制，即采用张力传感器直接测量物料的张力，或者物料的线速度，构成张力或线速度闭环。

② 间接控制法：由于引起张力或者线速度变化的主要因素是卷径的变化，因此通过卷径变化的模拟或者补偿的间接控制方式，来实现张力的恒定。

③ 复合控制：即结合直接控制和间接控制两种方法。

本节内容将主要介绍一种直接的张力闭环控制方法，以应对方形锂离子电池卷绕机中电芯变形影响量较大、张力控制精度要求较高等问题。

(2) 张力控制现状

近些年来，很多企业都已经将 MCU（微控制器）、PLC（可编程逻辑控制器）和工业 PC（可编程控制器）等高性能控制器引入张力控制系统中来，出现了大量的数字式控制系统，在国外大部分的卷绕系统也已经实现了微型计算机控制。

随着各类卷绕控制技术智能化、自动化的迅猛发展，国内大多数高精度的张力控制系统都是采用张力环和速度环的双闭环控制结构。在控制算法方面也从以往的单一 PID 控制改为采用改进的 PID 控制、模糊控制、最优控制、神经网络控制、自适应控制、鲁棒控制等控制思想，使得张力控制系统朝着更高的控制精度发展。

PID 控制能广泛应用于工业实际中，是由于其具有较强的鲁棒性，且易于实现。然而，针对于张力控制这样一个时变、非线性的多变量系统，如果想要获得高精度的控制，就需要对 PID 进行改造。例如，采用积分分离的 PID 算法来消除大幅度增值时的积分积累；应用前馈控制来抑制干扰，提高系统稳定性。

神经网络能以任意精度逼近任意连续非线性函数，对复杂不确定问题具有自适应和自学习能力，主要是为了解决复杂的非线性、不确定系统的控制问题。其并行机制可以解决控制系统中大规模实时计算问题，冗余性也能使控制系统具有很强的容错性，对环境具有自适应性。目前使用的方法中包括：针对卷绕系统的放卷控制环节，通过应用BP（反向传播）神经网络控制有效地减弱张力和速度之间的耦合；利用神经网络来产生预测信号，并用优化算法求出控制律，从而实现对变参数系统的预测控制。

(3) 张力控制系统的改进

传统的张力控制系统结构图表示通过控制放卷电机的线速度来控制张力辊位置，使之处于平衡状态而实现系统的张力控制。然而，这是一种伪平衡状态，只保证间接张力的恒定。而间接的张力恒定，实际上代表着放卷电机不能跟随收卷电机的线速度，料线表现出一张一弛的运动状态。

因此，一种新的控制思想不仅在控制系统的闭环上加入了控制算法，而且在收卷机构上增加了开环控制来保证张力辊的平衡状态。与传统张力控制系统不同的是，收卷机构上的开环控制保证收卷机构的线速度波动恒定，以此为基础再通过闭环系统让放卷机构线速度跟随收卷机构，以达到真正的平衡状态。张力控制系统优化结构见图 5-20。

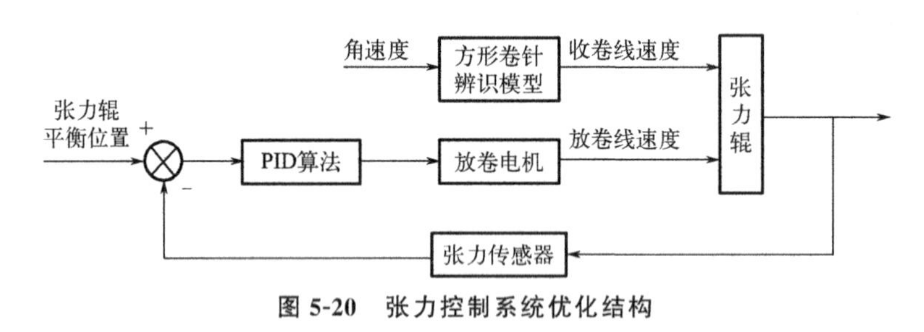

图 5-20　张力控制系统优化结构

5.4.2　非线性系统建模设计

5.4.2.1　非线性系统建模

张力控制系统中影响张力的因素复杂，属于一个时变、非线性的多变量系统，难以建立精确的数学模型。相比于线性系统而言，系统复杂程度高，成熟度较低，两者的本质区别在于非线性系统不满足齐次性和叠加性，其运动状态是用非线性微分方程来描述的，主要运动特点包括稳定性、时间响应和非线性系统的畸变现象。

非线性系统模型难以转化成关于参数空间的线性模型，基于算法的辨识方法将无法准确模拟张力的变化情况。而人工神经网络算法可以在不预先知道被测系统的模型的情况下，辨识那些不能线性化的非线性系统。它可以通过直接学习系统的输入、输出数据来实现。这是一个训练和辨识的过程，为了使所要求的误差函数达到最小，从而过滤得到隐含在输入、输出数据之间的关系。

在非线性系统中，人工神经网络以其特有的可以描述非线性关系的映射能力，为非线性系统的建模和辨识提供了一种新的思路和方法。利用神经网络逼近任意非线性函数的能力来得到实际系统输入、输出之间的关系。同时，神经网络的自学习和自适应能力，使系统在网络训练中最终得到正向和逆向模型。

5.4.2.2　系统建模方法

(1) 机理建模（白箱问题）

结合各个专业学科领域提出来的物质和能量的守恒原理、组成系统的结构形式，提出相应假设，并优先建立能描述系统整体结构的数学关系，此数学模型称为机理模型。

(2) 系统辨识（黑箱问题）

理论上讲，这是一种在没有任何相关学科专业知识基础支撑的情况下，应用采集的系统数据进行建模的方法。这种方法适用于在数学关系或者理论知识上无法描述或难以描述的系统结构，通过实验建模的方法，在采集的系统数据中得到输入量和输出量之间的关系。

(3) 机理分析和系统辨识相结合的建模方法（灰箱问题）

这种建模方法适用于系统运动机理不是完全未知的情况。首先利用系统的运动机理和专业理论确定模型的整体结构，整理出影响研究对象的变量参数，并确定参数的大小或者取值范围，再根据实验数据采集，从实际的输入、输出数据中，通过系统辨识的方式优化、修正变量参数，使其更加精确化和普适化。

目前较为适合分析张力控制的建模方法是运用机理分析和系统辨识相结合的方式。针对方形卷针的运动过程建立起动态的理论线速度模型，再应用系统辨识方法，通过实验的方式对理论模型进行修正并验证优化得到最终的数学模型。同时，BP 神经网络具有良好的学习和记忆能力，其映射任意非线性的能力以及合适非线性模型的建模与辨识，使得 BP 神经网络辨识技术应用在机理模型的辨识上更加适合方形卷针的模型建立。

5.4.2.3　非线性系统建模流程

根据改进后的张力控制逻辑和采用的系统辨识方法绘制出系统建模流程，如图 5-21 所示，根据图示可以得知该系统建模的过程首先需要建立卷针处的理论模型，即根据卷针的尺寸情况以及基础理论来表述卷针角速度、理想线速度与卷针角度之间的关系；通过理论模型得出的曲线关系，代入实际控制系统中采集实验数据，再接着使用 BP 神经网络辨识，将采集的实验数据进行训练建模，通过已训练好的神经网络模型仿真得到需要的角速度输出数据；再将角速度输出数据用于实际控制卷针，并采集线速度数据，直到线速度波动达到要求范围内，则辨识结束，并最终得到理想的线速度曲线。

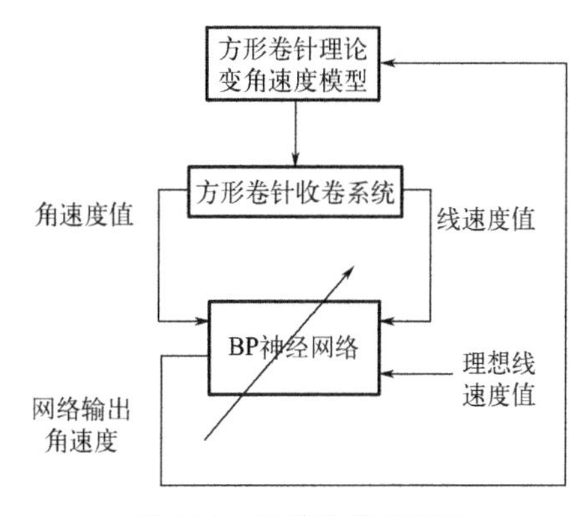

图 5-21　系统建模流程图

5.4.3 系统理论建模及仿真

(1) 卷绕过程动态模型分析

实际收卷过程中，方形卷针的两个梯形片左右存在一定的错位距离。在卷绕过程中，料带依次缠绕在图中外圈的六个点位，如图 5-22 所示，在模型推导过程中可以将方形卷针简化成一个不对称的菱形结构。同时，料带总是以简化后的菱形模型上的六个边角点为支撑进行包绕的。因此，可以将整个卷绕过程分为七段区间，每段区间内都可以根据料带和方形卷针的特定角度位置得出相对应的速度关系。

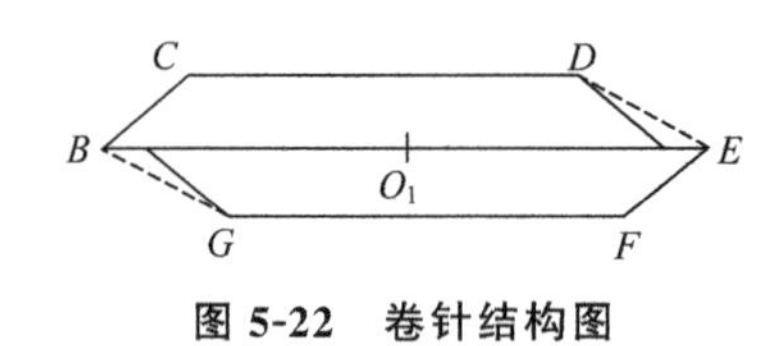

图 5-22　卷针结构图

(2) 卷针模型建立以及仿真结果

为了保证料带恒张力控制，在理论上需要先研究其在恒角速度旋转时的线速度数学模型，并推出方形卷针在恒定线速度卷绕情况下的理论变角速度曲线。再通过仿真分析，对比两者线速度波动范围情况。两次模型的建立条件需要保证相同，即都不考虑收卷过程中各边角点的位置尺寸变化，且都保持控制系统结构尺寸相同。

根据动态模型建模可知，以方形卷针的六个边角点为卷针的位置划分，分别建立每个对应位置上收卷线速度值的分段函数关系式。从曲线的绘制中可以获得在恒定角速度情况下的线速度波动范围。在得到恒角速度收卷过程中不同位置角度与线速度的数学描述后，可以每一段的正模型为基础，推导出近似的角速度与角度位置的逆模型，并以该近似的逆模型作为恒线速度下不同角度位置上角速度的数学关系式。再通过仿真分析，可以得出在此变化下的角速度所对应的线速度波动范围。

根据实际实验结果可以得到线速度波动范围缩小了 40%的结论，有效降低了线速度波动对张力的影响。然而，在实际控制系统中电机的响应性能和精度无法满足要求，因此在实际生产过程中存在一些干扰因素，使得实验存在一定误差。但是，不可否认的是在基于机理模型上的仿真建模研究，有效减小了线速度的波动范围。

5.4.4 BP 神经网络辨识系统

由于方形锂离子电池张力控制系统是时变、非线性系统，仅在放卷系统闭环中加入 PID 算法是无法达到控制张力恒定的目的。而神经网络控制的引入主要是为了解决收卷系统模型中复杂的非线性控制问题。

基于神经网络控制特有的映射任意非线性的优异能力，在非线性系统的建模和辨识中，利用其逼近任意非线性函数的能力来模拟系统实际输入与输出的关系。同时，神经网络具有自学习、自适应的能力，可以提供在工程上易于学习和实现的算法，并经过网络训练得到能描述系统的正向或逆向模型。其鲁棒性、容错性、自适应性、学习能力和并行运算结构等特点，适用于对收卷系统进行系统辨识和张力控制。

神经网络算法应用于非线性系统辨识中具有广阔的前景。许多经典的控制方法已经推广到了神经网络控制领域，并且对非线性控制系统进行计算机仿真、控制器设计等，同样需要非线性系统模型。

（1）BP 神经网络模型

BP 网络由输入层、隐含层和输出层三个部分组成。这种神经网络模型的特点是在层与层神经元之间没有反馈连接，只有相邻层神经元之间存在一定的单向连接关系，同时在各层内任意神经元之间也是没有任何连接的。其中隐含层可以有多层，它的激活函数一般为非线性函数，而输出层的激活函数可以是非线性或者线性函数，由输入与输出的映射关系决定。

BP 网络的学习过程是通过输入相关的影响变量参数，经过每个隐含层的节点并在最后得到一个网络的希望输出值，它与实际的输出形成的一个误差信号进行误差逆传播，从而修正路径上的连接关系。经过反复交替地进行连接权修正，最后完成网络全局误差趋向极小值的学习收敛。

（2）神经网络辨识模型的构建

根据收卷系统的理论模型可以得到方形锂离子电池收卷系统的输入及输出变量结构图关系，即方形卷针在特定角度位置时，根据特定的角速度来对应收卷时的线速度值。在进行神经网络辨识后，收卷线速度将作为神经网络辨识逆模型的输入量，得到输出的角速度修正量。

为了得到理想恒线速度时的变角速度曲线，需要收集和整理足够多典型性和精度高的数据样本，结合神经网络逆模型，获得一系列的角速度输出变量，并确定神经网络拓扑结构，一般采用三层网络结构，再通过不断地误差反传迭代调整网络权值使得模型输出值和样本输出值之间的误差平方和达到最小值或小于期望值。

5.4.5　总结

方形锂离子电池电芯卷绕是锂离子电池制造的关键环节之一，其独特的卷针结构使得卷绕过程中出现较大的线速度波动，从而引起张力波动导致极片损坏，影响电芯质量以及生产效率。因此，为达到控制卷绕系统张力的目的，需要解决较大线速度波动问题，即限制卷绕过程中的速度变化范围。

在指出了传统张力控制系统对方形锂离子电池线速度波动不可控的弊端后，提出新的控制方案，并在张力控制系统上应用各种新的智能算法。针对方形锂离子全自动卷绕机来改进张力控制系统，对收卷系统进行开环控制，使收卷线速度波动变小甚至于能保持恒定不变。同时，收卷系统的系统辨识以及模型研究也是张力控制的关键环节。

整个基于模型的方形锂离子电池卷绕控制方法结合运用了机理模型与辨识模型两种建模形式，在根据理论原理与专业知识建立的机理模型下，得到方形卷针恒角速度收卷时其收卷线速度的变化关系，并反推出理论上的恒线速度下变角速度的分段函数关系式。再通过实验的方式，在实际收卷过程中对理论模型进行验证、优化以及辨识。在恒定线速度效果明显的情况下，进一步使用BP神经网络算法，根据原有的收卷系统理论模型建立收卷系统的网络逆模型，将期望的收卷线速度曲线进行反复的误差修正。通过系统辨识后所得到的线速度波动范围在原有的基础上缩小了70%，对电芯的张力控制和变形率有明显的改善。

虽然大多数动力电池卷绕的卷针变为圆卷针，但为应对卷针形状的差异，卷绕过程直径的波动，引入本节提到的算法，对改善卷绕的张力波动有现实的参考价值。

5.5 智能化解决方案案例——电池智能制造质量数据优化

随着锂离子动力电池技术的快速发展，其高能量密度、高倍率、高安全性等特点，已成为当下技术研究和产业化的重点。然而，在多项技术的突飞猛进下，先进电池产品的定型仍存在着不确定性，多种技术和先进电池性能之间的匹配关系未得到充分的理解，导致即使各项技术发展超前，但仍难以提升电池品质的一致性。同时，生产过程中参数的选择和匹配依然以人为认知的经验为主，导致先进电池仍无法形成定型的生产模式。因此，先进电池智能制造系统的发展，将实现制造质量数据的优化升级，从而有利于揭示先进电池在生产过程中多因素交互关系对其性能的影响，从而大幅度提升电池制造的质量。

5.5.1 智能制造质量数据

5.5.1.1 先进电池制造数据特征

先进电池智能制造是当前电池领域的热门话题，它的出现使得电池制造过程更加高效、智能化。其主要是指利用先进的信息技术和智能化工艺手段，对先进电池的制造、质量控制、生产运营等方面进行智能化管理和控制。通过智能化的生产过程，实现先进电池制造的高效化、精准化、可控化和可追溯化。

先进电池制造包括电极制造、单体电芯制造。电极制造中主要包括混料、涂覆、辊压以及切片等制造工序；电芯制造则涉及卷绕/叠片、焊接、封装、注液和化成等。整个制造过程包括原材料的投入、中间产品的产出、制造工艺参数的选择等工艺步骤以及最终先进电池产品的输出。各个工序相互独立，但是各工序之间的多种相互关系又对产品的性能有着重要的影响。其连续又离散的特性，使得整个生产过程中材料信息、制造工艺信息、中间产品信息的获取都变得非常困难。同时，部分材料处于粉末或流体浆料状态，使得数据的采集和状态的跟踪无法准确实现。

5.5.1.2 国内工业数据采集现状

当前我国工业数据采集技术和应用仍处于起步阶段，无法支撑实时工业数据采集和实时分析、智能优化和科学决策等业务需求。存在较多严重的问题，如传感器部署不足、采集数据量有限、精度不高、效率低下等；同时，工业设备联网率较低、通信协议标准繁多、互不兼容以及安全隐患等现实问题突出。

随着数字化和信息化水平的提高，物联网、工业互联网等新一代信息技术可以在生产线上获取更多的数据。这让许多的专家和研究人员都提出了有效的应用方案：基于OPC（自动控制）技术实现设备的互联互通、离散制造行业物联网技术在车间级的应用方法，以及针对电池生产工艺提出一种以监视控制与数据采集系统相组合的架构，解决车间“信息孤岛”的问题。综上所述，在先进电池制造领域，智能信息技术的应用研究仍有广阔的发展空间。通过在先进电池制造过程中利用物联网技术对材料和中间产物进行编码和标识，结合数据采集和数据分析，评估制造过程中大量数据之间的关系对先进电池产品性能的影响。

5.5.1.3　制造数据采集方法研究

制造过程数据采集，是将车间层制造资源和产品质量异构信息实时传输给数据库服务器或其他应用系统，以提供可靠基础数据的方式，为系统管理层对车间管理提供决策支持。针对制造过程主要采集的数据有人员信息、数控设备信息、过程信息、产品信息、环境信息、产品质量信息等。

先进电池的制造工艺过程是高度复杂的系统，涉及电池材料、制造工艺和制造装备等之间的相互匹配以及关联关系，而这种匹配和关联性也将直接影响先进电池最终产品的性能。然而，先进电池智能制造系统的建立，将有效地提高制造质量数据的采集质量以便进一步优化处理。在先进电池的制造过程中有大量数据产生，其制造过程大体上是从大量电池材料的投入开始，经过多个生产加工过程后，获得多个中间产品，最终输出多种先进电池产品。在整个电池制造过程中，材料、中间产出物和最终产品都属于先进电池制造过程材料形态的转变，而制造过程的参数调控以及质量跟踪则属于设备工艺管理。因此，先进电池制造数据采集将主要涉及：制造设备的工艺数据和材料流转过程的数据两大部分。

5.5.1.4　制造设备工艺参数采集方法

前文提及不同的制造工艺参数会导致先进电池产品性能的不同，并且工艺参数的设定没有标准定型。为了解决先进电池生产制造过程存在控制系统异构，导致数据信息难以互联互通，存在“信息孤岛”的问题，有必要采用统一的标准协议实现先进电池制造设备的信息采集。

制造设备采集数据主要是通过设备终端［例如 CNC（计算机数控）系统、PLC（可编程逻辑控制器）、DNC（分布式数控）系统等］提供的接口或者添加的外部采集装置（如传感器等）对制造设备的数据进行读取和采集。同时，也可以基于 OPC 规范的方式进行设备的数据采集，通常是将具有 OPC 规范接口的设备与上位机进行连接，通过上位机读取设备信息。

OPC 统一架构（OPC UA）是 OPC 基金会创建的新技术，可更加安全、可靠、中性地为制造现场到生产计划系统传输原始数据和预处理信息，它定义了一套通用的数据描述和语法表达方法。每种异构的控制系统都可采用 OPC UA 的信息模型描述自身信息，并通过建模从第三方系统获取异构控制系统的数据，在此过程中，OPC UA 充当着桥梁的角色，在两种甚至多种异构控制系统之间完成数据的准确传输。使用 OPC UA 技术，所有需要的信息可随时随地到达每个授权应用和每个授权人员。针对先进电池制造设备的多协议接入，通过数据配置和映射建立与设备数据信息地址的对应关系，利用 OPC UA 转化层，将采集的数据实时上传至智能系统的 OPC UA 客户端。

OPC 的体系由 OPC 服务器和 OPC 客户端两部分组成。

（1）OPC 服务器

OPC 服务器是一个软件应用程序或标准驱动程序，旨在访问实时数据，并提供来自不同供应商的其他功能。它充当 OPC 客户端和本地通信的数据源之间的翻译器，同时拥有“读取”以及“写入”数据源的功能。

（2）OPC 客户端

它也是一个软件应用程序，旨在与 OPC 服务器进行通信。它实际上是一个数据接收器，将应用程序的通信请求转换成 OPC 请求并发送至 OPC 服务器。在读取数据时，客户端将其转换回应用程序的本地通信格式。这些是嵌入在应用程序中的软件模块，如 HMI（人机接口）、历史数据库等，以便它们可以请求和指导 OPC 服务器软件，也能够与不同的 OPC 服务器通信。

根据该传输协议，一款制造设备工艺数据采集系统通过利用 OPC UA SDK 软件开发工具包二次开发生成组态软件，并实现数据的采集与传输。其采集方法逻辑如图 5-23 所示。

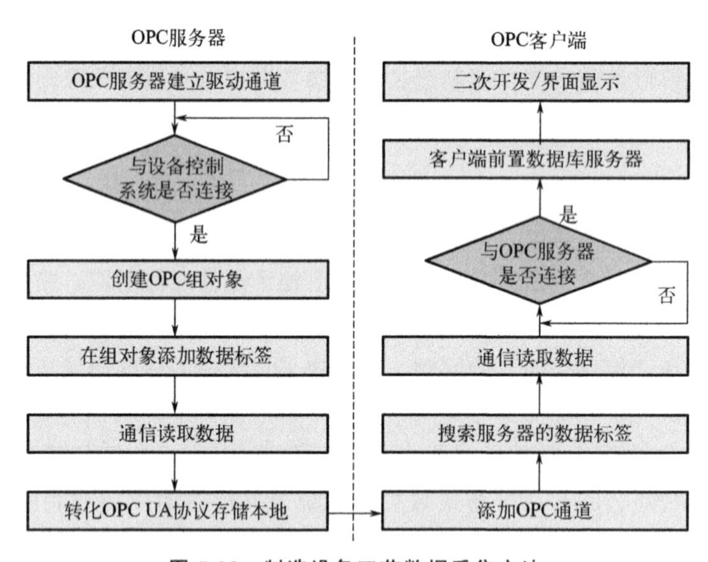

图 5-23　制造设备工艺数据采集方法

5.5.1.5　材料流转过程数据采集方法

在整个先进电池的制造过程中，通常会由于部分材料的形态和特征的不同，导致无法直接在材料本身进行标识和采集，如正负极浆料、电极、电池零件和电解液等。再经过一系列的制造工艺过程，以及存在中间产物、最终产物的产出，使得制造过程中的数据跟踪和采集存在丢失和错误。

目前，现有的采集方法可根据各个工序的流程特点，确定材料流通过程的载体，以

RFID（射频识别）标签和二维码相结合的方式进行标识。再通过上层智能系统，将材料过程数据写入数据库并绑定标签号，形成载体标签号与载体内材料一一对应的关联关系（表 5-4）。

表 5-4　材料与载体的对应关系

标识方法	材料名称	标识载体	与材料对应关系
RFID 电子标签	正极材料	正极材料外包装	1∶n
	负极材料	负极材料外包装	1∶n
	隔膜	隔膜卷芯	1∶n
	胶带	胶带卷芯	1∶n
	正极电极	正极料盒	1∶n
	负极电极	负极料盒	1∶n
	电解液	电解液储液罐	1∶n
	添加剂	添加剂储液罐	1∶n
二维码	单体电池	铝壳/铝塑膜	1∶1

RFID（射频识别）技术是一种基于射频原理的非接触式自动识别技术，可通过射频信号自动识别带有标签的智能对象，及时有效地获取静态和动态信息，如图 5-24 所示。RFID 系统主要包括电子标签、读写器和 RFID 中间件 3 部分。理想状态下，在离散制造车间中，在制造资源上附加或粘贴 RFID 标签，可以使其从单纯的“物体”转变为拥有某种“内置智能”的“智能物体”。

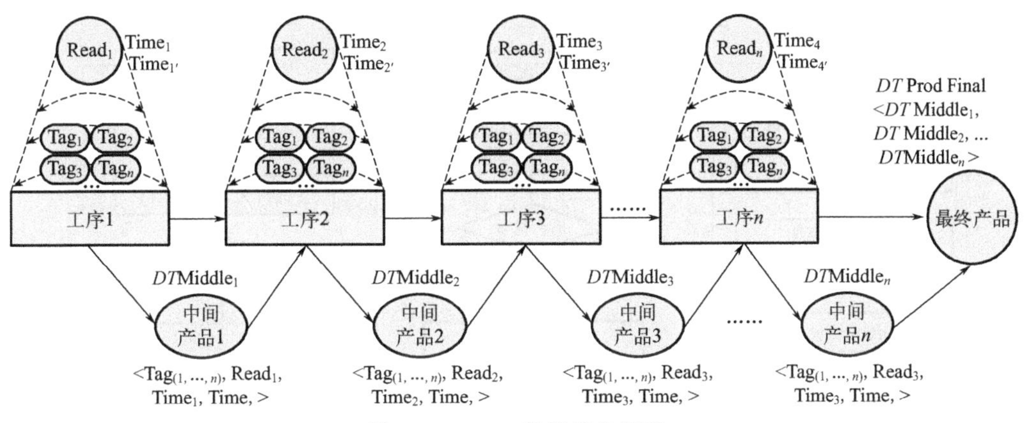

图 5-24　RFID 数据采集模型

当材料进入加工工序时，该工序的读写器会多次读取信息，并对读取的信息进行初步处理、合并，保留标签在该工序的开始和结束时间，从而完成中间产品以及最终产品的产出，实现加工工序中信息的实时采集，搭建材料、中间产品和最终产品之间的关联关系。

5.5.1.6　数据结构与数据库建模方法

数据结构与数据库建模可以为先进电池制造过程中的大数据处理提供一个有效且合理的方式，通过提供大数据储存、数据关联检索以及数据维护等功能，实现对智能制造过程中数据的采集、合并以及分析等，以达到优化制造质量的目的。

通常采用的方式是面向结构的 IDEF1x 建模方式，对先进电池制造过程的数据进行存储建模。IDEF系列方法是由美国空军首次提出的一种复杂的系统分析与设计方法。IDEF1x（数据建模）是语义数据模型化技术，可用于概念模型设计，有一致性、可扩展性、简洁的特点，易于掌握。IDEF1x的组成包括实体、实体之间的关系以及实体的属性，它支持数据建模，描述系统数据之间的内在关联关系，经常用于数据库设计。通过将材料信息、制造工艺信息、电解液配方单独封装成一个实体，各实体以位移编码作为主键。中间产品质量和电芯质量分别与材料、制造工艺、电解液配方等实体之间确立并形成实体之间的关系。在数据库表单中建立数据库子父对应关系，即使产品下线后，也可使用实体位移编号追溯该产品的相应信息。

5.5.2 智能系统实现与结果

锂离子电池一致性预测与过程参数优化系统平台是实现所建立的容量一致性预测模型功能的可视化载体，为用户提供良好的人机交互界面。为简化用户在系统平台界面的操作流程，在界面中只保留数据上传、模型训练、一致性预测和过程参数优化等操作功能按钮，而数据的标准化处理及神经网络层数结构等算法程序部署在后端服务器。用户在系统界面执行功能按钮时，前端服务器收到指令后向后端服务器发送服务请求，后端服务器经过计算并反馈计算结果至前端服务器，最终将计算结果呈现在系统平台界面，完成系统平台的功能实现。具体的操作流程如图5-25所示

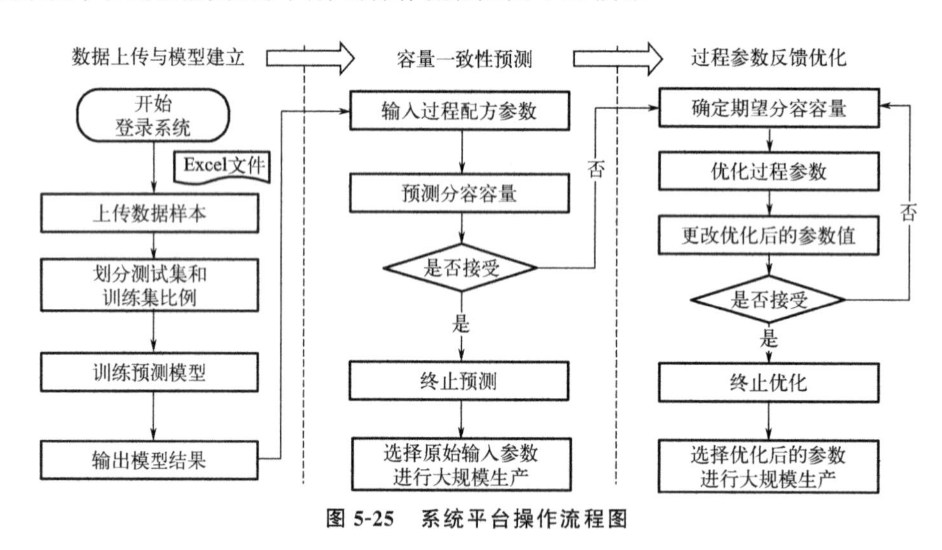

图5-25　系统平台操作流程图

系统平台的主要流程为数据上传与模型建立、容量一致性预测及过程参数反馈优化等，具体如下所述。

① 数据上传与模型建立　首先，用户在系统界面中完成样本数据上传；其次，由用户确定测试集和训练集比例；最后，训练模型并输出模型计算结果。

② 容量一致性预测　首先，用户在系统界面中输入已有的制造过程配方数据；其次，进行分容容量的预测；最后，用户根据分容容量预测的结果判断是否接受，若接受，则停止操作并将原有的输入视为拟规模生产前的定量配方参数，若不接受则进行过程参数反馈优化操作。

③ 过程参数反馈优化　首先，用户在系统界面中更改期望的分容容量；其次，进行优化过程参数，系统平台输出更改的过程参数值；最后，将更改后的过程参数视为拟规模生产前的定量配方。

根据上述操作流程，设计系统平台主要功能为数据处理与模型建立、一致性预测与优化。其中，数据处理与模型建立包括上传样本数据、样本数据预处理与数据集划分、网络模型构建、模型结构输出。一致性预测与优化包括输入过程参数、容量预测、期望容量设置、过程参数反馈优化，如图 5-26 所示。接下来对以上功能进行介绍并给出与之对应的系统界面。

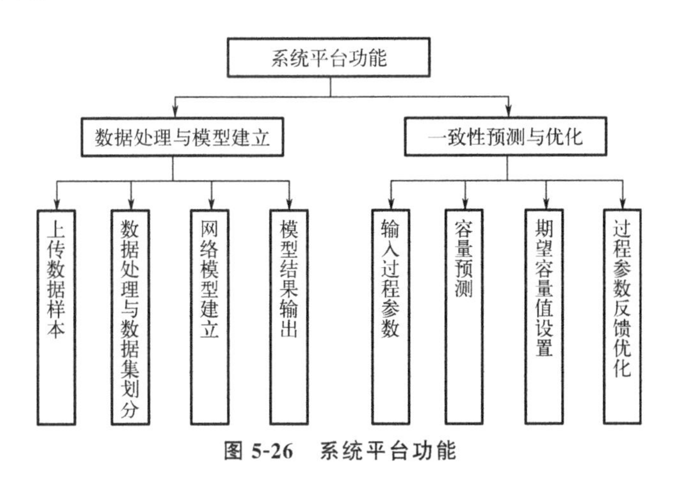

图 5-26　系统平台功能

目前智能系统采用的方式是基于客户端/服务器的 C/S 架构和基于浏览器/服务器的 B/S 架构相结合，在 B/S 架构的智能系统内，部署能实时采集制造数据的 C/S 架构。在设计和开发先进电池生产制造智能系统的过程中，数据采集采用 C 语言编写的形式，智能系统的开发语言为 C#，Visual Studio 2010 作为开发工具，Microsoft SQL server 2008 作为数据库系统。该系统已经被用于软包电池试制线中，以最优性能的电芯为目标，对产品的材料信息、制造工艺信息和电解液配方信息进行反向追溯，以获得最优的信息属性，同时对多批次的产品进行综合对比，快速分析匹配各信息实体之间的最佳配合关系。

单体电池性能的评判标准由系统用户设定，通常根据首周的充放电容量、第 10 周的充放电容量以及第 100 周的充放电容量做出一个综合的评判分数。系统中会根据实际生产情况，显示每一个电芯中各种影响电池容量的变量信息，例如材料情况、制造工艺过程以及电解液配方等。通过智能系统模块的追溯查询，选取其中性能优秀的电池，通过电池批号查询或扫码等方式，定位出该电池制造过程中的参数信息，并形成多电池过程参数的 BOM 信息。

通过电池性能结果对电池排序，可筛选出最优性能的先进电池所使用的过程参数信息，根据最优的匹配关系为研究人员提供产品研发与试制的条件和途径，从而有效缩短新产品的研发周期。

在先进电池各项技术的快速发展浪潮下，先进电池产品定型的不确定性，使得科研成果的产业化周期过长。面向科研智能化，先进电池智能制造系统能优化处理制造质量的数据，通过数据采集、存储和分析的方式，以最终单体电芯的最优性能为目标，快速定位生成过程中的参数变量信息并得出最佳的匹配关系，为新产品大规模生产前提供定型的生产工艺技术包。未来的工作需要集中在先进电池制造质量大数据的分析和优化处理，根据最优性能的最终产品，由智能系统自动优化出生产该产品的过程因素匹配情况，进一步提升产品的品质一致性。

5.6 先进电池智能制造系统成熟度实现的层级

先进电池制造系统分类分为制造维度和智能维度，制造维度体现了面向产品的全生命周期或全过程的智能化提升，包括设计、生产、物流、销售和服务五类，涵盖了从接收客户需求到提供产品及服务的整个过程。与传统的制造过程相比，智能制造的过程更加侧重于各业务环节的智能化应用和智能水平的提升。智能维度是智能技术、智能化基础建设、智能化结果的综合体现，是对信息物理融合的诠释，完成了感知、通信、执行、决策的全过程，包括了全资源要素、互联互通、系统集成、信息融合和新兴业态五大类，引导企业利用数字化、网络化、智能化技术向模式创新发展。这十大系统根据先进电池企业客户的需求，针对技术发展的状态、技术能力、技术手段和企业自身的目标定位，决定每个方面需要实现的能力分为五个级别。详细要求按照国家标准委发布的《智能制造能力成熟度模型》（GB/T 39116—2020）。先进电池智能制造成熟度分级如表5-5所列。

表5-5 先进电池智能制造各级成熟度的功能

智能级别	基础要素状态	感知计算能力	智能功能布局	电池制造合格率
一级：规划级	初步规划，单机生存，部分自动化设备等	半开环、无反馈	手工抄写数据，人工经验计算数据，人工安全诊断等	≥80%
二级：规范级	基于模型设计制造(MBD)，数字化设计、标准化	状态感知、边缘计算、工序闭环	产能、质量统计，产品安全诊断，设备诊断，产品过程追溯	90%
三级：集成级	数字化验证、优化，网络互联，互通透明工厂	数据建模、模型分析，质量、安全分段闭环	工序闭环，质量、产能反馈分段闭环，预测性维护，故障预测及健康管理(PHM)	≥95%
四级：优化级	互联互通互操作，设计制造数字孪生，微服务	模型自学习，整体质量闭环	质量、安全、产能整线闭环，物料、产能自平衡，人工智能应用	≥97%
五级：引领级	虚拟现实制造、服务、全透明工厂	深度自学习、自动建模、自优化	黑灯工厂，VR/AR生产同步，自动闭环、自适应定制化生产	≥99%

注：电池制造合格率是指电池包或其阶段制造过程的直通率。如极片制造过程、电芯制造过程、模组制造过程等。

成熟度等级规定了智能制造在不同阶段应达到的水平。参照《智能制造能力成熟度模型》（GB/T 39116—2020），先进电池智能制造的过程更加侧重于各业务环节的智能化应用和智能水平的提升，以达到制造执行提升的目的。针对电池制造企业智能基础要素状态、感知计算能力和智能功能布局三方面的功能实现的程度，将电池制造企业的智能制造能力分为五个级别，自低向高分别为一级（规划级）、二级（规范级）、三级（集成级）、四级（优化级）和五级（引领级）。较高的成熟度等级要求涵盖了低成熟度等级的要求。

① 一级（规划级）：电池生产企业应开始对实施智能制造的基础和条件进行规划，能够对核心业务（设计、资源供给、生产、销售、服务）进行流程化管理。

② 二级（规范级）：电池生产企业应采用数字化设计、自动化技术、信息化手段对核心装备和核心业务活动等进行改造和规范，实现单一业务活动的数据共享。

③ 三级（集成级）：电池生产企业应采取数字化手段对产品进行设计、制造验证，对装备、系统等开展集成，实现跨业务活动间的数据共享、互联互通。

④ 四级（优化级）：电池生产企业应对资源、制造过程等进行数据挖掘，实现对电池的质量、安全精准预测、闭环和优化，实现生产互操作。

⑤ 五级（引领级）：电池生产企业应基于模型持续驱动业务活动的优化和创新，实现黑灯工厂生产和产品自适应定制化生产。

参考文献

[1] 中共中央、国务院．质量强国建设纲要［S].2023-02-06.

[2] 中国汽车工程学会．节能与新能源汽车技术路线图 2.0［M]. 北京：机械工业出版社，2021.

[3] Qian G N，Monaco F，Meng D H，et al. The role of structural defects in commercial lithium-ion batteries [J]. Cell Reports Physical Science，2021. DOI：10.1016/j. xcrp. 2021. 100554.

[4] 胡敏．方形电池卷绕机的张力控制系统研究与实现［D]. 哈尔滨：哈尔滨工业大学，2009.

[5] 韩有军，胡跃明，王亚青，等．锂离子电池智能制造系统及应用［J]. 汽车工程学报，2021（4）：243-250.

[6] 约瑟夫•M•朱兰，A•布兰顿•戈弗雷．朱兰质量手册［M].5 版．焦叔斌，苏强，杨坤，译．北京：中国人民大学出版社，2003.

[7] 杨文士，焦叔斌．管理学［M].3 版．北京：中国人民大学出版社，2009.

[8] NIST criteria for performance excellence［S]. U. S. Department of Commerce，National Institute of Standards and Technology，2017.

附录1

电池智能制造基础共性标准拟制清单

分段序号	分段名称	序号	总序号	标准名称	标准体系编号
一	AA电池制造通用	1	1	电池架构	AAA
		2	2	电池智能制造系统架构	AAAA
		3	3	电池网络化制造系统集成模型	AAAB
		4	4	电池供应链管理业务参考模型	AAAC
		5	5	电池智能制造　对象标识要求	AABA
		6	6	电池智能制造对象标识系统应用指南	AABB
		7	7	电池智能制造射频识别系统	AABC
		8	8	电池智能制造术语	AAC
		9	9	电池数字化车间术语和定义	AACA
		10	10	电池制造业信息化技术术语	AACB
		11	11	电池制造过程测量和控制术语和定义	AACC
二	AB电池制造安全	1	12	电池制造环境用机器人安全要求第1部分:机器人	ABAA
		2	13	电池制造环境用机器人安全要求第2部分:机器人系统与集成	ABAB
		3	14	电池车间工厂安全	ABB
		4	15	电池数字化车间功能安全要求	ABBA
		5	16	电池智能工厂安全控制要求	ABBB
		6	17	电池智能工厂安全检测有效性评估方法	ABBC
		7	18	电池制造工厂网络信息安全	ABC
		8	19	电池制造控制网络安全风险评估规范	ABCA
		9	20	电池制造控制系统信息安全	ABCB
		10	21	电池制造数字化车间信息安全要求	ABCC
三	AC电池制造可靠性	1	22	电池制造系统	ACA
		2	23	电池制造电子设备可靠性预计模型及数据手册	ACAA
		3	24	电池制造设备可靠性　可靠性评价方法	ACAB
		4	25	电池制造数字化车间可靠性通用要求	ACAC
		5	26	电池制造设备可靠性通用要求	ACB
		6	27	电池制造系统可靠性分析技术失效模型和影响分析FMEA程序	ACBA

续表

分段序号	分段名称	序号	总序号	标准名称	标准体系编号
四	AD 电池制造检测	1	28	电池制造检测系统通用要求	ADA
		2	29	电池制造自动仪表通用实验方法	ADAA
		3	30	电池制造智能传感器性能评定方法	ADAB
		4	31	电池制造检测设备通用要求	ADB
		5	32	电池制造 Modbus 测试规范	ADBA
		6	33	电池制造信息技术开放系统互连测试方法和规范测试和测试控制技法	ADBB
五	AE 电池制造评价	1	34	电池制造业企业制造能力评价	AEA
		2	35	电池智能制造能力成熟度模型	AEAA
		3	36	电池智能制造能力成熟度评价	AEAB
		4	37	电池制造设备能力评价	AEB
		5	38	电池制造安全监测系统有效性评价规范	AECA
		6	39	电池制造信息技术数据质量评价指标	AECB
		7	40	电池制造业信息化评估体系	AECC
六	AF 电池制造人员能力	1	41	电池制造人员能力模型	AFA
		2	42	电池智能制造从业人员能力要求	AFAA
		3	43	电池智能制造从业人员能力评价要求	AFAB

附录2 电池智能制造关键技术标准拟制清单

分段序号	分段名称	序号	总序号	设备名称	标准体系编号
一	BAA浆料制备	1	1	电池自动加料系统	BAAA
		2	2	电池浆料搅拌机	BAAB
		3	3	电池浆料高速分散设备	BAAC
		4	4	电池浆料传输系统	BAAD
		5	5	电池浆料周转罐	BAAE
		6	6	电池浆料脱泡机	BAAF
		7	7	电池浆料过滤机	BAAG
二	BAB极片制备	1	8	电池涂布机	BABA
		2	9	电池隔膜涂布机	BABB
		3	10	电池辊压机	BABC
		4	11	电池分条机	BABD
		5	12	电池极片激光清洗机	BABE
		6	13	电池极片真空烘烤机	BABF
三	BAC芯包制备	1	14	电池模切机	BACA
		2	15	电池制片机	BACB
		3	16	电池极片制袋机	BACC
		4	17	电池卷绕机	BACD
		5	18	电池叠片机	BACE
		6	19	电池制片卷绕一体机	BACF
		7	20	电池模切卷绕一体机	BACG
		8	21	电池模切叠片一体机	BACH
四	BAD电芯装配	1	22	电池极柱焊接机	BADA
		2	23	电池极耳预焊裁切机	BADB
		3	24	电池极耳激光焊接机	BADC
		4	25	电池电芯自动入壳机	BADD
		5	26	电池激光封口机	BADE

续表

分段序号	分段名称	序号	总序号	设备名称	标准体系编号
四	BAD 电芯装配	6	27	电池热封口机	BADF
		7	28	电池铝塑膜成形机	BADG
		8	29	电池铝塑膜封口机	BADH
		9	30	电池芯包热冷压设备	BADI
		10	31	电池圆柱电池机械封口机	BADJ
五	BAE 干燥注液	1	32	电池电芯真空烘烤机	BAEA
		2	33	电池注液机	BAEB
六	BAF 化成分容	1	34	电池化成设备	BAFA
		2	35	电池分容设备	BAFB
七	BAG 检测设备	1	36	电池内阻开路电压测试设备	BAGA
		2	37	电池极片对齐度检测设备	BAGB
		3	38	电池极片厚度检测设备	BAGC
		4	39	电池泄漏检测设备	BAGD
		5	40	电池制造毛刺在线检测设备	BAGE
		6	41	电池制造异物检测设备	BAGF
		7	42	电池粉料在线检测设备	BAGG
		8	43	电池电解液在线检测设备	BAGH
		9	44	电池电芯 CT 透视设备	BAGI
		10	45	电池芯包制造对齐度在线检测设备	BAGJ
		11	46	电池使用劣化检测设备	BAGK
八	BAH 制造系统集成	1	47	电池制造设备安全技术条件	BAHA
		2	48	电池制造安全管理规范	BAHB
		3	49	电池生产设备通用技术条件	BAHC
		4	50	电池制造工艺管理规范	BAHD
		5	51	电池制造工厂评价规范	BAHE
		6	52	锂电制造设备选择规范	BAHF
		7	53	电池制造物流设计规范	BAHG
		8	54	电池制造数据平台建设规范	BAHH
		9	55	电池制造数字孪生通用技术要求	BAHI
		10	56	电池制造能耗效率管理要求	BAHJ
		11	57	电池制造工厂集成规范	BAHK
		12	58	电池无人工厂建设规范	BAHL
		13	59	电池制造工业互联平台技术要求	BAHM
		14	60	电池制造质量定义及统计规范	BAHN

续表

分段序号	分段名称	序号	总序号	设备名称	标准体系编号
八	BAH 制造系统集成	15	61	电池制造质量分析集成规范	BAHO
		16	62	动力电池数字化车间集成　第 1 部分:通用要求	BAHP
		17	63	动力电池数字化车间集成　第 2 部分:数据字典	BAHQ
		18	64	动力电池数字化车间集成　第 3 部分:制造过程数据集成规范	BAHR
		19	65	电池制造装备健康管理规范	BAHS
		20	66	锂电制造远程运维技术条件	BAHT

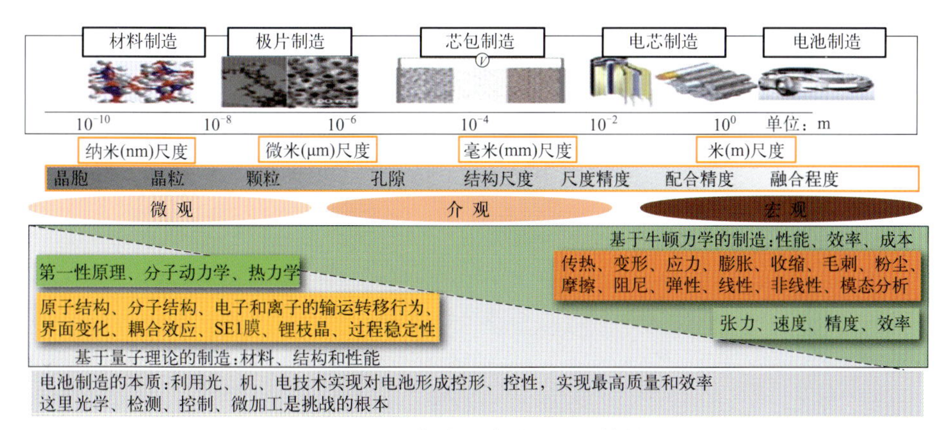

图 2-18　电池制造过程机理管控

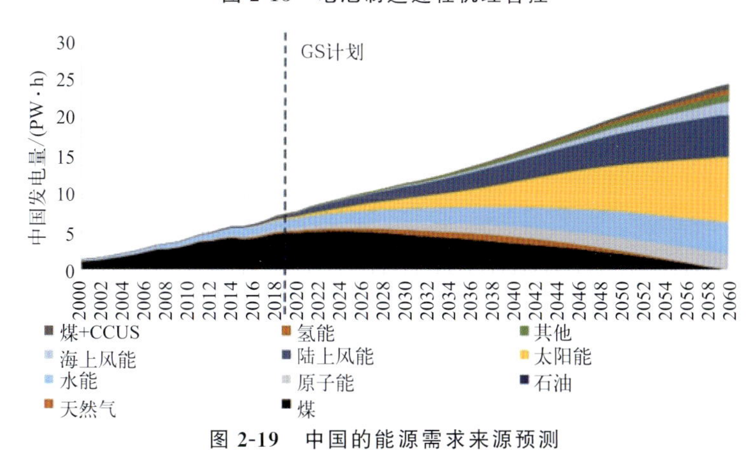

图 2-19　中国的能源需求来源预测

$1PW \cdot h = 10^{12} kW \cdot h$

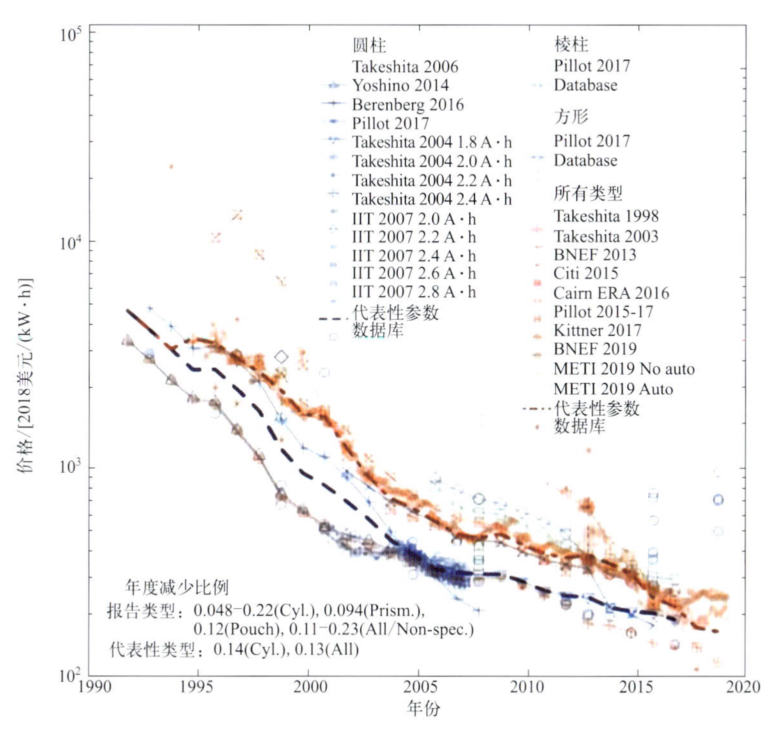

图 2-36　锂离子电池价格走势

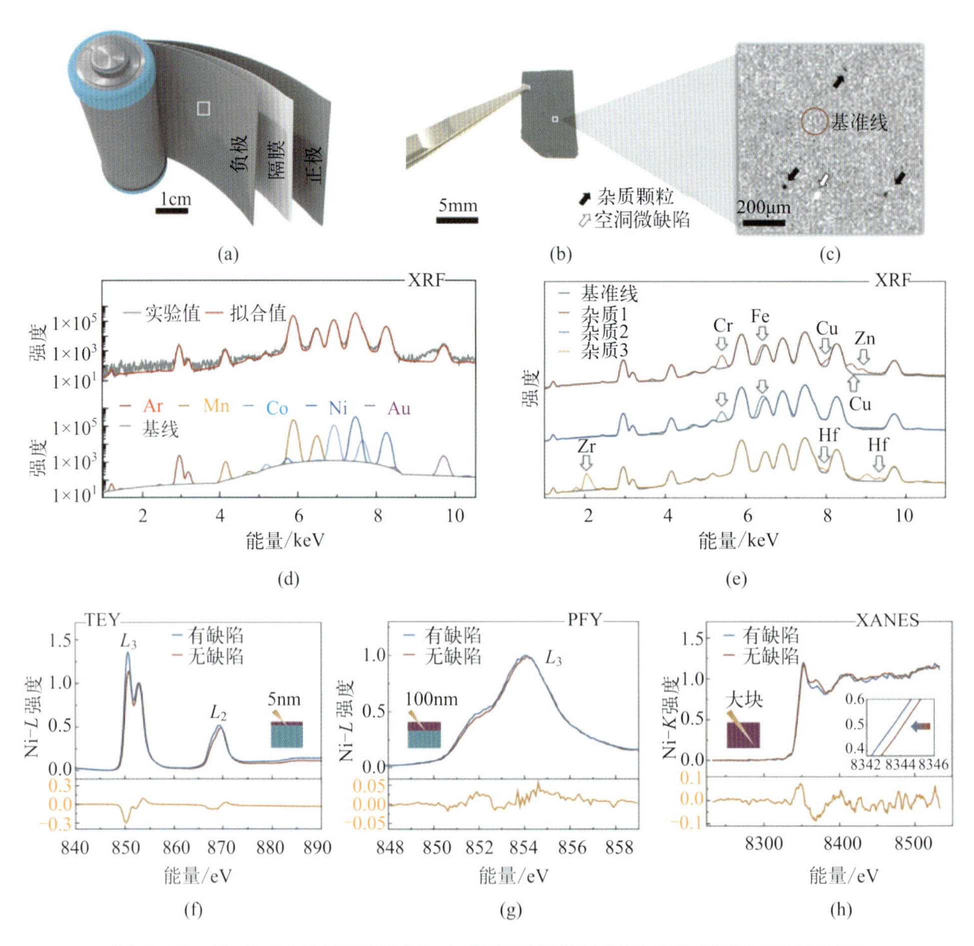

图 5-14 从 18650 型锂离子电池中获取感兴趣缺陷区域的实验过程示意图

(a) 从电池中提取的感兴趣区域 (ROI); (b) 覆盖缺陷粒子的 ROI; (c) (b) 的微区 CT 图像 (观察到杂质和空隙缺陷); (d)、(e) 分离正极上不同化学成分杂质缺陷的 XRF 分析; (f)～(h) 通过深度依赖吸收光谱分析缺陷对正极的影响

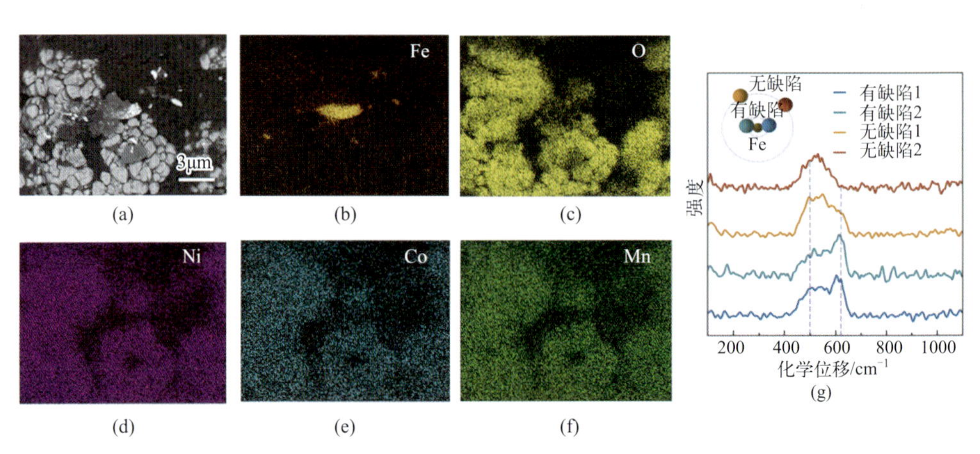

图 5-15 NMC 电极缺陷区域的 SEM 与拉曼光谱表征

(a) 缺陷区域的对比成像; (b)～(f) EDS 映射; (g) 缺陷区的拉曼光谱

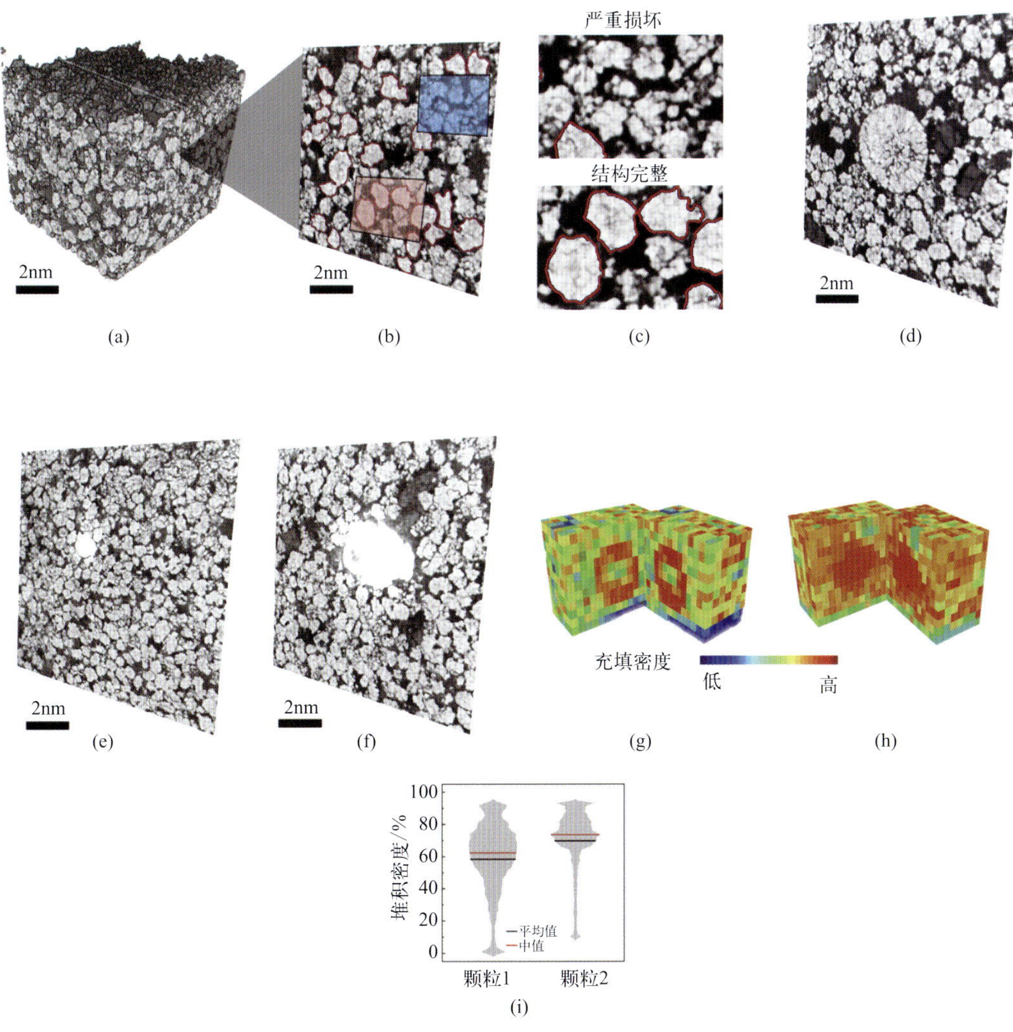

图 5-16　从有缺陷的 18650 型锂离子电池中回收的 NMC 复合正极的纳米分辨率 X 射线全息成像

(a) 随机选取区域的三维绘制图；(b) 显示 (a) 中心的切片；(c) 放大了 2 个不同损伤程度的 ROI；(d)～(f) 各种类型缺陷粒子的区域；(g)～(i) 分别为异常尺寸和正常尺寸颗粒周围的堆积密度